Gongcheng Celiang Shixun Shouce

工程测量实训手册

陈 凯 主 编

姚 鑫 许玮珑 张武毅 副主编

丁 智 主 审

人民交通出版社股份有限公司

北 京

前·言
Preface

  "工程测量"作为一门实践性、综合性较强的理实一体化课程，测量实训对学生完善理论知识体系、培养专业的职业能力素养具有十分重要的作用。本实训手册紧密结合教育部发布的《高等职业教育专业教学标准》《职业院校教材管理办法》等文件和《工程测量标准》（GB 50026—2020）等相关规范标准，在总结多年高职高专工程测量实训教学经验的基础上编写。教材注重实用性，体现"教中学"和"学中做"，有益于学生系统掌握所学测量知识与技能，培养学生理论联系实际、分析问题和解决问题的能力以及实际动手操作能力，使学生能够将测量知识用于实际公路工程测量中。

  教材作为国家"双高计划"道路与桥梁工程技术专业群重点建设课程配套教材，本书由国家首轮"双高计划"专业群、国家职业教育教师创新团队负责人、交通运输部名师陈凯教授领衔，中国公路学会青年专家委员、全国专用公路计量器具技术委员会委员、行业头部企业浙江省交通运输科学研究院正高级资深专家张武毅重点参与，集聚学校国家教师团队教学骨干精心编写而成。

  本教材按照企业的生产过程和测量员岗位能力标准，将主要内容分为"工程测量"课程的实训须知与实训任务两部分。实训任务共15个，包含教学中各章节课间实训教学及综合实训项目。实训任务的设置突出实用性和可操作性，基本涵盖了公路工程测量所需的基本技能和方法。实训中充分融入测量新技术，学生可根据要求和课时不同选做或合并部分实训内容，满足弹性教学、分层教学等需要。

  根据测量实训课程特点，本手册采用活页式设计，与《工程测量》（第3版）教材配套使用，兼具"工作活页"和"教材"的双重属性，是帮助学生实现有效学习的重要工具。学生使用本教材可以加深对于理论知识的理解,通过课间实训和综合实训,系统掌握所学的测量知识与技能,真正实现理论与实践相结合。

本活页式实训手册由浙江交通职业技术学院陈凯教授担任主编,浙江大学城市学院丁智教授担任主审,浙江省交通运输科学研究院张武毅、浙江交通职业技术学院姚鑫、许玮珑担任副主编。具体编写分工为:陈凯编写任务二、任务三、任务四、任务十四;姚鑫编写任务十一、任务十二、任务十三、任务十五;许玮珑编写任务七、任务九、任务十;刘丹萍编写实训须知、任务一、任务六;浙江省交通运输科学研究院张武毅编写任务五、任务八。

本教材在编写过程中,参考了大量文献资料,在此向原作者表示衷心的感谢。由于编者水平有限,书中难免存在疏漏和错误,敬请读者批评指正。

编　者
2025 年 1 月

目·录
Contents

第一部分 "工程测量"实训须知 …………………… 1

第二部分 "工程测量"实训任务 …………………… 5

实训任务一　认识 DS$_3$ 型水准仪 ………………… 5

实训任务二　普通水准测量 ……………………… 9

实训任务三　微倾式水准仪的检验和校正 ………… 15

实训任务四　四等水准测量 ……………………… 19

实训任务五　全站仪的认识与使用 ……………… 27

实训任务六　测回法观测水平角 ………………… 33

实训任务七　竖直角测量 ………………………… 39

实训任务八　全站仪的检验和校正 ……………… 45

实训任务九　全站仪控制测量 …………………… 51

实训任务十　全站仪平面坐标测量 ……………… 59

实训任务十一　圆曲线主点测设及切线支距法

　　　　　　详细测设 …………………………… 65

实训任务十二　偏角法详细测设圆曲线 ………… 71

实训任务十三　坐标法详细测设圆曲线 ………… 77

实训任务十四　GNSS 的认识与应用 …………… 83

实训任务十五　无人机的认识与应用 …………… 87

第一部分 "工程测量"实训须知

工程测量技术的理论学习、课间实训和综合实训是本课程的三个重要的学习环节。坚持理论与实践的紧密结合,认真进行测量仪器的操作应用和测量实践训练,才能真正掌握工程测量的基本原理和基本技术方法。

一、实训室规章制度及实训须知

1. 实训室规章制度

(1)凡进入实训室做试验的学生必须严格遵守实训室各项规章制度。

(2)试验前必须接受安全教育,认真预习本实训手册,无故迟到者,指导教师有权停止其试验实训。

(3)进入实训室要衣着整洁,不得随便窜走,不得喧哗,不许在实训室吸烟,不准随地吐痰,不准吃零食,不准乱扔纸屑和杂物,不准摆弄与本试验无关的仪器设备。

(4)学生进行试验时要保持安静,态度要端正,安全操作,认真测量数据和进行数据处理。试验操作结束后要独立完成实训报告,按时交任课教师或实训指导教师,不得抄袭。

(5)严格遵守测量仪器操作规程,服从实训指导教师的指导。因违反操作规程或者不服从指导而引发仪器设备毁坏等事故的,按学校有关规定处理。

(6)在试验过程中必须注意安全,掌握出现险情的处理办法,避免人身事故的发生,防止损坏仪器设备。若出现异常,应立即向指导教师报告,待查明原因、排除故障后方可继续操作。

(7)试验完毕后,应将仪器、工具归位,关闭电脑,经指导教师同意后,方可离开实训室,严禁将任何实训仪器设备带出实训室。

2. 实训须知

1)准备工作

(1)每次课间实训之前应预习本实训手册中的相应实训内容,明确实训的内容及要求,初步了解实训方法及注意事项。

(2)根据实训内容复习教材中有关章节的知识,弄清基本概念、操作要领,保障实训能顺利完成。

(3)按实训要求,在实训前准备好相应的测量仪器设备及其他工具,如小刀、铅笔、直尺、记录表、计算用纸等。

2)要求

(1)遵守实训纪律,注意听取实训指导教师的讲解。

(2)实训中的测量仪器操作应严格按操作规程进行,准确记录,认真计算,如遇问题要及时向指导教师提出。

(3)实训中出现仪器故障时应立即报告指导教师,绝不允许自行处理。

二、实训仪器及工具的借用方法

(1)每次实训所需的仪器及工具已在本实训手册中写明,学生以小组为单位,实训前向测量仪器室借领。

(2)领仪器时每组由实训组长带1~2人凭学生证进入测量仪器室,在指定地点领取,清点后在借领表上填写班级、组别和日期并签名,然后将登记表和学生证交实训室仪器管理员。

(3)领取仪器工具时,应在室内当场清点检查仪器类型及配件,如有缺损情况,应立即通知仪器管理员,以保证实训的正常进行,做到责任分明。

(4)实训过程中应妥善保护各组仪器工具,组间不得任意调换。如有损坏和遗失,视情节轻重给予处理并按有关规定赔偿损失。

(5)实训完毕后,应将仪器立即交还仪器室,由管理人员检查清点无损、无缺后发还学生证,以清手续。

三、实训仪器的使用方法与维护

测量仪器是精密光学仪器,或是光、机、电一体化贵重设备,对仪器的正确使用、精心爱护和科学保养,是测量人员必须具备的素质,也是保证测量成果的质量、提高工作效率的必要条件。在使用测量仪器时应养成良好的工作习惯,严格遵守下列规则:

(1)爱护测量仪器及工具,严格按照操作规程进行各种仪器的使用操作。

(2)打开仪器箱时应注意:

①应将仪器箱平放在地面上开箱,不要托在手里或抱在怀里开箱,以防仪器摔坏。

②取出仪器前,应记住仪器在箱内的安放位置及方向,以免用完装箱时因安放不正确而损坏仪器。

(3)自箱内取仪器时应注意:

①取出仪器时要一手握住基座或支架,另一手托住仪器底部,缓慢拿起,不要用一只手提仪器,更不准手提望远镜。

②取出仪器后,应立即将仪器箱盖好,以免沙土、杂草进入箱内,以及防止搬动仪器时丢失附件。

③不准在仪器箱上坐或蹬。

(4)在使用仪器过程中要做到:

①架设脚架要小心,注意拧紧架腿固定螺旋,以防止自行收缩摔坏仪器,架腿张开角度要适中,铁脚要踩实扎稳。

②任何时候,仪器旁边都必须有人看护。

③操作仪器时,要稳、轻、慢,严格遵守操作规程。不要用手触摸仪器的目镜、物镜,以免沾污镜面,影响成像质量,不允许用手帕或粗硬纸擦镜头。

④在仪器操作过程中出现故障,应立即向指导教师汇报,不得自行处理。

（5）仪器迁站时应注意：

①长距离迁站或通过行走不便的地区（如较大的沟渠、山林）时应将仪器装入箱内搬迁，切勿抱行。

②短距离迁站，要将脚架收拢，放松仪器制动螺旋，一手托抱仪器于胸前，一手夹抱脚架于臂下，保持仪器向上倾斜，慢行搬迁，严禁将仪器横扛在肩上迁移。

③每次搬迁都要清点所有仪器、附件、工具，防止丢失。

（6）仪器装箱时要注意：

①装箱时要用毛刷轻拂仪器上的尘土，将物镜盖盖好，将微动螺旋、脚螺旋等回到适中位置，放松各部制动螺旋。

②清点箱内附件，如有缺少立即寻找，然后将仪器箱关上、扣紧。如遇仪器箱盖关不严时，应注意查找原因，不得强压。

（7）其他仪器、工具的使用和维护：

①要保护好水准尺，特别注意保护好尺面。应双手扶尺，不要将尺随意靠在树上或立靠在墙上。跑尺时，应以水准尺的侧面，立扛在肩上。当把水准尺横放在地上时，勿使尺面向下，更不能坐在尺上，否则会使尺子弯曲折断。

②测图板是平板仪的主要附件之一，测图板完好与否直接影响测图工作的精度，要特别注意保护好图板面，不要在上面乱刻乱画乱放东西，防止磕碰图板面。

③花杆是用来做临时测量标志用的，不得用以打闹玩耍、不得用来抬东西、晒衣服等，要注意保护好花杆上的油漆。

④钢卷尺性脆易折断，使用时要加倍小心；拉紧时防止因扭结折断；不要在地面上来回拖拽，防止尺面磨损，不要踩在脚下或被车轮碾压；不要放入水中、泥里，用完后应擦去灰沙，抹黄油后按顺序卷入尺盒。

四、实训测量数据记录与处理

外业记录是测量成果的原始资料，也是内业整理的依据，所记数据必须真实有效，记录者应严谨认真，严格遵守下列规则：

（1）所有观测成果均须使用2H或4H绘图铅笔当场记录，填写表头的观测者、记录者、天气、日期、仪器型号等所有内容。

（2）记录字体应端正清晰，用稍大于格高一半的斜体工程字填写，留出空隙供改正错误用。

（3）观测者读数后，记录者应向观测者复诵一遍再记录，以免听错、记错。

（4）记录必须保持其原始性和真实性，记录数字如有错误，不得用橡皮擦拭或涂改，也不能用草稿纸或纸片草记后再转抄，应用一斜线整齐划去错误部分，在其上方另记正确数字，并在备注栏内注明错误原因。

（5）水平角观测时，若秒读记错误，应重新观测，在现场更正，但同一方向盘左、盘右不应连环更改；竖直角观测时，度、分读数，不应在各测回中连环更改。

（6）距离观测时，厘米及以下数字读记错误，应重新观测，米、分米读记错误，在同一距离、同一高差的往返测或两次测量的相关数字不应连环更改。

(7)记录数字要全,不得省略0位。如水准尺读数为2.280,度盘读数为40°08′00″,数据中的0不能省略。

(8)高差中数、角度平均值等平均数按四舍六入、五前奇进偶不进的取数规则进行计算,如数字3.3555和3.3565均取值3.356。

(9)原始记录和实训报告应妥善保管,不得损毁或丢弃,以便考核成绩。如某页记错太多或此实训重做时,该页记录不可撕去,应写"作废"字样并保留。

(10)记录者记录完一个测站的数据后,当场应进行必要的计算和检核,确认无误后,观测者才能搬站。

第二部分 "工程测量"实训任务

实训任务一 认识 DS$_3$ 型水准仪

一、目的与要求

(1)了解 DS$_3$ 型水准仪的一般构造。

(2)掌握水准仪的使用方法,进行读数练习。

二、实训内容

(1)了解水准仪的一般构造。

(2)学会水准仪的安置和使用方法。

(3)进行水准仪的读数练习。

三、仪器及工具

(1)由测量仪器室借领:DS$_3$ 型水准仪一架、水准尺两根、记录板一块、测伞一把。

(2)自备:铅笔、草稿纸。

四、实训方法与步骤

(1)指导教师讲解水准仪的构造、安置和使用方法以及实训要求。

(2)学生在指导教师的指导下熟悉仪器构造,并独立练习仪器操作。

①架设仪器。

选定安置位置,打开三角架,使高度适中,约在观测者的胸颈部,拧紧架腿固定螺旋,以防止脚架不平衡倒地损坏仪器,从箱内取出仪器,用连接螺旋将水准仪固定在三角架上,脚架踩实扎稳,注意保持架头水平。

②概略整平。

如图 2-1-1 所示,转动望远镜,将圆水准器放在任意两个脚螺旋 1 和 2 之间,同时向内或同时向外转动该两个脚螺旋使气泡居中,气泡移动方向和左手大拇指运动方向一致,使气泡移到两个脚螺旋连线的中间位置,再调脚螺旋 3 使气泡按箭头所指方向移动至居中。

③照准水准尺。

转动望远镜,利用水准仪望远镜上面的照门和准星对准水准尺,拧紧制动螺旋。然后调望远镜目镜和物镜对光螺旋,看清十字丝和水准尺刻划。再调水准仪水平微动螺旋,将十字丝竖丝移到水准尺中间,如图 2-1-2 眼睛在目镜处上下移动。若发现十字丝和物象有相对移动,这种现象称为视差,它将影响读数的精确性,必须加以消除。通过仔细反复调节物镜和目镜对光螺旋,直至物像和十字丝分划板平面完全重合为止,即当眼睛在目镜处上下移动,十字丝和物像没有相对移动为止。

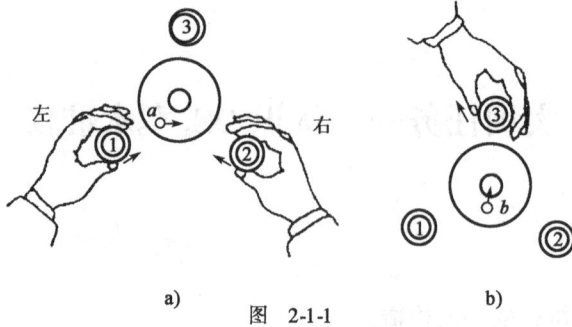

a)　　　　图　2-1-1　　　　b)

④精平。

转动微倾螺旋使管水准器的符合水准气泡两端的影像符合(图 2-1-3)。转动微倾螺旋要慢而稳,避免气泡上下不停错动。

a) 存在视差　　　　b) 没有视差
图　2-1-2　　　　　　图　2-1-3

⑤读数。

以十字丝中横丝为准读出水准尺的数值。读数前,了解水准尺的分划特点、注记形式。读数时由小到大,先估读毫米数,再读取米、分米、厘米。读数后,应立即检查符合水准器气泡影像是否重合,如发现气泡影像错开,应重新精平、重新读数。

(3)实训注意事项。

①安置仪器时应将仪器中心连接螺旋拧紧,防止仪器从脚架上脱落。

②水准仪为精密光学仪器,在使用中要按照操作规程作业,要正确使用各个螺旋。

③读数前,务必将管水准器的符合水准气泡严格符合,读数后应复查气泡符合情况,发现气泡错开,应立即重新将气泡符合后再读数。

④转动各螺旋时要稳、轻、慢,不能用力太大。

⑤发现问题应及时向指导教师汇报,不得自行处理。

⑥水准尺必须要有人扶着,绝不能立在墙边或靠在电杆上,以防摔坏水准尺。

⑦螺旋转到头要返转回来少许,切勿继续再转,以防脱扣。

五、上交资料

每人上交实训报告,实训报告格式附后。

认识 DS₃ 型水准仪实训报告

日期： 班级： 组别： 姓名： 学号：

实训任务题目		实训成绩	
实训地点			
实训仪器工具			
实训内容			
实训主要步骤			
实训总结与收获			

实训任务二 普通水准测量

一、目的与要求

(1)进一步熟悉水准仪的构造及使用方法。
(2)掌握普通水准测量(闭合和往返水准路线测量)的实际作业过程。

二、实训内容

用普通水准测量方法实测一闭合水准线路和一往返水准路线,并完成成果处理。

三、仪器与工具

(1)由测量仪器室借领:DS$_3$型水准仪一台,水准尺两根,尺垫两个。
(2)自备:铅笔、小刀、计算器。

四、实训方法与步骤

(1)按班级分组,完成闭合水准路线和往返水准路线测量。

(2)闭合水准路线:各组确定一闭合水准路线,确定水准原点并假定高程,设6站完成测量工作,转点上要放尺垫。在每一站上,首先整平仪器,然后照准后视尺,对光、调焦、消除视差,精平,读取中丝读数,并将读数记入记录表中,转动望远镜,照准前视尺,消除视差,精平、读数、记录,至此完成一测站的观测任务。

往返水准路线:各组确定一已知高程点和未知高程点,两点之间要求布置6站,完成往返水准路线测量,观测方法同闭合水准路线。

(3)按以上述方法依次完成其他各站的测量并读数记录。

(4)水准测量记录要特别细心,当记录者听到观测者所报读数后,要复诵读数,经默许后方可记入记录表中,观测者应注意复核记录的数字。

(5)观测结束后,进行计算和成果校核,求出闭合水准路线高差闭合差$f_h = \sum h_i$,往返水准路线高差闭合差$f_h = \sum h_{i往} + \sum h_{i返}$。如果$f_h \leqslant f_{h容}$,说明观测成果合格,即可算出各点高程(假定起点高程为100m);否则,要进行重测。

(6)实训注意事项。

①水准测量工作要求全组人员配合密切,互谅互让,严禁发生矛盾冲突。

②中丝读数精确到小数点后3位,记录员应记满4个数字,"0"不可省略。

③扶尺者要将尺扶直,与观测人员配合,选择好立尺点。

④水准测量记录中严禁涂改、转抄,不准用钢笔、圆珠笔记录,字迹要工整、整洁。

⑤将水准仪架在离前后尺距离基本相等位置,以消除或减小i角误差及其他误差影响。

⑥在转点上放尺垫,读完上一站前视读数后,在下站的测量工作未完成之前绝对不能碰动尺垫或弄错转点位置。

五、上交资料

(1)每人上交合格的普通水准测量记录一份,每组上交往返水准路线测量记录表,格式附后。

(2)每人上交实训报告,实训报告格式附后。

普通水准测量记录表

仪器型号：   日期：   班级：   观测：

工程名称：   天气：   组别：   记录：

测点	后视读数	前视读数	高差(m)		高程 (m)	备注
			+	−		
						$f_h =$
						$f_{h容} =$
Σ						
$\Sigma a - \Sigma b =$			$\Sigma h =$			

普通水准测量实训报告

日期： 班级： 组别： 姓名： 学号：

实训任务题目		实训成绩	
实训地点			
实训仪器工具			
实训内容			
实训主要步骤			
实训总结与收获			

实训任务三　微倾式水准仪的检验和校正

一、目的与要求

(1)了解微倾式水准仪的主要轴线,以及各轴线间应具备的几何关系。
(2)学会微倾式水准仪检验及校正方法。

二、实训内容

(1)圆水准器的检验与校正。
(2)十字丝横丝的检验和校正。
(3)水准管轴的检验和校正(即 i 角的检验与校正)。

三、仪器及工具

(1)由测量仪器室借领:DS$_3$型水准仪一台,水准尺两根,尺垫两个。
(2)自备:铅笔、小刀、草稿纸。

四、实训方法与步骤

1. 圆水准器的检验和校正

(1)检验方法。

①安置仪器,转动脚螺旋使圆水准器气泡居中。

②旋转望远镜180°,看气泡是否居中。如果气泡仍居中,说明圆水准器轴平行于竖轴;否则,需校正。

(2)校正方法。

①在检验的基础上,先转动脚螺旋使气泡退回偏离值的一半。

②用校正针拨动圆水准器下面的3个校正螺钉,使气泡居中(顺时针拨动校正螺钉,圆水准器升高;逆时针拨动校正螺钉,圆水准器降低)。

③重复以上步骤,直至望远镜绕竖轴旋转至任何位置气泡始终居中为止。

2. 十字丝横丝的检验和校正

(1)检验方法。

安置仪器并整平,用十字丝横丝一端照准墙上一个清楚固定目标,将望远镜制动,调水平微动螺旋,如果目标始终在横丝上移动,则条件满足,即十字丝横丝垂直于竖轴,十字丝环处在正确位置;否则应进行校正。

（2）校正方法。

由于十字丝装置的形式不同，校正方法也有所不同。通常是旋下望远镜目镜护罩，松开十字丝环的4个固定螺钉，按横钉倾斜的反方向，轻轻转动十字丝环，边转动边检验，直至目标不偏离横丝为止，最后拧紧十字丝环固定螺钉，上好护罩。

3. 水准管轴的检验与校正

（1）检验方法。

①选择相距80～100m、稳定且通视良好的 A、B 两点，在两点上放尺垫，固定其点位。

②将水准仪安置在距 A、B 两点等距离的Ⅰ位置，用变更仪器高法测定 A、B 两点间的高差，两次高差之差不超过 ±3mm 时，取平均值作为 A、B 两点的正确高差 a，即：

$$h_1 = a_1 - b_1, h_2 = a_2 - b_2, h_1 - h_2 \leq \pm 3\text{mm}$$

则

$$h_{AB} = (h_1 + h_2)/2$$

否则重测，直至得到两点间的准确高差。

③把水准仪置于距离 A 点 3～5cm 的Ⅱ位置，精平仪器后读取近尺 A 上的读数 a_3 和远尺 B 上的读数 b_3。计算 A、B 两点间的高差 $h_3 = a_3 - b_3$，若 $h_1 - h_{AB} \leq \pm 3\text{mm}$，说明无 i 角误差；否则需要校正。

（2）校正方法。

①计算远尺 B 上的正确读数值 b_3'。

$$b_3' = a_3 - h_{AB}$$

②照准远尺 B，旋转微倾螺旋，使十字丝横丝对准 B 尺上的 b_3' 读数，这时水准管符合气泡影像错开，即水准管气泡不居中。

③用校正针拨动水准管一端的上下两个校正螺钉（上松下紧或下松上紧，松一个紧一个），直到使符合气泡影像符合为止（此时拧紧上下校正螺钉）。

此项工作要重复进行几次，直到符合要求为止。

4. 实训注意事项

（1）水准仪的检验和校正过程要认真细心，不能马虎，原始数据不得涂改。

（2）校正螺钉都比较精细，在拨动螺钉时要"慢、稳、均"。

（3）各项检验和校正的顺序不能颠倒，在检校过程中同时填写实训报告。

（4）各项检校都需要重复进行，直到符合要求为止。

（5）如果 i 角误差在限值之内，可不进行校正，对100m 长的视距，一般要求检验远尺的读数与计算之差不大于 3～5mm。

（6）每项检校完毕都要拧紧各个校正螺钉，上好护盖，以防脱落。

（7）校正后，应再进行一次检验，看其是否符合要求。

（8）本次实训要求以学生检验为主，需要校正时在指导教师直接指导下进行。

五、上交资料

每人上交实训报告，实训报告格式附后。

微倾式水准仪检校实训报告

日期： 班级： 组别： 姓名： 学号：

实训任务题目		实训成绩	
实训地点			
实训仪器工具			
实训内容			
实训主要步骤			
实训总结与收获			

实训任务四 四等水准测量

一、目的与要求

(1)进一步掌握水准仪的操作使用方法,熟练水准尺读数。
(2)学会四等水准测量的实际作业过程。
(3)学会四等水准测量的记录和成果处理。

二、实训内容

(1)用四等水准测量方法完成一闭合水准路线的施测。
(2)完成四等水准测量的记录。
(3)完成计算校核、测站校核和成果校核。

三、仪器及工具

(1)由测量仪器室借领:DS_3型水准仪一架,双面水准尺一对,尺垫两个。
(2)自备:铅笔、小刀、草稿纸、计算器。

四、实训方法与步骤

(1)每组施测一条闭合水准路线。安排两人扶尺,一人观测,一人记录计算,施测第三、四站时轮换工种。

(2)在实训场地分四站施测闭合水准路线,确定一原始水准点,其高程由校内已知水准点引测。

(3)每个测站的观测程序如下:

①在离两立尺点等距离处安置水准仪。首先分别照准前、后视尺,估读视距,如前后视距相差不超过5m,按下列顺序进行观测。

②照准后视尺黑面,进行对光、调焦、消除视差,在符合水准气泡影像符合后,读取下、上丝读数和中丝读数,分别记入记录表(1)(2)(3)顺序栏中。

③旋转望远镜照准前视尺黑面,进行对光、调焦、消除视差,在符合水准气泡影像符合后,读取下、上丝读数和中丝读数,分别记入记录表(4)(5)(6)顺序栏中。

④将前视尺翻面为红面尺,检查符合水准器气泡影像符合后,读取红面中丝读数,记入记录表(7)顺序栏中。

⑤旋转望远镜照准后视尺红面,进行对光、调焦、消除视差,在符合水准气泡影像符合后,读取红面中丝读数,记入记录表(8)顺序栏中。

⑥读数精确到毫米,各观测数据必须依次记入记录表中,记录表见后。

（4）一个测站的计算与检核。

①视距部分。

后视距$(9) = [(1) - (2)] \times 100m$

前视距$(10) = [(4) - (5)] \times 100m$

前、后视距差$(11) = (9) - (10) \leq 5m$

前、后视距差累积$(12) = $本站$(11) + $上站$(12) \leq 10m$

②水准尺读数校核。

同一根水准尺黑面和红面中丝读数之差：

前视尺黑面和红面中丝读数之差$(13) = (6) + K_1 - (7) \leq 3mm$

后视尺黑面和红面中丝读数之差$(14) = (3) + K_2 - (8) \leq 3mm$

上式中，K_1、K_2为双面尺红面尺起点数，分别取值为$4.787m$或$4.687m$。

③高差的计算与检核。

黑面高差$(15) = (3) - (6)$

红面高差$(16) = (8) - (7)$

检核：黑、红面高差之差$(17) = (15) - [(16) \pm 0.100] = (14) - (13) \leq 5mm$

高差的平均值$(18) = [(15) + (16) \pm 0.100]/2$

在测站上，当后视尺红面的起点为$4.687m$，前视尺红面的起点为$4.787m$时，取$+0.100$，反之取-0.100。

（5）每页的计算校核。

①高差部分。

在每页上，后视红、黑面读数总和与前视红、黑面读数总和之差，应等于红、黑面高差之和，即$\sum a - \sum b = \sum h$。

当测站数为偶数站时：

$\sum[(3) + (8)] - \sum[(6) + (7)] = \sum[(15) + (16)] = 2\sum(18)$

当测站数为奇数站时：

$\sum[(3) + (8)] - \sum[(6) + (7)] = \sum[(15) + (16)] = 2\sum(18) \pm 0.100$

②视距部分。

在每页上，后视距总和与前视距总和之差应等于本页末站视距差累积值与上页末站视距差累积值之差。校核无误后，可计算水准路线的总长度。

$\sum(9) - \sum(10) = $本页末站之$(12) - $上页末站之$(12)$

水准路线的总长度$L = \sum(9) + \sum(10)$

（6）成果处理

成果校核：$f_h \leq f_{h容}$

高差闭合差：$f_h = \sum(18)$

高差闭合差的容许值：$f_{h容} = \pm 20\sqrt{L}(mm)$或$f_{h容} = \pm 6\sqrt{n}(mm)$

式中：L——水准路线长度（km）；

n——总测站数。

如果$f_h > f_{h容}$，应立即重测该闭合水准路线。

(7)实训注意事项。

①四等水准测量作业人员应具有较强的集体观念,全组人员一定要互相合作、密切配合、互相谅解。

②记录者要认真负责,当听到观测者所报读数后,要复诵回报给观测者,经默许后,方可记入记录表中,并做到边测边计算校核,如果发现有超限现象,立即告知观测者进行重测。

③严禁为了快出成果,而转抄、照抄、涂改原始数据。记录字迹要整齐、清洁。

④记录必须使用铅笔。

⑤四等水准测量记录表括号中的数,表示观测与计算的顺序。(1)~(8)为记录顺序,(9)~(18)为计算顺序。

⑥仪器前后视距一般不超过100m

⑦双面水准尺每两根为一对,$K=4.787$(或$K=4.687$),测前应认真检查。在备注栏内写明相应尺号的K值。

⑧四等水准测量记录计算比较复杂,要多想多练,步步校核,熟中取巧。

⑨四等水准测量在一个测站的观测程序应为:后视黑面三丝读数、前视黑面三丝读数、前视红面中丝读数、后视红面中丝读数,称为"后、前、前、后"程序。当沿土质坚实的路线测量时,也可以用"后、后、前、前"的观测程序。

五、上交资料

(1)每人上交一份合格的普通水准测量记录。每组上交往返水准路线测量记录表,格式附后。

(2)每人上交一份实训报告,实训报告格式附后。

四等水准测量记录表

仪器型号：　　　　　　日期：　　　　　　班级：　　　　　　观测：

工程名称：　　　　　　天气：　　　　　　组别：　　　　　　记录：

测站编号	点号	后尺	下丝	前尺	下丝	方向及尺号	标尺读数(m)		K+黑－红(mm)	高差中数(m)	备注
			上丝		上丝		黑面	红面			
		后视(m)		前视(m)							
		视距差 d(m)		$\sum d$(m)							
		(1)		(4)		后	(3)	(8)	(14)		
		(2)		(5)		前	(6)	(7)	(13)	(18)	
		(9)		(10)		后－前	(15)	(16)	(17)		
		(11)		(12)							
						后					
						前					
						后－前					
						后					
						前					
						后－前					
						后					
						前					
						后－前					
						后					
						前					
						后－前					

检核										
	$\sum$(9) =		$\sum$(3) =		$\sum$(8) =					
	$\sum$(10) =		$\sum$(6) =		$\sum$(7) =					
	(12)末站		$\sum$(15) =		$\sum$(16) =		$\sum$(18) =			
	总距离 L =				$1/2 \times [(15) + (16) \pm 0.100]$ =					

四等水准测量实训报告

日期：　　　　班级：　　　　组别：　　　　姓名：　　　　学号：

实训任务题目		实训成绩	
实训地点			
实训仪器工具			
实训内容			
实训主要步骤			
实训总结与收获			

实训任务五 全站仪的认识与使用

一、目的与要求

(1)了解全站仪的一般构造。
(2)掌握全站仪的基本使用方法。
(3)会使用全站仪进行坐标测量。

二、实训内容

(1)认识全站仪的构造及其功能界面。
(2)全站仪字母、数字的输入方法。
(3)全站仪参数的输入与确认。
(4)用全站仪练习坐标测量。

三、仪器及相关设备

(1)仪器室借领:全站仪一台,棱镜及棱镜杆两套,记录板一块。
(2)自备:铅笔、纸张。

四、实训方法与步骤

1.全站仪的基本测量

全站仪基本测量分为角度测量、距离测量和三维坐标测量。

1)角度测量

角度测量是测定测站至两目标间的水平夹角,同时可测定相应视线的天顶距。具体步骤为:

(1)在测站点安置仪器,开机并进行度盘设置。
(2)将仪器望远镜照准起始目标1。
(3)在测量模式第二页菜单下按【置零】键,在【置零】键闪动时再次按下该键。此时目标点1方向值已设置为零。
(4)照准目标点2,所显示的"HAR"即为两目标点间的夹角。

2)将水平方向设置成所需方向值

利用水平角设置功能"置角",可将照准方向设置为所需值,然后进行角度测量。

(1)照准目标点1,在测量模式第一页菜单下按【置角】键。
(2)输入已知方向值后,按【Enter】键将照准方向设置为所需值。

（3）照准目标点 2，所显示的"HAR"即为目标点 2 的方向值，该值与目标 1 的设置值之差为两目标点的夹角。

角度输入规则：度值和分值之间以"."间隔，分值和秒值之间不必间隔。例如，当角度值为 120°09′12″时，应输入 120.0912。

3）距离测量

（1）距离测量设置。

进行距离测量前应首先完成以下设置：气象改正、棱镜常数改正、距离测量模式。

①气象改正值。在进行高精度距离测量时，应使用精确的量测设备测定温度和气压值，以对测量结果施加气象改正。

②棱镜常数改正。不同棱镜具有不同的棱镜常数改正值，测量前应将所用棱镜的常数改正值设置好。仪器出厂前，棱镜常数设置为"0"。

③距离测量模式。可选择如下几种距离测量模式：单次精测、重复精测、精测均值、单次快测、重复快测、跟踪测量。

（2）距离测量步骤。

①进入测量模式第一页菜单。

②按【改正】进入测距参数设置。

③按【◀】【▶】设置测距模式为重复快测。

④按【▲】【▼】或直接按 PAGE 至测距参数设置第二页温度输入行，输入温度为 25℃。

⑤按【▲】【▼】移动光标至气压输入行，此时仪器自动显示：大气改正值为 9ppm。

⑥按【确定】接受测距参数设置，退出至测量模式第一页。

直接输入大气改正值，此时显示的温度、气压值将被清除。

按【OPPM】键，将大气改正值设为 OPPM（即不进行大气改正），同时将温度置为 15℃，气压置为 101.3kPa。

折光改正，即地球曲率及大气折光改正，可选项为：无、0.14、0.20。当在长距离高精度测量平距及高差时，需考虑此项改正。

4）三维坐标测量

在输入测站坐标、仪器高、目标高和后视坐标（或方位角）后，用坐标测量功能可以测定目标点的三维坐标。

（1）键盘输入测站数据。

①在测量模式第二页菜单中按【坐标】进入坐标测量菜单界面。

②选取"2.测站设置"后按【Enter】键确认，进入测站坐标输入界面，输入测站坐标。

③按【Enter】键确认输入的测站坐标值，并返回上级菜单。

（2）后视方位角设置。

在输入测站点和后视点的坐标后，便可计算并设置后视点的坐标，自动完成后视方位角的设置。

①在坐标测量菜单中选取"3.置方位角"后按【Enter】键，进入方位角设置。

②此时可直接输入后视点的方位角，并照准后视点，按【Enter】键确定后完成定向，并返回坐标测量菜单。

③输入后视点坐标,按【Enter】键。

④仪器自动计算出后视方位角,并提示照准后视点。照准后视点后,按【确定】,设置方位角完毕,返回坐标测量菜单。

(3)输入棱镜高及仪器高。

如要测定目标的 Z 坐标,还需要量取棱镜高及仪器高,输入仪器中。

①在坐标测量菜单中选取"4. 仪器棱镜高"后按【Enter】键。

②输入棱镜高和仪器高,按【Enter】键,返回坐标测量菜单。

(4)三维坐标测量步骤。

在测站及其后视方位角设置完成后便可测定目标点的三维坐标。

①照准目标点上的棱镜,在坐标测量菜单中选取"1. 坐标测量"后按【Enter】键,开始坐标测量。

②测量完成,屏幕上显示出所测目标点的坐标值。

③按【ESC】键,结束坐标测量,返回坐标测量菜单界面。

2. 全站仪测量步骤

(1)选定三边形组成闭合导线并编号。

(2)仪器开箱后,仔细观察并记清仪器在箱中的位置,取出仪器并连接在三脚架上,旋紧中心连接螺旋,关好仪器箱。

(3)全站仪的对中、整平。

(4)测距参数的设置:测距类型、使用的棱镜及对应的常数、气象改正数。

(5)将全站仪安置在其中一个导线点上(按 $A—B—C$ 顺序),在相邻的另外两个导线点上安置反光镜。

(6)接通电源进行仪器自检(显示功能和电压),并配置各项常数。

(7)在 A 点上安置仪器后输入测站点坐标数据,量仪器高,照准后视点,并输入后视点坐标和镜高,再照准目标 B,按测角度键,把水平读数设为 $0°00'00''$,按测距键,记录距离;按坐标键,记录 B 点坐标,顺时针转照准部,照准目标 C,记录水平角读数;按测距键,记录距离;按坐标键,记录 C 点坐标。

3. 实训注意事项

(1)实训前须认真阅读全站仪的操作手册,牢记安全操作注意事项。

(2)作业前应仔细全面检查仪器,确认仪器各项指标、功能、电源、初始设置和各项参数均符合要求时再进行作业。

(3)由于全站仪较重,因此在迁站时,即使很近,也应取下仪器装箱。在使用仪器过程中要十分细心,以防损坏。

(4)望远镜不能直接照准太阳,以免损坏测距的发光二极管。

(5)在阳光下或阴雨天气进行作业时,应打伞遮阳、遮雨。仪器长期不用时,应将电池取下分开存放,电池应至少每月充电一次。

(6)仪器安置在三脚架上之前,应检查三脚架的三个伸缩螺旋是否已旋紧;在用连接螺旋将仪器固定在三脚架上之后才能放开仪器;在整个操作过程中,观测者绝不能离开仪器,以避免发生意外事故。

(7)仪器应保持干燥,遇雨后应将仪器擦干,放在通风处,完全晾干后才能装箱。

(8)仪器装箱时,应先将仪器的电源关闭,然后再取下电池,搬运过程中必须注意防震。

(9)严禁将仪器直接置于地面上,避免沙土、灰尘损坏中心螺旋或螺孔。

五、上交资料

每人上交一份实训报告,实训报告格式附后。

全站仪的认识与使用实训报告

日期： 班级： 组别： 姓名： 学号：

实训任务题目		实训成绩	
实训地点			
实训仪器工具			
实训内容			
实训主要步骤			
实训总结与收获			

实训任务六 测回法观测水平角

一、目的与要求

(1)进一步熟悉全站仪的构造、安置和使用方法。
(2)了解测回法测角的基本原理。
(3)学会用测回法观测水平角。

二、实训内容

(1)选择一个三角形进行水平角度测量。
(2)用测回法观测其水平角。
(3)练习测回法的记录与计算方法。

三、仪器及工具

(1)由仪器室借领:全站仪一台,花杆两根。
(2)自备:铅笔、小刀、草稿纸、计算器、粉笔等。

四、实训方法与步骤

(1)在地面上顺时针方向选择 A、B、C 三点构成三角形,用粉笔做好记号,要求各边长大于30m。

(2)其中一人在 A 点安置全站仪,对中、整平,一人协助记录,二人分别用花杆标出 B、C 目标。

(3)用测回法测定 A 点的水平角值∠BAC。其观测程序如下:

①盘左:照准左目标 B,并读取水平度盘读数 $b_左$,记录人听到读数后,立即回报观测者;经观测者默许后,立即记入测角记录表中。顺时针旋转照准部照准右目标 C,读取其水平度盘读数 $c_左$,并记入测角记录表中,则 $\beta_左 = c_左 - b_左$。

②盘右:先照准右目标 C,读取水平度盘读数 $c_右$,并记入测角记录表中。逆时针旋转照准部,照准左目标 B,读取水平度盘读数 $b_右$,并记入测角记录表中,$\beta_右 = c_右 - b_右$。

③盘左、盘右合称一个测回。当 $\beta_左 - \beta_右$ 符合限差时,则取其平均值作为一测回的角度观测值,$\beta = (\beta_左 + \beta_右)/2$。如果超限,则重新测量,直到满足要求。

(4)依次把仪器搬到 B、C 点,同上方法测出 B、C 点的水平角。

(5)根据计算出的三个水平角相加是否为180°判断误差,评定本次观测的精度。若未满足要求,则要查找原因,重新观测。

(6)实训注意事项。

①在记录前,首先要弄清记录表格的填写次序和填写方法。

②每一测回的观测中间,如发现水准气泡偏离大于半格,中间不能整平,等一个测回观测完毕到下一个测回重新整平,若偏离大于 2 格,应整平后整个测回重新观测。

③在照准目标时,花杆目标要立直,应尽量照准目标的底部,同时注意盘左和盘右照准同一位置;照准时,若目标较大,用十字丝竖丝双丝卡,若目标较小,用单丝照准。

④盘左、盘右计算半测回角值时,若小于 0°,应加 360°,水平角始终为正值。

五、上交资料

(1)每人上交合格的测回法观测水平角记录一份,格式附后。

(2)每人上交实训报告,实训报告格式附后。

测回法观测水平角记录表

仪器型号：　　　　　　日期：　　　　　　班级：　　　　　　观测：

工程名称：　　　　　　天气：　　　　　　组别：　　　　　　记录：

测站	盘位	目标	水平盘读数	水 平 角		备注
				半测回角	一测回角	

测回法观测水平角实训报告

日期： 班级： 组别： 姓名： 学号：

实训任务题目		实训成绩	
实训地点			
实训仪器工具			
实训内容			
实训主要步骤			
实训总结与收获			

实训任务七 竖直角测量

一、目的与要求

(1)掌握用全站仪进行竖直角观测的一般原理与方法。
(2)掌握全站仪的观测程序及计算方法。

二、实训内容

(1)在已选定的测量点上安置全站仪,对远处具有一定高度的目标进行竖直角观测。
(2)练习竖直角及竖盘指标差的记录、计算。

三、仪器及工具

(1)全站仪一套。
(2)自备:铅笔、小刀、草稿纸、计算器等。

四、实训方法与步骤

1. 观测程序
(1)在某指定点上安置经纬仪,对中、整平。
(2)盘左,将望远镜大致水平,看竖盘读数,读数在90°附近,则盘左时的竖盘始读数为90°,记作 $L_{始}$;照准目标,读取竖盘读数 L 并记录在表中。
(3)盘右,将望远镜大致水平,看竖盘读数,读数在270°附近,则盘右时的竖盘始读为270°,记作 $R_{始}$;照准目标,读取竖盘读数 R 并记录在表中。

2. 计算公式及竖直角、指标差计算
(1)确定计算公式。
将望远镜物镜端抬高,观察竖盘读数是增加还是减少。
当望远镜物镜端抬高时,如竖盘读数逐渐减小,则竖角计算公式为:
$$\alpha = 始读数 - 照准目标读数$$
当望远镜物镜端抬高时,如竖盘读数逐渐增大,则竖角计算公式为:
$$\alpha = 照准目标读数 - 始读数$$
(2)上述公式,对于任何竖盘注记形式,无论盘左还是盘右均适用。
(3)计算。
以盘左当望远镜物镜端抬高时读数减小为例:
$$\alpha_{左} = L_{始} - L_{读}$$

$$\alpha_{右} = R_{读} - R_{始}$$

如果 $L_{始} = 90°$，则 $\alpha_{左} = 90° - L_{读}$；$R_{始} = 270°$，$\alpha_{右} = R_{读} - 270°$。

当指标差存在时：

$$\alpha_{左} = 90° - (L_{读} - x)$$

$$\alpha_{右} = (R_{读} - x) - 270°$$

将两式相加，则竖直角为：

$$\alpha = 1/2(\alpha_{左} + \alpha_{右}) \quad 或 \quad \alpha = (R - L - 180°)/2$$

将两式相减，则竖盘指标差为：

$$x = 1/2(\alpha_{右} - \alpha_{左}) \quad 或 \quad x = (R + L - 360°)/2$$

(4)注意事项。

①x 值有正有负。

②用上述公式算出的竖直角 α，其符号为"+"时，为仰角；其符号为"-"时，为俯角。

3. 实训注意事项

(1)直接读取的竖盘读数并非竖直角，竖直角通过计算才能获得。

(2)竖盘因其刻划注记和始读数的不同，计算竖直角的方法也就不同，要通过检测来确定正确的竖直角和指标差计算公式。

(3)左盘右照准目标时，要用十字丝横丝卡目标的同一位置。

(4)在竖盘读数前，务必要使竖盘指标水准管气泡居中。

五、上交资料

(1)每人上交合格的竖直角观测记录一份，格式附后。

(2)每人上交实训报告，实训报告格式附后。

竖直角观测记录表

仪器型号：　　　　　　日期：　　　　　　班级：　　　　　　观测：

工程名称：　　　　　　天气：　　　　　　组别：　　　　　　记录：

测站	目标	盘位	竖盘度数	竖直角	指标差	平均竖直角	备注
		左					
		右					
		左					
		右					
		左					
		右					
		左					
		右					
		左					
		右					

竖直角测量实训报告

日期：　　　　班级：　　　　组别：　　　　姓名：　　　　学号：

实训任务题目		实训成绩	
实训地点			
实训仪器工具			
实训内容			
实训主要步骤			
实训总结与收获			

实训任务八 全站仪的检验和校正

一、目的与要求

(1)加深对全站仪各轴线之间应满足几何关系的理解。
(2)学会全站仪的检验和校正方法。

二、实训内容

(1)管水准器的检验与校正。
(2)圆水准器的检验与校正。
(3)望远镜分划板的检验与校正。
(4)视准轴与横轴的垂直度($2c$)。
(5)竖盘指标零点自动补偿的检验。
(6)竖盘指标差(i角)和竖盘指标零点设置的检验与校正。
(7)光学对中器检验与校正。
(8)横轴误差的检验与校正。

三、仪器与工具

(1)由仪器室借领:全站仪一架,塔尺一支,花杆一根。
(2)自备:铅笔、小刀、草稿纸、计算器。

四、实训方法与步骤

1. 管水准器的检验与校正

(1)检验。

①松开水平制动螺旋,转动仪器使管水准器平行丁某一对脚螺旋 A、B 的连线,再旋转脚螺旋 A、B,使管水准器气泡居中。

②将仪器绕竖轴旋转 $90°$,再旋转另一个脚螺旋 C,使管水准器气泡居中。

③再次将仪器旋转 $90°$,重复步骤①、②,直到四个位置上气泡居中为止。

(2)校正。

①在检验时,若管水准器的气泡偏离了中心,先用与管水准器平行的脚螺旋进行调整,使气泡向中心移近一半的偏离量。剩余的一半用校正针转动水准器校正螺钉(在水准器右边)进行调整至气泡居中。

②将仪器旋转 $180°$,检查气泡是否居中。如果气泡仍不居中,重复(1)步骤,直至气泡居中。

③将仪器旋转90°，用第三个脚螺旋调整气泡居中。

重复检验与校正步骤直至照准部转至任何方向气泡均居中为止。

2. 圆水准器的检验与校正

（1）检验。

管水准器检校正确后，若圆水准器气泡亦居中就不必校正。

（2）校正。

若气泡不居中，用校正针或内六角扳手调整气泡下方的校正螺钉使气泡居中。校正时，应先松开气泡偏移方向对面的校正螺钉（1或2个），然后拧紧偏移方向的其余校正螺钉使气泡居中。气泡居中时，三个校正螺钉的紧固力均应一致。

3. 望远镜分划板的检验与校正

（1）检验。

①整平仪器后在望远镜视线上选定一目标点 A，用分划板十字丝中心照准 A 并固定水平和垂直制动手轮。

②转动望远镜垂直微动手轮，使 A 点移动至视场的边沿（A' 点）。

③若 A 点沿十字丝的竖丝移动，即 A' 点仍在竖丝之内，则十字丝不倾斜，不必校正。

（2）校正。

①首先取下位于望远镜目镜与调焦手轮之间的分划板座护盖，便看见四个分划板座固定螺钉。

②用螺丝刀均匀地旋松该4个固定螺钉，绕视准轴旋转分划板座，使 A' 点落在竖丝的位置上。

③均匀地旋紧固定螺钉，再用上述方法检验校正结果。

④将护盖安装回原位。

4. 视准轴与横轴的垂直度（2c）

（1）检验。

①在距离仪器同高的远处设置目标 A，精确整平仪器并打开电源。

②在盘左位置用望远镜照准目标 A，读取水平角。

例：水平角 $L = 10°13'10''$。

③松开垂直及水平制动手轮，转动望远镜，旋转照准部盘右照准同一 A 点（照准前应旋紧水平及垂直制动手轮）读取水平角。

例：水平角 $R = 190°13'40''$。

④$2c = L - (R \pm 180°) = -30''$，$|-30''| > 20''$，需校正。

（2）校正。

①用水平微动手轮将水平角读数调整到消除 c 后的正确读数：

$$R + c = 190°13'40'' - 15'' = 190°13'25''$$

②取下位于望远镜目镜与调焦手轮之间的分划板座护盖，调整分划板上水平左右两个十字丝校正螺钉，先松一侧后紧另一侧的螺钉，移动分划板使十字丝中心照准目标 A。

③重复检验步骤，校正至 $|2c| < 20''$ 符合要求为止。

④将护盖安装回原位。

5. 竖盘指标零点自动补偿的检验

①安置和整平仪器后,使望远镜的指向和仪器中心与任一脚螺旋 X 的连线相一致,旋紧水平制动手轮。

②开机后指示竖盘指标归零,旋紧垂直制动手轮,仪器显示当前望远镜指向的竖直角值。

③朝一个方向慢慢转动脚螺旋 X 至 10mm 圆周距左右时,显示的竖直角由相应随着变化到消失出现"b"信息,表示仪器竖轴倾斜已大于 $3'$,超出竖盘补偿器的设计范围。当反向旋转脚螺旋复原时,仪器又复现竖直角,在临界位置可反复试验观察其变化,表示竖盘补偿器工作正常。

当发现仪器补偿失灵或异常时,应送厂检修。

6. 竖盘指标差(i角)和竖盘指标零点设置的检验与校正

(1)检验。

①安置整平好仪器后开机,将望远镜照准任一清晰目标 A,得竖直角盘左读数 L。

②转动望远镜再照准 A,得竖直角盘右读数 R。

③若竖直角天顶为 $0°$,则 $i = (L + R - 360°)/2$;若竖直角水平为 $0°$,则

$$i = (L + R - 180°)/2 \quad 或 \quad (L + T - 540°)/2$$

④若 $|i| \geq 10''$,则需重新设置竖盘指标零点。

(2)校正。

①整平仪器后进入仪器常数设置,选择垂直角零基准设置(或指标差设置)。

②选择垂直角零基准校正(或指标差设置),转动仪器盘左精确照准与仪器同高的远处任一清晰稳定目标 A,按【是】。

③再旋转望远镜,盘右精确照准同一目标 A,按【是】,设置完成,仪器返回测角模式。

④重复检验步骤重新测定指标差(i角)。若指标差仍不符合要求,则应检查校正(指标零点设置)的三个步骤的操作是否有误,目标照准是否准确等,按要求再重新进行设置。

⑤经反复操作仍不符合要求时,检查补偿器补偿是否超限或补偿失灵或异常等。

7. 光学对中器检验与校正

(1)检验。

①将仪器安置到三脚架上,在一张白纸上画一个十字交叉并放在仪器正下方的地面上。

②调整好光学对中器的焦距后,移动白纸使十字交叉位于视场中心。

③转动脚螺旋,使对中器的中心标志与十字交叉点重合。

④旋转照准部,每转 $90°$,观察对中点的中心标志与十字交叉点的重合度。

⑤如果照准部旋转时,光学对中器的中心标志一直与十字交叉点重合,则不必校正;否则需按下述方法进行校正。

(2)校正。

①将光学对中器目镜与调焦手轮之间的改正螺钉护盖取下。

②固定好十字交叉白纸并在纸上标记出仪器每旋转 $90°$ 时对中器中心标志落点。

③用直线连接对角点 AC 和 BD,两直线交点为 O。

④用校正针调整对中器的四个校正螺钉,使对中器的中心标志与 O 点重合。

⑤重复检验步骤④,检查校正至符合要求。将护盖安装回原位。

8. 横轴误差的检验与校正

(1)检验。

①精确安置、整平好仪器,盘左精确照准距仪器约 50cm 的一目标 A。

②垂直转动望远镜 $i(10° < i < 45°)$,精确照准另一目标 B。

③转动仪器,盘右精确照准同一目标 A,同样垂直转动望远镜 i,检查十字丝距 B 的距离 D,$D \leq 15''$。如 $D > 15''$ 则需要进行校正。

(2)校正。

①用螺丝刀调整望远镜下方 3 颗校正螺钉。

②重复检验步骤,检查并调整校正螺钉,至 $D \leq 15''$。

9. 实训注意事项

(1)全站仪检校是件精细的工作,必须认真对待。发现问题及时向指导教师汇报,不得自行处理。

(2)各项检校顺序不能颠倒,在检校过程中要同时填写实训报告。

(3)每项检校都需重复进行,直到符合要求。校正后应再作一次检验,看其是否符合要求。

五、上交资料

每人上交实训报告一份,格式附后。

全站仪的检验和校正实训报告

日期： 班级： 组别： 姓名： 学号：

实训任务题目		实训成绩	
实训地点			
实训仪器工具			
实训内容			
实训主要步骤			
实训总结与收获			

实训任务九　全站仪控制测量

一、目的与要求

(1)掌握使用全站仪进行测角、量边。
(2)掌握使用全站仪进行导线的控制测量。
(3)掌握导线控制测量的内业计算。

二、实训内容

(1)了解使用全站仪测角、量距的方法。
(2)使用全站仪进行一闭合导线的控制测量。
(3)闭合导线控制测量数据的处理。

三、仪器及相关设备

(1)仪器室借领:全站仪一台,棱镜及棱镜杆两套,记录板一块。
(2)自备:铅笔、纸张。

四、实训方法与步骤

指导教师讲解全站仪的基本的测角、量距功能,再进行闭合导线的控制测量。

(1)在校园内选取 1、2、3、4 等若干个点,构成一闭合导线,如图 2-9-1 所示,已知 1 点到 2 点的方位角为 125°12′25″(可假定,亦可与已知点联测得到起算数据),1 点的坐标为(550,550),目的是求得其余几个控制点的坐标。

(2)使用全站仪进行控制测量。

①在 2 点架设全站仪,对中、整平,进行参数的设置。

②在角度测量模式下,HR 模式用测回法观测∠2(内角),并在距离模式下测量 21 边和 23 边距离,角度测量和距离测量可同步进行。

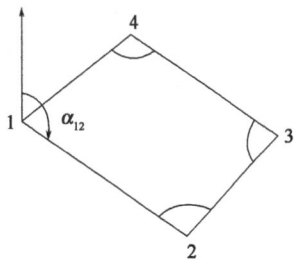

图　2-9-1

③搬动仪器到 3 点,同上测得角 3 与 32 边及 34 边的距离。

④依此类推,最后一个点与点 1 的测量,形成闭合曲线,将其数据填入记录表格,依据理论课上所讲内容进行导线坐标计算。

(3)实训注意事项。

①遵循全站仪认识实训中的所有事项。

②导线点的选取要通视良好,便于测量。

③导线各个边长应该大致相等,避免有长边突然转到短边。

④导线选定以后应该用木桩或者钉小钉做标志,在校园内进行时候可以用油漆画十字作为导线点标志。

⑤由于距离测量结果受大气改正、温度与大气压影响较大,所以一定要检查并按当时情况设置合理参数。

五、上交资料

(1)每人上交合格的测角测距记录一份、导线坐标计算表一份,格式附后。

(2)每人上交实训报告,实训报告格式附后。

全站仪测角测距记录表

测站	盘位	目标	水平度盘读数	水平角(限差30″)		方向	距离(m)	平均值	精度1/2000	备注
				半测回值	测回值					
	左									
	右									
	左									
	右									
	左									
	右									
	左									
	右									
	右									

导线坐标计算表

点号	角度观测值 (° ′ ″)	改正数 (″)	改正后角度 (° ′ ″)	方位角 (° ′ ″)	边长 (m)	坐标增量		改正后坐标增量		坐标		点号
						ΔX(m)	ΔY(m)	ΔX(m)	ΔY(m)	X(m)	Y(m)	
Σ												
辅助 计算									导线略图:			

全站仪控制测量实训报告

日期： 班级： 组别： 姓名： 学号：

实训任务题目		实训成绩	
实训地点			
实训仪器工具			
实训内容			
实训主要步骤			
实训总结与收获			

实训任务十 全站仪平面坐标测量

一、目的与要求

(1)练习基本测量模式下建站操作。
(2)学会坐标测量。

二、实训内容

布置闭合导线并用全站仪进行观测,从 A 点出发,按 ABCDA 顺序观测,测绘 A 点时检测 A 点坐标与起始值是否相符,A 点按实际情况假定,设为(5500,5500),起始边方位角亦可假定。

三、仪器与工具

(1)由测量仪器室借领:全站仪一台,棱镜两个。
(2)自备:铅笔、小刀,粉笔。

四、实训方法与步骤

(1)在 A 点安置仪器,先建站,可用假定坐标和起始边方位角开始,如输入该点坐标(5500,5500),可直接在坐标测量界面输入测站点坐标,在角度模式置盘起始边方位角。第一站定向,可以任意方向假定初始读数为 100°,其余站定向,可后视已测点坐标定向或方位角定向。
(2)测前视点 B 坐标。
在坐标模式下测量前视点 B 坐标,记录该点坐标,及 AB 方位角。
(3)搬站至 B 点架仪器,重复以上步骤,输入该点坐标(即上一步所测),定后视方向(可在角度模式下用 BA 反方位角置盘或进入建站菜单输入后视点坐标定向),测前视点 C 坐标并记录 C 点坐标和 BC 方位角。
(4)依此类推,直至测回 A 点,检验该点所测坐标与假定坐标(5500,5500)的偏差,可记录各站距离用于全长闭合差精度评定。
(5)实训注意事项。
在每站建站时,除了输入该站点坐标外,切记要定后视方向,可通过方位角或已知点坐标定向,然后才可进行坐标测量,否则无法闭合。测量之前,请检查有关参数设置,包括棱镜常数、比例、长度单位、最小读数设置等。

五、上交资料

(1)每人上交合格的平面坐标测量观测记录一份,格式附后。
(2)每人上交实训报告,实训报告格式附后。

全站仪平面坐标测量表

日期： 天气： 组别： 组长： 学号：

测 站 点	后视点/前视点	方 位 角	X	Y	距离(m)
	后视点 （ ）				
	前视点 （ ）				
	后视点 （ ）				
	前视点 （ ）				
	后视点 （ ）				
	前视点 （ ）				
	后视点 （ ）				
	前视点 （ ）				
	后视点 （ ）				
	前视点 （ ）				
	后视点 （ ）				
	前视点 （ ）				
	后视点 （ ）				
	前视点 （ ）				
	后视点 （ ）				
	前视点 （ ）				
	后视点 （ ）				
	前视点 （ ）				
	后视点 （ ）				
	前视点 （ ）				

精度评定：

计算小结：

全站仪平面坐标测量实训报告

日期： 班级： 组别： 姓名： 学号：

实训任务题目		实训成绩	
实训地点			
实训仪器工具			
实训内容			
实训主要步骤			
实训总结与收获			

实训任务十一 圆曲线主点测设及切线支距法详细测设

一、目的与要求

(1)学会路线交点转角的测定与计算。
(2)能进行圆曲线要素及主点里程的计算。
(3)学会圆曲线主点的测设。
(4)学会用切线支距法测设圆曲线的测设数据计算及实际详细测设。

二、实训内容

(1)在一较大的场地上选择3点作为路线导线交点。
(2)用全站仪测回法测定交点的水平角并计算路线转角。
(3)计算圆曲线测设元素 T、L、E、D。
(4)计算主点里程(即 ZY、QZ、YZ 的里程)。
(5)进行圆曲线主点测设。
(6)在圆曲线主点测设的基础上,确定加桩方法及桩号并计算用切线支距法详细测设的数据,按照计算数据将所加桩号在地面上详细测设出来,最后检查是否符合圆曲线的要求。

三、仪器及工具

(1)由仪器室借领:全站仪一台,花杆三根,测钎一束(10 根),竹片桩十个,油漆一瓶,毛笔一支,皮尺一卷。
(2)自备:铅笔,小刀,计算器,计算用纸。

四、实训方法与步骤

(1)在平坦场地定出路线导线的三个交点 JD_1、JD_2、JD_3,并标定其位置。
(2)在交点 JD_2 上安置全站仪,用测回法观测水平右角 β 并且计算转角 α。
(3)假定圆曲线半径 $R = 100\text{m}$,然后根据 R 和转角 α,计算曲线测设元素 T、L、E、D。
(4)计算圆曲线主点的里程(假定 JD_2 的里程已知为 K4 + 296.67)。
测设圆曲线主点:
①在 JD_1—JD_2 方向上,自 JD_2 量取切线长 T 得圆曲线起点 ZY,即为起点桩。
②在 JD_2—JD_3 方向上,自 JD_2 量取切线长 T 得圆曲线终点 YZ,即为终点桩。
③用全站仪确定 QZ 点的方向线,即角 β 的角平分线。在此角平分线上自 JD_2 量取外距 E,得圆曲线中点 QZ,即为中点桩。
④在曲线内侧观看 ZY、QZ、YZ 桩是否有圆曲线的线形,以作为概略检核。

⑤根据实例数据,确定加桩桩号,并计算出用切线支距法详细测设数据(计算表格附后)。

⑥将全站仪置于圆曲线起点(或终点),照准 JD_2 方向即为切线方向。

⑦根据各里程桩点的纵坐标用皮尺从曲线起点(或终点)沿切线方向量取 X_1、X_2、X_3…长度得垂足 N_1、N_2、N_3…点,并用测钎标记 Y_1、Y_2、Y_3…,如图 2-11-1 所示。

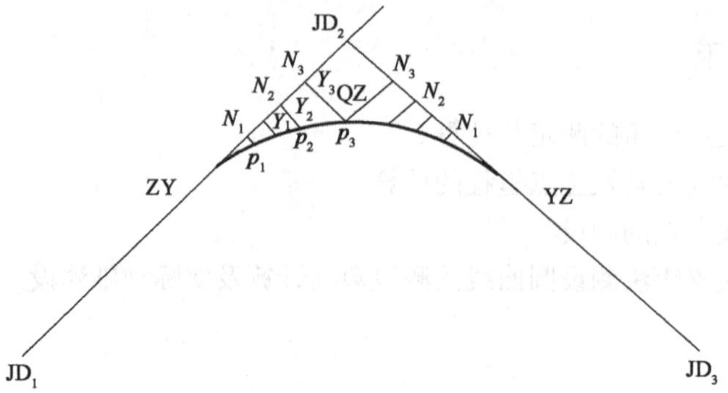

图 2-11-1

⑧在垂足 N_1、N_2、N_3…点用一定方法标定垂线并沿垂线方向分别量出 Y_1、Y_2、Y_3…长度即定出曲线上 P_1、P_2、P_3…各桩号点,并用测钎或竹桩标定其位置。

⑨从曲线的起(终)点分别向曲线中点测设,最后重复测设 QZ 作为校核。

⑩绘制测设草图。

五、上交资料

(1)每人上交合格的圆曲线主点测设及切线支距法详细测设记录一份,格式附后。

(2)每人上交实训报告,实训报告格式附后。

公路平曲线切线支距法测设数据表

一、已知：			
交点编号：	交点桩号 =	偏角 α =	半径 R =
二、平曲线要素计算： $T =$ $L =$ $E =$ $D =$			
三、里程桩号推算：			
四、切线支距法测设数据：			

切线支距法测设平曲线数据计算表

里 程 桩 号	桩号至曲线起(终)点的弧长 l_i (m)	x_i (m)	y_i (m)

圆曲线主点测设及切线支距法详细测设实训报告

日期： 班级： 组别： 姓名： 学号：

实训任务题目		实训成绩	
实训地点			
实训仪器工具			
实训内容			
实训主要步骤			
实训总结与收获			

实训任务十二 偏角法详细测设圆曲线

一、目的与要求

(1)能进行偏角法详细测设圆曲线的测设数据计算。
(2)学会用偏角法详细测设圆曲线。

二、实训内容

(1)本次实训是在实训任务十一的基础上进行的。
(2)按照实训任务十一的交点资料(即水平角、转角、曲线半径)计算偏角法详细测设圆曲线的测设数据。
(3)在实训场地上根据实训任务十一的数据放样出 JD_1、JD_2、JD_3 及圆曲线主点。
(4)用偏角法详细测设圆曲线。
(5)校核。

三、仪器及工具

(1)由仪器室借领:全站仪一台,花杆三根,测钎一束(10根),竹片桩十个,油漆一瓶,毛笔一支,皮尺一卷。
(2)自备:铅笔,小刀,计算器,计算用纸。

四、实训方法与步骤

(1)按照实训任务十一实测数据计算出所需测设数据(计算表格附后)。
(2)根据实训任务十一所测数据在场地上放样出三交点 JD_1 JD_2 JD_3 的位置并标定。
(3)进行圆曲线主点放样,详见实训任务十一。
(4)将全站仪安置于圆曲线起点 $A(ZY)$,度盘配置起始读数 $0°00'00''$(注意 HR/HL 模式),后视交点 JD_2 得切线方向,如图 2-12-1 所示。

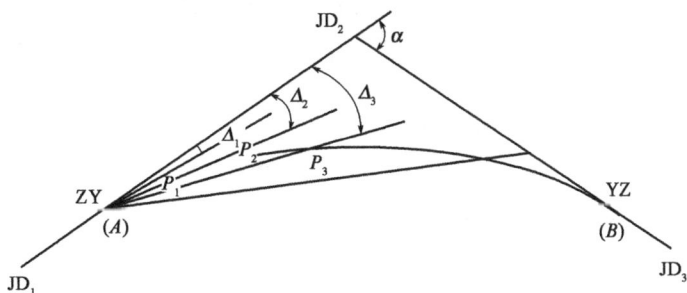

图 2-12-1

（5）转动照准部使度盘读数为 Δ_1（P_1 点的偏角读数）得 AP_1 方向，沿此方向从 A 量出首段弦长 C_A 得整桩 P_1 点，插测钎或用竹桩标定位置。

（6）根据计算的数据，转动照准部使度盘读数等于偏角 Δ_2（P_2 点的偏角读数）得 AP_2 方向，从 P_1 点量出整弧段弦长 C_0 与 AP_2 方向相交得 P_2 点，插测钎或竹桩标定位置。

（7）转动照准部，使度盘读数等于偏角 Δ_3（P_3 点的偏角读数）得 AP_3 方向，从 P_2 点量出 C_0 与 AP_3 方向相交得 P_3，插测钎或竹桩标定位置。

（8）以此类推定出其他各整桩点。

（9）最后应闭合于曲线终点 B（YZ），当转动照准部使度盘读数等于偏角 Δ_B（终点 B 的偏角度数）得 AB 方向，从 P 点量出尾段弦长 C_B 与 AB 方向线相交，其交点应为原测设的 YZ 点，如两者不重合，其闭合差一般不得超过如下规定：

①半径方向（横向 $\pm 0.1\text{m}$）。

②切线方向（纵向 $\pm L/1000$，L 为曲线长。否则应检查原因，进行改正或重测）。

如果全站仪置于曲线终点（YZ）上，反拨偏角测设圆曲线，测设方法同上。

（10）绘制测设草图。

五、上交资料

（1）每人上交合格的偏角法详细测设数据表记录一份，格式附后。

（2）每人上交实训报告，实训报告格式附后。

偏角法详细测设数据表

里 程 桩 号	曲 线 长	偏 角 值	度 盘 读 数	弦 长

偏角法详细测设圆曲线实训报告

日期： 班级： 组别： 姓名： 学号：

实训任务题目		实训成绩	
实训地点			
实训仪器工具			
实训内容			
实训主要步骤			
实训总结与收获			

实训任务十三 坐标法详细测设圆曲线

一、目的与要求

(1)能进行坐标法详细测设圆曲线的测设数据计算。
(2)学会用坐标法详细测设圆曲线。

二、实训内容

(1)本次实训是在实训任务十一的基础上进行的。
(2)按照实训任务十一的交点资料(即水平角、转角、曲线半径)计算坐标法详细测设圆曲线的测设数据。
(3)在实训场地上根据实训任务十一的数据放样出 JD_1、JD_2、JD_3 及圆曲线主点。
(4)用坐标法详细测设圆曲线。
(5)校核。

三、仪器及工具

(1)由仪器室借领:全站仪一台,花杆三根,测钎一束(10 根),竹片桩十个,油漆一瓶,毛笔一支,皮尺一卷。
(2)自备:铅笔,小刀,计算器,计算用纸。

四、实训方法与步骤

(1)按照实训任务十一计算出所需测设数据(计算表格附后)。
(2)根据实训任务十一所测数据在场地上放样出三交点 JD_1、JD_2、JD_3 的位置并标定。
(3)进行圆曲线主点放样,详见实训任务十一。
(4)在各中桩坐标计算完毕后操作。
坐标放样步骤:先对仪器进行基本设置,包括各类参数、单位、坐标系等,然后进入程序"坐标放样菜单"后,按以下步骤进行。
①建站:输入测站点坐标(架仪器的点)。
②定方向:输入后视点(或定向点)坐标,界面计算出相应方位角,照准后视点按【确定】(或【是】)键。
③放样:输入放样点坐标,仪器计算出放样角度和距离,先放样角度(按【角度】键,将 dHR 调至 0°00′00″),再在此方向测设相应距离(按【距离】键,指挥方向前后跑点,直至 dHD 为 0),标定位置。
放完本点,按【继续】键,输入下一个放样点坐标,按数据放样。

五、上交资料

(1)每人上交合格的坐标法详细测设圆曲线数据表记录一份,格式附后。

(2)每人上交实训报告,实训报告格式附后。

公路平曲线坐标法测设数据表

一、已知：			
交点编号：	交点桩号 =	偏角 α =	半径 R =
二、圆曲线主点坐标的计算：			
三、圆曲线其他各中桩的计算：			
四、坐标法测设数据：			

坐标法测设平曲线数据计算表

里程桩号	桩点至 ZY 点的曲线长 l_i(m)	偏角值 Δ_i (° ′ ″)	方位角 (° ′ ″)	长弦 (m)	坐 标 X	坐 标 Y

坐标法详细测设圆曲线实训报告

日期：　　　　班级：　　　　组别：　　　　姓名：　　　　学号：

实训任务题目		实训成绩	
实训地点			
实训仪器工具			
实训内容			
实训主要步骤			
实训总结与收获			

实训任务十四 GNSS 的认识与应用

一、目的与要求

(1)了解 GNSS 的组成及发展。
(2)了解 GNSS 的一般构造及基本使用方法。
(3)了解使用 GNSS 进行坐标测量及 GNSS-RTK 放样的方法。

二、实训内容

(1)仪器安装连接。
(2)基准站流动站设置。
(3)手簿常用操作:新建项目,设置参数等。
(4)求解四参数和高程拟合。
(5)点测量和点放样。

三、仪器及相关设备

(1)仪器室借领:GNSS-RTK 全套,记录板一块。
(2)自备:铅笔、纸张。

四、实训方法与步骤

(1)指导教师讲解 GNSS 的构造。
(2)手簿主要功能介绍。
RTK 手簿每个菜单都对应一个大功能,界面简洁直观,容易上手,使用流程如下:
①新建项目:按界面提示操作。
②设置参数:点击菜单"参数"进入参数设置界面,界面显示为坐标系统名称,以及"椭球、投影、椭球转换、平面转换、高程拟合、平面格网、选项"七项参数的设置。
首先设置椭球,源椭球为默认的"WGS-84",当地椭球则要视工程情况来定。我国一般使用的椭球有两种,分别为"北京 54""国家 80",根据工程要求选用,点击框后面的下拉小箭头选择。
再设置投影:点击屏幕上"投影",界面显示"投影方法"以及一些投影参数。工程常用高斯投影,高斯投影分六度带、三度带、一点五度带等,视工程情况进行选定。如工程需要则要选择"高斯自定义",选择投影方法后,修改"中央子午线"。设置投影参数,将椭球转换、平面转换、高程拟合设为无。
③连接 GNSS:手簿和 RTK 主机使用蓝牙连接,并在连接后对 RTK 主机进行设置,连接上

仪器后,选择"设置基准站",进入设置基准站界面。设置移动站,用手簿连接移动站,连接方法与连接基准站一样,连接成功后,点击左上角的下拉菜单,选择设置移动站,进入移动站设置界面。

④碎部测量:点击菜单的"测量"图标,进入测量界面。在测量界面的上方显示解状态、卫星状态、电池情况的图标,当"单点"处显示"固定",表示解状态为 RTK 固定解,只有在固定解的状态下,才能进行测量工作。

⑤求解四参数和高程拟合。

⑥放样:RTK 的放样一般分为点放样和线放样。点放样:从架设基站直到求解完参数工作与碎部测量完全相同,完成以上步骤后,输入放样点进行放样工作。首先,在测量界面点击左上角下拉菜单,选择"点放样",进入放样模式,进入放样点输入,依次输入点名、X、Y、H,打钩,进入放样指示,按照界面指示,找到放样点位置。再输入下一个放样点,如果事先已在放样点库输入放样点坐标,则可以进入列表调出放样点进行放样。

五、上交资料

每人上交实训报告一份,实训报告格式附后。

校园控制点一览表

点　　号	大　概　位　置	横坐标 Y	纵坐标 X	高　　程
EGPS1	运动场东北角	72817.4250	91229.1330	4.380
EGPS2	第一实验楼西北角,励志力行标志	72942.3560	91225.6120	4.315
EGPS3	东校门正对门口与道路交叉处	73092.1230	91287.5450	4.109
EGPS4	桥面北面人行道	72519.0000	91118.3880	5.229
EGPS5	运动场西南角	72802.9700	91012.6010	4.454
EGPS6	路桥楼前面花圃中间	72283.8450	91014.8420	5.372
EGPS7	中心花坛海运楼西南角	72070.6695	90937.6120	4.089
EGPS8	104 国道学校东北角	72797.2250	91472.0200	4.652
EGPS9	学校西北角古墩路	71858.5010	90986.8830	3.931
EGPS10	学校西南角古墩路	72197.4010	90587.4680	4.073
EGPS11	104 国道学校东南角	73266.3940	91036.6240	4.126

GNSS 的认识与应用实训报告

日期：　　　　班级：　　　　组别：　　　　姓名：　　　　学号：

实训任务题目		实训成绩	
实训地点			
实训仪器工具			
实训内容			
实训主要步骤			
实训总结与收获			

实训任务十五 无人机的认识与应用

一、目的与要求

(1)通过实训任务进行无人机基本操作技能科普及训练,要求学生掌握无人机飞行基本原理和操作流程,可独自完成基本控制飞行,获得高质量无人机影像。

(2)引导学生掌握无人机技术、无人机摄影测量原理,掌握无人机公路测量工作内容。

二、实训内容

(1)认识无人机。

(2)无人机操控演示及注意事项。

(3)无人机应用现状及未来发展方向。

三、仪器及相关设备

(1)仪器室借领:无人机(含配套操控软件)、GNSS-RTK。

(2)自备:铅笔、纸张。

四、实训方法与步骤

1.场地选择

由实训指导教师指定校内无人机实训训练场地,确保训练场地空旷、安全、无遮挡物,可进行无人机演示飞行。

2.无人机的认识

介绍无人机发展历史,目前市场、行业常用无人机类型,无人机原件构造及组成,无人机飞行原理,无人机摄影测量原理,学校实训室无人机类型、参数、用途等。

3.无人机操控演示及注意事项

科普无人机飞行相关法律法规,无人机作业起飞准备工作,操控软件安装,无人机升降、前后控制,像控点布设及测量等工作流程及注意事项。

引导学生进行无人机飞行条件判定:

(1)场地选择:起飞点是否符合起降条件,包括周边电磁环境、障碍物、视线有无阻挡等。

(2)设备检查:例如电池电量,桨叶安装是否符合要求,设备有无松动,镜头是否正常(有无镜片磨损)等。

(3)信号是否正常:无人机与地面站、无人机与遥控器、无人机自身 GNSS 接收等信号是否正常。

(4)关注天气变化。

4.无人机应用现状

结合专业,介绍无人机在各专业中的实际应用,并详细介绍无人机在公路测量等方面的应用。

5.无人机未来发展方向

结合新技术发展及专业特色,介绍无人机未来发展方向及行业应用新场景、新案例、新思路。

五、上交资料

每人上交实训报告一份,实训报告格式附后。

无人机的认识与应用实训报告

日期： 班级： 组别： 姓名： 学号：

实训任务题目		实训成绩	
实训地点			
实训仪器工具			
实训内容			
实训主要步骤			
实训总结与收获			

Gongcheng Celiang

工程测量

（第3版）

陈 凯 主 编

姚 鑫 许玮珑 张武毅 副主编

丁 智 主 审

人民交通出版社股份有限公司

北 京

内 容 提 要

本教材为"十二五"职业教育国家规划教材、浙江省高职院校"十四五"重点教材、国家精品资源共享课配套教材。本书分为十二章,内容包括:绪论,水准测量,角度测量,距离测量与直线定向,小区域控制测量,大比例尺地形图的测绘,公路中线测量,公路中、基平测量,公路横断面测量,公路工程 GNSS-RTK 施工测量,管线、桥涵、隧道施工测量,无人机摄影测量及其在公路工程中的应用。

本书可作为高等职业院校道路与桥梁工程技术专业及相关专业教学用书,亦可作为公路行业测量员岗位培训用书,同时可供从事工程测量的技术人员学习参考。

本教材配活页式实训手册、动画、教学课件等资源。教师可通过加入"职教路桥教学研讨群"(QQ:561416324)获取课件。

图书在版编目(CIP)数据

工程测量 / 陈凯主编. — 3 版. — 北京 :人民交通出版社股份有限公司, 2023.5(2025.2 重印)

ISBN 978-7-114-18351-5

Ⅰ. ①工… Ⅱ. ①陈… Ⅲ. ①工程测量—高等职业教育—教材 Ⅳ. ①TB22

中国版本图书馆 CIP 数据核字(2022)第 228144 号

"十二五"职业教育国家规划教材
浙江省高职院校"十四五"重点教材
国家精品资源共享课配套教材

书　　名	工程测量(第3版)
著 作 者	陈 凯
责任编辑	任雪莲　陈虹宇
责任校对	赵媛媛
责任印制	张 凯
出版发行	人民交通出版社股份有限公司
地　　址	(100011)北京市朝阳区安定门外外馆斜街 3 号
网　　址	http://www.ccpcl.com.cn
销售电话	(010)85285911
总 经 销	人民交通出版社股份有限公司发行部
经　　销	各地新华书店
印　　刷	北京科印技术咨询服务有限公司数码印刷分部
开　　本	787×1092　1/16
印　　张	20.5
字　　数	424 千
版　　次	2007 年 3 月　第 1 版
	2014 年 8 月　第 2 版
	2023 年 5 月　第 3 版
印　　次	2025 年 2 月　第 3 版　第 3 次印刷　总第 17 次印刷
书　　号	ISBN 978-7-114-18351-5
定　　价	55.00 元(含主教材和实训手册)

(有印刷、装订质量问题的图书,由本公司负责调换)

自党的十九大提出交通强国战略,到党的二十大强调加快建设交通强国,充分体现了以习近平同志为核心的党中央对交通运输工作的高度重视和殷切期望。港珠澳大桥、大兴机场等超级交通工程陆续建成投运,北斗卫星导航系统全面建成并广泛应用,大数据、5G等技术的兴起,促进测绘地理信息技术迎来智能化的关键期,基于此我国自主研发出了一批新型国产测绘设备。为了更好地培养具有实践能力与工匠精神的高素质工程测量技能人才,本教材联合头部企业资深专家参与教材开发,将"四新"技术纳入教材,与行业企业深度产教融合推进教材建设,有机融入专业精神、职业精神和工匠精神,强化学生职业素养,实现职业教育的提质培优、增值赋能高质量发展。

作为国家"双高计划"道路与桥梁工程技术专业群重点建设课程配套教材,本书由国家首轮"双高计划"专业群、国家职业教育教师创新团队负责人、交通运输部名师陈凯教授领衔,中国公路学会青年专家委员、全国专用公路计量器具技术委员会委员、行业头部企业浙江省交通运输科学研究院正高级资深专家张武毅重点参与,集聚国家级教师团队教学骨干精心编写而成。

本教材第 1 版和第 2 版分别于 2007 年 3 月和 2014 年 8 月由人民交通出版社出版,至今已历经十八载春秋,在全国相关院校教学中取得了较好的使用效果,并先后入选教育部"十二五"职业教育国家规划教材、浙江省高职院校"十四五"首批重点教材。第 3 版教材分为两册,第一册为《工程测量》,共分为十二章,重点讲授水准测量,角度与距离测量,小区域控制测量,大比例尺地形图的测绘,公路中线测量,公路中、基平测量,公路横断面测量,公路工程 GNSS-RTK

施工测量,管线、桥涵、隧道施工测量,无人机摄影测量及其公路工程中的应用等基本理论知识,第二册为《工程测量实训手册》,主要包含"工程测量实训须知"和十五个实训任务。本教材旨在培养学生掌握测量理论知识和专业操作技能,具备熟练操作测绘仪器、运用数据处理软件的技能和工程测量综合专业素养。

本版教材结合国家"双高计划"道路与桥梁工程技术专业群核心课程建设需要,严格遵循测量员岗位有关职业标准进行编写。在保持原内容框架的前提下,新增了中国北斗卫星导航系统、无人机等新型测绘仪器的操作与应用知识,新增了活页式手册及数字资源等内容,并对原教材内容进行删减、整合。此次教材修订具体内容如下:

（1）新增活页式工作手册,聚焦产业新质人才培养。

教材紧密对接教育部发布的《高等职业教育专业教学标准》《职业院校教材管理办法》等文件和《工程测量标准》（GB 50026—2020）、《低空数字航空摄影测量外业规范》（CH/T 3004—2021）等相关标准。删减了第三章角度测量中经纬仪的原理及使用,重点介绍全站仪等知识;在第十章公路工程 GNSS-RTK 施工测量的第二节中,新增北斗卫星导航系统的发展历程、组成结构、定位原理、定位精度、使用规范等内容,满足服务北斗应用等战略性新兴产业的人才培养需求;新增第十二章无人机摄影测量及其在公路工程中的应用内容,重点介绍倾斜摄影测量技术及工作流程。教材内容与时俱进,反映测绘行业新知识、新技术、新工艺和新规范,展现经济社会发展新成就、科技发展新成果。

为适应项目式、模块化教学模式改革需要,教材配套《工程测量实训手册》,将工程测量实训内容分为十五个实训任务,结合企业真实工作情景,将实际工作任务与流程引入教材,并形成总结报告,注重"教中学"和"学中做",打破传统学科逻辑体系,以职业岗位能力培养为目标,实现学生综合能力培养和测量技能提升。

（2）课程思政铸魂育人,落实立德树人根本任务。

教材紧跟时政重点与行业热点,结合专业特点与行业需求融入课程思政元素,将价值观引领、职业精神培养与技术教学有机融合。测量在道路、桥梁和隧道工程的勘测设计、施工和运营管理各个阶段有着广泛的应用(第一章第一节),凸显测量任务的重要性、测量人工程建设的开路先锋。珠穆朗玛峰高程测量(8848.86m)过程中(第一章第二节),首次全程使用我国自主研发的高精度测量仪器,鼓励学生向测量队员学习"热爱祖国、忠诚事业、艰苦奋斗、无私奉献"的测绘精神与"精益求精、不差分毫"的工匠精神。通过学习北斗卫星导航系统关键技术(第十二章第二节),引导学生学习北斗研发过程中铸就"自主创新、开放融合、万众一心、追求卓越"的新时代北斗精神。

(3)配套数字教学资源,搭建多元化学习平台。

教材围绕"职业教育+数字化"发展目标,将动画等数字资源以二维码形式嵌入纸质教材,学生可通过扫描书中相关二维码免费查看。此外,学生还可通过在线精品课程平台(网址 https://www.icourses.cn/home/)搜索"测量技术"进行线上微课学习,或通过数字化平台(超星学习通 APP)登录账号,搜索"工程测量技术"进行讨论学习。本教材满足线上线下不同场景的教学需求,充分应用数字技术,做到教材内容及时更新,提高学生的学习兴趣,提升课堂教学效果。

本册教材共十二章,由浙江交通职业技术学院陈凯教授担任主编,浙大城市学院丁智教授担任主审,浙江省交通运输科学研究院张武毅、浙江交通职业技术学院姚鑫、许玮珑担任副主编。具体编写分工为:陈凯编写第一章、第二章、第九章、第十章;姚鑫编写第七章、第十一章、第十二章;许玮珑编写第三章、第四章、第五章;张武毅编写第六章、第八章及教材中工程测量项目案例。

本教材在编写过程中,参考并引用了附于本书末的参考文献中作者的部分成果,在此一并致以诚挚谢意。由于编者水平有限,书中难免存在不足之处,敬请读者批评指正。

编　者

2025 年 1 月

本书配套资源说明

序号	资源名称	资源类型	资源位置
1	水准面与大地水准面	动画	第一章第二节 P3
2	高斯投影的原理	动画	第一章第三节 P5
3	投影带的确定	动画	第一章第三节 P5
4	高斯平面坐标	动画	第一章第三节 P6
5	观测数据错误	视频	第一章第五节 P10
6	水准仪主要构造	视频	第二章第二节 P22
7	圆水准气泡对中整平	动画	第二章第二节 P26
8	全站仪的基本功能	视频	第三章第二节 P56
9	绝对编码度盘介绍	动画	第三章第一节 P55
10	绝对编码度盘测角	动画	第三章第一节 P55
11	全站仪测站设置过程模拟	视频	第五章第三节 P95
12	三、四等级水准测量步骤	视频	第二章第四节 P41
13	水准测量记录及误差校核	视频	第二章第四节 P43
14	单向三角高程测量	动画	第五章第五节 P101
15	双差对高程测量精度影响分析	动画	第五章第五节 P102
16	等高线原理	动画	第六章第一节 P113
17	圆曲线要素及计算	视频	第七章第三节 P139
18	偏角法细部点放样原理	视频	第七章第三节 P141
19	偏角法细部点放样模拟	视频	第七章第三节 P142
20	道路纵断面测量成果	视频	第八章第三节 P169
21	道路横断面测量过程	视频	第九章第一节 P174

资源使用方法：

1. 扫描封面上的二维码(注意此码只可激活一次)；

2. 关注"交通教育出版"微信公众号；

3. 公众号弹出"购买成功"通知,点击"查看详情",进入后即可查看资源；

4. 也可进入"交通教育出版"微信公众号,点击下方菜单"用户服务-开始学习",选择已绑定的教材进行观看和学习。

目·录
Contents

第一章　绪论 ··· 001

第一节　测量学简介 ··· 001

第二节　地球的形状和大小 ····································· 003

第三节　坐标系统与高程系统 ··································· 004

第四节　测量工作任务及基本原则 ······························· 007

第五节　测量误差分类及精度评定 ······························· 009

本章小结 ·· 015

课后习题 ·· 016

第二章　水准测量 ··· 017

第一节　水准点及水准路线的设置 ······························· 018

第二节　高程水准测量 ··· 021

第三节　微倾式水准仪的检验和校正 ····························· 036

第四节　高程控制测量 ··· 039

第五节　水准测量成果的分析与处理 ····························· 044

本章小结 ·· 051

课后习题 ·· 051

第三章　角度测量 ··· 054

第一节　角度测量原理 ··· 054

第二节　全站仪的构造与基本操作 ······························· 055

第三节　水平角观测 ··· 060

第四节　竖直角观测 ··· 063

第五节　全站仪的检验与校正 ··································· 064

本章小结 ··· 067

课后习题 ··· 067

第四章　距离测量与直线定向 ······································· 069

第一节　钢尺量距 ··· 069

第二节　视距测量和光电测距 ··· 074

第三节　直线定向 ··· 076

本章小结 ··· 078

课后习题 ··· 078

第五章　小区域控制测量 ··· 080

第一节　控制测量及其等级 ··· 080

第二节　导线测量原理 ··· 083

第三节　全站仪导线测量 ·· 094

第四节　交会法定点 ··· 098

第五节　三角高程测量 ··· 101

本章小结 ··· 103

课后习题 ··· 103

第六章　大比例尺地形图的测绘 ····································· 106

第一节　地形图的基础知识 ··· 106

第二节　数字地形图测绘 ·· 116

第三节　地形图的识读与应用 ··· 127

本章小结 ··· 130

课后习题 ··· 131

第七章　公路中线测量 ··· 133

第一节　路线交点和转点的测设 ······································ 134

第二节　路线转角的测定和里程桩的设置 ························· 136

第三节　圆曲线测设 ··· 138

第四节　虚交曲线测设 ··· 145

第五节　缓和曲线的测设 ·· 147

第六节　复曲线的测设 ··· 159

本章小结 ··· 161

课后习题 ··· 162

第八章　公路中、基平测量 163
　第一节　公路基平测量 163
　第二节　公路中平测量 164
　第三节　公路纵断面图绘制 168
　本章小结 171
　课后习题 171

第九章　公路横断面测量 173
　第一节　横断面测量方向测定 173
　第二节　公路横断面测量方法及精度要求 175
　第三节　公路横断面图绘制 176
　本章小结 177
　课后习题 177

第十章　公路工程 GNSS-RTK 施工测量 178
　第一节　施工放样原理 178
　第二节　GNSS-RTK 放样测量 183
　第三节　公路施工测量 191
　本章小结 195
　课后习题 195

第十一章　管线、桥涵、隧道施工测量 197
　第一节　管线施工测量 197
　第二节　桥涵施工测量 200
　第三节　隧道施工测量 203
　本章小结 208
　课后习题 209

第十二章　无人机摄影测量及其在公路工程中的应用 210
　第一节　无人机与倾斜摄影测量技术 211
　第二节　无人机倾斜摄影测量基本流程 212
　第三节　无人机摄影测量在公路工程中的应用 216
　本章小结 218
　课后习题 218

参考文献 219

第一章
CHAPTER ONE
绪论

📖 **学习目标**

(1)能正确叙述测量工作的分类、测量工作在公路建设各阶段的任务和作用;

(2)能正确叙述地球的形状与大小,知道大地水准面与基准线;

(3)能正确叙述大地坐标系、高斯平面直角坐标系、独立平面直角坐标系;

(4)知道国家高程基准、水准原点的高程、绝对高程、相对高程、高差的概念;

(5)能描述测量工作的原则、方法与工作内容;

(6)知道测量误差的概念,算术平均值原理,以及观测值中误差、容许误差、相对误差的计算方法;

(7)能正确叙述评定观测值精度的标准。

在工程测量中,确定地面点位置的方法是通过确定该地面点的坐标和该点的高程来实现的。根据不同的测量精度要求,在工程建设中可以采用不同的坐标和高程系统。在测量工作中,由于仪器的误差、观测者的观测误差以及外界条件的影响,每次观测结果总是存在着测量误差。因此,要了解测量误差产生的规律,选用适当的观测方法,正确地处理观测成果,以提高观测精度。此外,为了把地球表面上的地物与地貌精确地绘制在图纸上,应按照"从整体到局部""先控制后碎部"的原则进行,以防止测量误差的积累。

第一节　测量学简介

测量学是一门研究地球的形状和大小以及确定地面(包括空中、地下和海底)点位的科学。

测量学按研究对象和范围的不同,大致可分为以下几个分支学科。

　　大地测量学:研究和确定地球及其他天体的形状、大小、重力场、整体与局部运动和表面点的几何位置以及它们的变化的理论和技术的学科。由于人造地球卫星的发射和空间技术的发展,大地测量学又分为常规大地测量学和卫星大地测量学。

　　摄影测量与遥感学:研究利用电磁波传感器获取目标物的影像数据,从中提取语义和非语义信息,并用图形、图像和数字形式表达的学科。根据获得影像的方式及遥感距离的不同,摄影测量与遥感学又分为地面摄影测量学、航空摄影测量学和航天遥感测量学等。

　　海洋测量学:以海洋和陆地水域为研究对象所进行的测量和海图编制理论与方法的学科。主要内容包括海道测量、海洋大地测量、海底地形测量、海洋专题测量以及航海图、海底地形图的编制等。

　　工程测量学:研究工程建设与自然资源开发在规划、勘测设计、施工与管理各个阶段,所需要进行的控制测量和地形测绘、施工放样、变形监测的理论和技术的学科。其主要内容包括工程控制网的建立、地形测绘、施工放样、设备安装测量、竣工测量、变形监测和维修养护测量,以及工程控制测量、土建施工测量等。

　　公路工程测量是工程测量学中一个重要组成部分,在国家经济建设和国防建设中具有非常重要的作用,在道路、桥梁和隧道工程的勘测设计、施工和运营管理各个阶段有着广泛的应用,主要体现在:

　　(1)在公路建设的勘测设计阶段,为了能在公路线网规划指定的起、终点之间设计出一条既符合一定公路等级技术标准又在经济上最合理的路线,首先要在路线可能经过的范围内布设控制点进行控制测量,通过测绘路线带状地形图作为纸上定线和进行路线方案比选的依据。在路线方案确定以后,为了编制设计施工文件和概预算,还要通过测设把地形图上选定的路线位置在地面上标定出来,然后进行路线的中线测量、水准测量、横断面测量、地形测量和有关调查测量等测量工作。此外,当路线跨越河流需架设桥梁或穿越山岭采用隧道时,也要测绘桥址或隧址处的地形图,测定桥轴线、隧道轴线的长度和位置,为桥梁和隧道设计提供必要的数据资料。

　　(2)在公路建设的施工阶段,为了指导施工,首先要将在图纸上已设计好的路线、桥涵和隧道等构造物的各项元素,按规定的精度准确无误地测设于实地,完成施工前的施工放样测量工作。再进行公路施工前的恢复中线测量。在施工过程中,为了保证施工的进度和质量,要经常通过各种测量来检查工程建设的进展情况。工程施工结束以后,还要通过必要的测量检查来完成竣工验收,并通过测量编制竣工图,以满足工程的验收、维护、加固以至扩建的需要。

　　(3)在公路建设投入使用以后的运营阶段,还要对公路、桥涵和隧道等构造物进行必要的常规检查和定期进行变形监测,以指导日常的养护和维修,确保公路、桥梁和隧道等构造物的安全使用。

　　由此可见,工程测量工作贯穿公路工程建设的勘测设计、施工、竣工及养护维修的整个过程,测量工作的质量直接关系到工程建设的速度和质量。因此,每一位从事工程建设的工程技术人员,都必须明确工程测量技术在工程建设中的重要地位,掌握必要的测量基本理论、基本知识、基本技能和方法,是进行道路、桥涵和隧道工程技术工作的基本条件。

第二节 地球的形状和大小

一、大地水准面与基准线

测量工作是在地球表面进行的,而地球自然表面很不规则,有高山、丘陵、平原和海洋等,其中最高的珠穆朗玛峰高出大地水准面达8848.86m,最低的位于太平洋西部的马里亚纳海沟低于大地水准面达11034m。但是这样的高低起伏,相对于地球的近似半径6371km来说还是很小的,又由于海洋面积约占整个地球表面的71%,因此,可以把海水面所包围的地球形体看作地球的形状。即设想一个静止的海水面,向陆地延伸而形成一个闭合曲面,这个曲面称为水准面。

水准面作为流体水面是受地球重力影响而形成的重力等势面,是一个处处与重力方向垂直的连续曲面。由于海水面受潮汐和风浪的影响,水面可高可低,是个动态的曲面。因此,水准面有无数多个,我们将其中与平均海水面相吻合的一个水准面,称为**大地水准面**,见图1-2-1a)。大地水准面是进行测量工作的基准面。由于大地水准面是一个曲面,在进行测量工作时,要考虑地球曲率对测量精度的影响。由大地水准面所包围的地球形体,称为大地体。

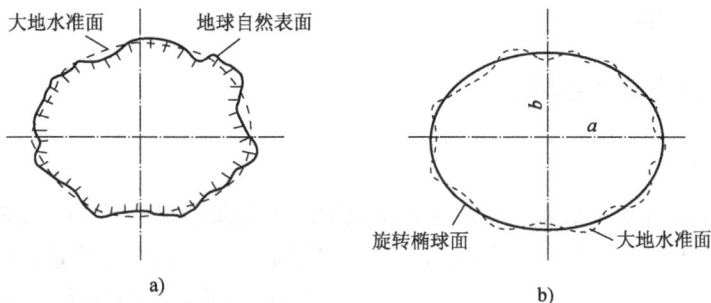

图1-2-1 地球自然表面、大地水准面和地球旋转椭球体

另外,由于地球的自转运动,地球上任意一点都受到重力作用,重力的方向线称为铅垂线。铅垂线是测量工作的基准线。

二、地球旋转椭球体

由于地球内部质量分布不均匀,引起局部重力异常,导致铅垂线的方向产生不规则的变化,使得大地水准面上也有微小的起伏,成为一个复杂的曲面,如图1-2-1a)所示,因此无法在这个复杂的曲面上进行测量数据的处理。为了测量计算工作的方便,通常用一个非常接近于大地水准面,并可用数学式表示的纯几何形体米代替地球的形状作为测量计算工作的基准面,这一几何形体称为地球椭球体。它由一个椭圆绕其短轴旋转而成,故地球椭球体又称为地球旋转椭球体,如图1-2-1b)所示。这样,测量工作的基准面为**大地水准面**,而测量计算工作的基准面为**旋转椭球面**。

旋转椭球体的形状和大小可由其长半轴 a、短半轴 b 和扁率 α 来表示。我国 1980 年国家大地坐标系采用了 1975 年国际椭球,该旋转椭球体采用的参数值为:

长半轴　　　　　　　　　　　$a = 6378.140\text{km}$

短半轴　　　　　　　　　　　$b = 6356.755\text{km}$

扁率　　　　　　　$\alpha = \dfrac{a-b}{a} \approx \dfrac{1}{298.257}$

由于旋转椭球的扁率很小,因此当测区范围不大时,可近似地把旋转椭球视为圆球,其半径近似值 $R = (2a+b)/3 \approx 6371\text{km}$。当在小范围内进行测量工作时,可以用水平面代替大地水准面。

第三节　坐标系统与高程系统

测量工作的基本任务是确定地面点的空间位置。在工程测量中确定地面点位置的方法是通过确定该地面点的坐标 (x,y) 和该点的高程 (H) 来实现的。根据不同的测量精度要求,在工程建设中可采用不同的坐标和高程系统。

一、确定地面点的坐标系统

1. 大地坐标系

大地坐标系是以地球旋转椭球体面为基准面的球面坐标系,常以大地经度和大地纬度表示,大地经度和大地纬度简称经度 (L)、纬度 (B),它适用于在地球椭球面上确定点位。如图 1-3-1 表示以 O 为中心的大地椭球体,短轴 NS 为地球的旋转轴(也称地轴),N 表示北极,S 表示南极。地面上点 F 与地轴 NS 所组成的平面 NFKSON 称为该点的子午面。子午面与球面的交线 NFKS 称为该点的子午线(或称经线)。其中经过英国格林尼治天文台 G 点的子午面 NGMSON 称为首子午面,首子午面与球面的交线 NGMS 称为首子午线。过 F 点的子午面与首子午面所夹的二面角,称为该点的大地经度,以 L 表示。大地经度自首子午线向东或向西 $0° \sim \pm180°$ 量度,向东为正,称东经,或写成 $0° \sim 180°\text{E}$;向西为负,称西经,或写成 $0° \sim 180°\text{W}$。

经过球心 O 与地轴垂直的平面称为地球赤道平面,赤道平面与球面的交线称为赤道。平行

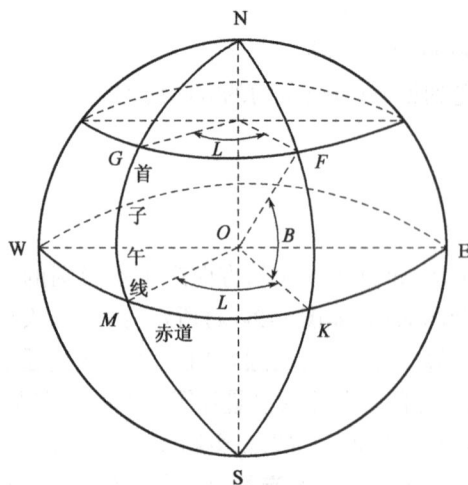

图 1-3-1　大地坐标系

赤道平面的其他平面与球面的交线称为纬线。如图 1-3-1 中过 F 点的法线与赤道面的夹角 FOK 称为该点的大地纬度,用 B 表示。大地纬度自赤道向南或向北 $0° \sim 90°$ 量度,向北称为北纬,向南称为南纬。我国地理位置处在首子午线以东的经度为 $74° \sim 135°$,处在赤道平面以北的纬度为 $3° \sim 54°$,因此在我国表示点位大地坐标时冠以"东经""北纬"的名称。例如 F 点位于北京,即北纬 $40°$、东经 $116°$,可用 $B=40°N$、$L=116°E$ 表示。

2. 高斯平面直角坐标系

利用高斯投影法建立的平面直角坐标系,称为高斯平面直角坐标系。我们知道,地球是一个旋转椭球面,如果测区范围较大,就不能将测区曲面当作平面看待,而工程设计中需要的是地面点的平面坐标,可想而知,"平面"与"曲面"必然有矛盾。利用高斯平面直角坐标系可以解决这类问题。

高斯投影法是将地球划分成若干带,然后将每带投影到平面上,如图 1-3-2 所示。投影带通常分为 $6°$ 带或 $3°$ 带。如 $6°$ 带是从首子午线起,每隔经度 $6°$ 划分一带,称为 $6°$ 带,将整个地球划分成 60 个带。带号从首子午线起自西向东编号,$0° \sim 6°$ 为第 1 号带,$6° \sim 12°$ 为第 2 号带,依此类推。位于各带中央的子午线,称为中央子午线,第 1 号带中央子午线的经度为 $3°$,任意号带中央子午线的经度 L_0 可按下式计算。

$$L_0 = 6N - 3 \tag{1-3-1}$$

式中:N——$6°$ 带的带号。

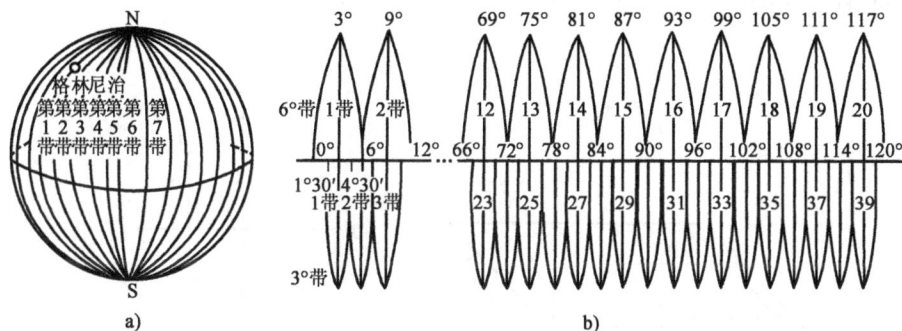

图 1-3-2　高斯平面直角坐标的分带

地面点的平面位置,可用高斯平面直角坐标 x、y 来表示,如图 1-3-3 所示。在坐标系内,规定 x 轴向北为正,y 轴向东为正。由于我国位于北半球,x 坐标均为正值,y 坐标则有正有负,如图 1-3-3a)所示,$y_A = +136780m$,$y_B = -272440m$。为了避免 y 坐标出现负值,规定将每带的坐标原点向西移 500km,如图 1-3-3b)所示,纵轴西移后高斯平面直角坐标 X 表示地面点到赤道的距离,Y 包括投影带号、西移值 500km 和地面点到每带中央子午线(x 轴)的距离 y,即:

$$Y = 带号 N + 500km + y \tag{1-3-2}$$

例如,某地面点的坐标 $X = 2344554m$,$Y = 20487778m$。其中 X 表示该点在高斯平面上到赤道的距离为 $2344554m$,Y 表示该点位于第 20 带内,距该带中央子午线的距离是 $-12222m$。

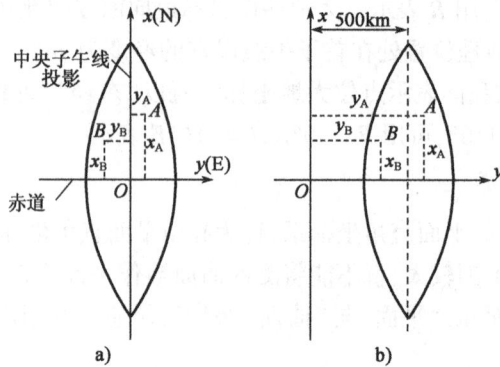

图 1-3-3　高斯平面直角坐标系

3. 独立平面直角坐标系

当测量区域较小(如半径不大于10km 的范围)时,可以把测区的曲面当作平面看待,用平面直角坐标来确定点位,如图 1-3-4a)所示。测量上采用的平面直角坐标与数学上的直角坐标相似,如都以两条互相垂直的直线为坐标轴,两轴的垂点为坐标原点。规定南北方向为纵轴,并记为 x 轴,x 轴向北为正,向南为负;以东西方向为横轴,并记为 y 轴,y 轴向东为正,向西为负;坐标原点一般选在测区的西南角,使测区内各点的 x、y 坐标均为正值;平面直角坐标系中象限按顺时针方向编号,如图 1-3-4b)所示。

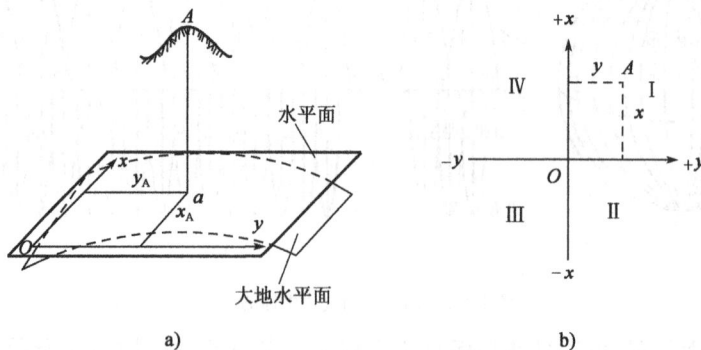

图 1-3-4　独立平面直角坐标系

二、确定地面点的高程系统

由于海水面受潮汐和风浪的影响,它的基准面是时刻变化的,是个动态的曲面,平均静止的海水面实际在大自然中是不存在的。为此,我国在青岛设立验潮站,长期观察和记录黄海海水面的高低变化,取其平均值作为我国的大地水准面的位置(其高程为零),并在青岛建立了水准原点。目前,我国采用"1985 国家高程基准",青岛水准原点的高程为 72.260m,全国各地的高程都以它为基准进行测算。

如图 1-3-5 所示,地面点到大地水准面的铅垂距离,称为该点的绝对高程,简称高程,也称海拔,用 H 表示。地面点 A、B 的绝对高程分别为 H_a、H_b。当局部地区引用绝对高程有困难时,也可任意假定一个水准面作为高程起算的基准面,这时地面上任意一点到假定水准面的铅垂距离称为该点的假定高程,也称相对高程,分别以 H'_a、H'_b 表示。

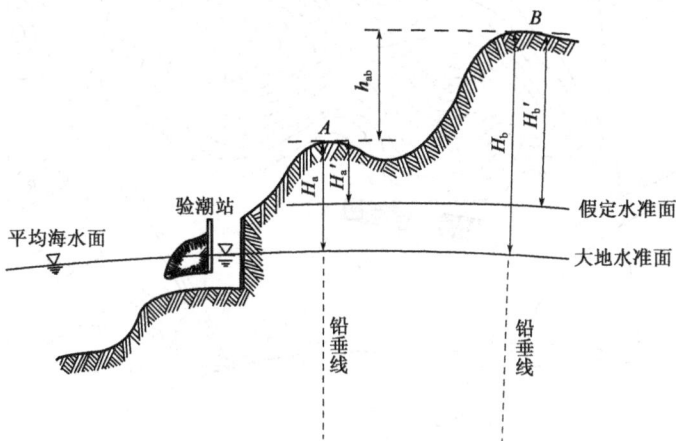

图 1-3-5 高程与高差

地面点之间的高程之差称为高差,用 h 表示。如 A、B 两点高差 h_{ab} 为:

$$h_{ab} = H_b - H_a = H'_b - H'_a \tag{1-3-3}$$

根据地面点的坐标 (x,y) 和高程 H,就可以确定该地面点的空间位置。

第四节 测量工作任务及基本原则

地球表面各种高低起伏的形态,可以分为地物和地貌两大类。地面上有明显轮廓的,天然形成或人工建造的各种固定物体,如江河、湖泊、道路、桥梁、房屋和农田等称为地物。地面上自然形成的高低起伏形态,如高山、丘陵、平原、洼地等称为地貌,地貌的表示方法很多,大比例尺地形图中常用等高线表示。地物与地貌统称为地形。测量工作的任务就是通过使用测量仪器和工具,测定地形的位置并把它绘制在图纸上或通过测设把图纸上规划设计好的建筑物、构筑物的位置在地面上标定出来。

如图 1-4-1b) 所示,为了把图上的地物与地貌绘制在图 1-4-1a) 上,应按照"从整体到局部""先控制后碎部"的原则进行,即首先应在测区内选择若干个具有控制意义的点作为控制点,如图中 A、B、C、D、E、F 点等,用精密仪器和方法测定其位置,作为全面测量的依据,这些控制点所组成的图形称为控制网。这部分的测量工作,称为控制测量。其次,根据这些控制点测定周围碎部点的位置。例如在控制点 A 分别测定其周围的碎部点 M、N 等,就可确定建筑物的具体位置。同样也可测定其他控制点周围的碎部点,这样整个测区的形状和大小情况就可以在图纸上表示出来了。

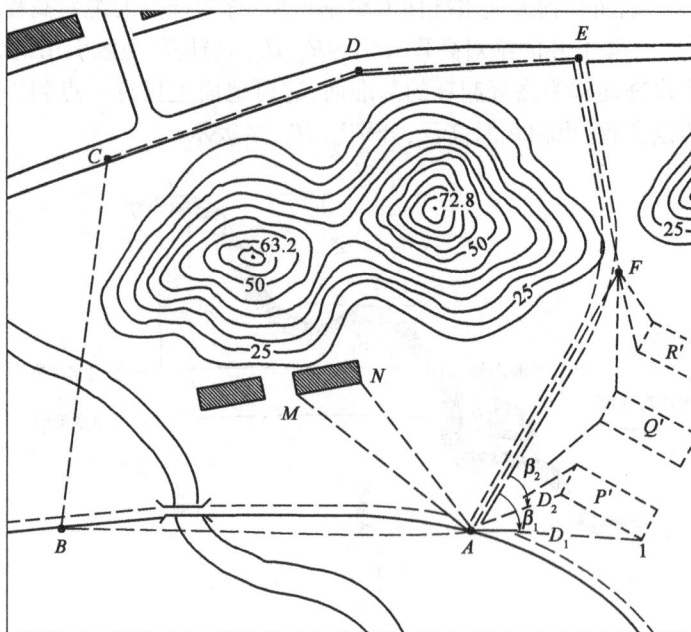

a)

b)

图 1-4-1　控制测量与碎部测量

从以上可知,地物和地貌的形状、大小都是由一些特征点的位置所决定的,这些特征点又称碎部点。测量时,主要就是测定这些碎部点的平面位置和高程。当进行实际测量工作时,不论用何种方法、使用何种仪器,测量成果都会存在误差。为了防止测量误差的积累,提高测量精度,在测量工作中必须遵循以下原则:

(1)在测量布局上要"从整体到局部";

(2)在测量精度上要"由高级到低级";

(3)在测量程序上要"先控制后碎部";

(4)对前一步工作未做检核时不进行下一步工作。

也就是说,在测量时,首先应在测区整体范围内选择一些有"控制"意义的点,把它们的坐标和高程精确地测定出来,然后再以这些控制点作为确定其他地面点位置的依据。采用上述原则和方法进行测量,可以有效控制误差的传递和积累,使整个测区的精度较为均匀和统一。

测量工作有内业与外业之分,利用测量仪器在野外测出控制点之间或控制点与碎部点之间的距离、角度、高差等工作称为测量外业。因此,测量外业的基本工作是高差测量、水平角测量、水平距离测量,水平角、距离和高差是确定地面点位的三个基本要素。将测量外业成果在室内进行整理计算和绘图等工作称为测量内业。

测量人员必须从思想上爱护仪器,养成正确使用仪器的良好习惯,要认真做好记录,要求记录资料内容正确、版面清洁。各项成图要准确、整洁、清晰、美观。测量工作完成后,对内外业资料以及图纸、记录信息应及时整理存档,以便查阅。

第五节 测量误差分类及精度评定

一、测量误差及其产生的原因

在测量工作中,由于测量仪器的误差、观测者的观测误差以及外界条件的影响,以致对某量(如某一个角度、某一段距离或某两点间的高差等)进行多次观测,所得的各次观测结果总是存在着差异(如三角形内角之和不等于180°)。这种差异,实质上表现为每次测量所得的观测值与该量的真值之间的差值,该差值称为测量误差,常用 Δ 来表示,即:

$$测量误差 \Delta = 真值 - 观测值$$

测量误差产生的原因主要有以下三个方面。

(1)仪器设备。测量工作是利用测量仪器进行的,而每一种测量仪器都具有一定的精确度,因此,会使测量结果受到一定影响。例如,钢尺的实际长度和名义长度总存在差异,由此所测的长度总会存在尺长误差;再如,水准仪的视准轴不平行于水准管轴,也会使观测的高差产生 i 角误差。

(2)观测者。由于观测者的感觉器官的鉴别能力存在一定的局限性,所以在进行仪器的对中、整平、瞄准、读数等操作中都会产生误差。例如,在厘米分划的水准尺上,由观测者估读毫米数,则1mm以下的估读误差是完全有可能产生的。另外,观测者的技术熟练程度、工作态度也会对观测成果带来不同程度的影响。

(3)外界环境。观测时,外界环境的温度、风力、大气折光、湿度、气压等客观情况时刻在变化,也会使测量结果产生误差。例如,温度变化使钢尺产生伸缩,大气折光使望远镜的照准产生偏差等。

上述三个方面的因素是引起观测误差的主要因素,因此把这三方面因素综合起来称为观测条件。观测条件的好坏与观测成果的质量有着密切的联系。在同一观测条件下的观测称为等精度观测;反之,称为不等精度观测。相应的观测值称为等精度观测值和不等精度观测值。本书讨论的内容均为等精度观测。

二、测量误差的分类及处理原则

测量误差按其性质可分为系统误差和偶然误差。

1. 系统误差

在相同的观测条件下,对某量进行一系列的观测,若观测误差的符号及大小保持不变,或按一定的规律变化,这种误差称为系统误差。这种误差往往随着观测次数的增加而逐渐累积。如某钢尺的注记长度为30m,经鉴定后,它的实际长度为30.016m,即每量一个整尺,就比实际长度量小0.016m,也就是每量一个整尺段就有+0.016m的系统误差。这种误差的数值和符号是固定的,误差的大小与距离成正比,若丈量了5个整尺段,则长度误差为$5 \times (+0.016) = +0.080(m)$。若用此钢尺丈量结果为167.213m,则实际长度为:

$$167.213 + \frac{167.213}{30} \times 0.016 = 167.213 + 0.089 = 167.302(m)$$

由此可见,系统误差对观测结果影响较大,因此必须采用各种方法消除或减少其影响。比如用改正数计算公式对丈量结果进行改正;再如,进行角度测量时经纬仪的视准轴不垂直于横轴而产生的视准轴误差,水准尺刻划不精确所引起的读数误差,以及由于观测者照准目标时,总是习惯于偏向中央某一侧而使观测结果带有误差等都属于系统误差。

由于系统误差对测量结果的影响具有累积性,因此应尽可能将其消除或减小到最低限度,其常用的处理方法有以下几种。

(1)检校仪器。把系统误差降低到最低限度,如校正经纬仪竖盘指标差等。

(2)加改正数。在观测结果中加入系统误差改正数,如尺长改正等。

(3)采用适当的观测方法。使系统误差相互抵消或减弱,如测水平角时采用盘左、盘右观测,以消除经纬仪视准轴误差;在水准测量中,通过使前、后视距离相等来消除水准仪视准轴不平行于水准管轴造成的误差等。

2. 偶然误差

在相同的观测条件下,对某量作一系列的观测,大量的观测数据表明,观测误差的大小及符号都表现出偶然性,即从单个误差来看,该误差的大小及符号没有规律,但从大量误差的总体来看,具有一定的统计规律,这类误差称为偶然误差或随机误差。例如,用经纬仪测角时,测角误差实际上是许多微小误差项的总和,而每项微小误差随着偶然因素的影响不断变化,因而测角误差也表现出偶然性。对同一角度的若干测回观测,其值不尽相同,观测结果中不可避免地存在着偶然误差的影响。

偶然误差是不可避免的,在测量时为了提高观测精度,通常采用提高测量仪器等级、降低或消除外界影响、进行多余观测等方法来降低偶然误差的影响。

除上述两类误差外,还可能发生错误,也称粗差,如读错、记错等。这主要是由于测量人员粗心大意而造成的。一般粗差值大大超过系统误差或偶然误差,不属于误差范畴。粗差不仅影响测量成果的可靠性,甚至造成返工。因此,测量时必须遵守测量规范,要认真操作,随时检查,以杜绝错误的发生。

三、偶然误差的特性

偶然误差是由多种因素综合影响产生的,观测结果中不可避免地存在偶然误差,因而偶然误差是测量误差中的主要研究对象。从大量的测量实践中发现,虽然偶然误差从表面上看没有任何规律性,但是在相同的观测条件下,当观测次数足够多时,误差群的取值范围服从一定的统计规律。

例如,在相同的观测条件下,对 217 个三角形的内角进行独立观测,由于观测值带有偶然误差,故平面三角形三个内角观测值之和不等于真值 180°,各个三角形内角和真误差 Δ_i 由式(1-5-1)算出:

$$\Delta_i = L_i - X \tag{1-5-1}$$

式中:L_i——第 i 个三角形内角观测值之和;

X——真值,为 180°。

若取误差区间间隔 $d = 3''$,将上述 217 个真误差按其正负号与数值大小排列,统计误差出现在各个区间内的个数为 k,则"误差出现在某个区间内"这一事件的频率是 k/n(此处,$n = 217$),其偶然误差的统计结果见表 1-5-1。

偶然误差分布统计表

表 1-5-1

误差区间 d	正 误 差		负 误 差		合 计	
	个数 k	频率 k/n	个数 k	频率 k/n	个数 k	频率 k/n
$0'' < d \leq 3''$	30	0.138	29	0.134	59	0.272
$3'' < d \leq 6''$	21	0.097	20	0.092	41	0.189
$6'' < d \leq 9''$	15	0.069	18	0.083	33	0.152
$9'' < d \leq 12''$	14	0.065	16	0.073	30	0.138
$12'' < d \leq 15''$	12	0.055	10	0.046	22	0.101
$15'' < d \leq 18''$	8	0.037	8	0.037	16	0.074
$18'' < d \leq 21''$	5	0.023	6	0.028	11	0.051
$21'' < d \leq 24''$	2	0.009	2	0.009	4	0.018
$24'' < d \leq 27''$	1	0.005	0	0	1	0.005
$d > 27''$	0	0	0	0	0	0
合计	108	0.498	109	0.502	217	1.000

从表 1-5-1 的统计中,可以归纳出偶然误差具有以下特性:

(1)在一定的观测条件下,偶然误差的绝对值不会超过一定的限值,也称有界性。

(2)绝对值小的误差比绝对值大的误差出现的概率多,也称单峰性。

(3)绝对值相等的正、负误差出现的概率基本相等,也称对称性。

(4)偶然误差的算术平均值,随着观测次数的无限增加而趋于零,也称补偿性。其公式表达为:

$$\lim_{n \to \infty} \frac{\sum\limits_{i=1}^{n} \Delta_i}{n} = 0 \qquad\qquad (1\text{-}5\text{-}2)$$

式中：$\sum\limits_{i=1}^{n} \Delta_i = \Delta_1 + \Delta_2 + \cdots + \Delta_n$；

　　　　n——观测次数。

偶然误差的第四个特性是由前三个特性导出的。因为在大量的偶然误差中正、负误差有互相抵消的性能。当观测次数无限增加时，真误差的算术平均值必然趋于零。

在观测过程中，由于系统误差和偶然误差是同时发生的，观测值的精度高(观测值之间的离散程度小)，并不意味着准确度也高，只有消除或大大降低系统误差的影响，使偶然误差处于主导地位时，精度这一词才含有精确度的意义。因此，学习误差基本知识的目的，就是了解误差产生的规律，正确地处理观测成果，即根据一组观测数据，求出未知量的最可靠值，并衡量其精度，同时根据误差理论导出衡量观测值精度的指标，用以指导测量工作，选用适当的观测方法，以提高观测精度。

四、算术平均值

在测量工作中，由于误差的影响，观测值的真值(如三角形内角之和等于180°)是很难测定的。为了提高观测值的精度，测量上通常利用有限的多余观测，通过计算观测值的算术平均值 x 来代替观测值的真值 X，用改正数 V_i 代替真误差 Δ_i，以解决测量中的实际问题。

1. 观测值的算术平均值

在等精度观测条件下对某量观测了 n 次，其观测结果为 $L_1, L_2 \cdots L_n$。设该量的真值为 X，观测值的真误差为 $\Delta_1, \Delta_2 \cdots \Delta_n$，即：

$$\Delta_1 = X - L_1$$
$$\Delta_2 = X - L_2$$
$$\vdots$$
$$\Delta_n = X - L_n$$

将上列各式相加求和可得：

$$\sum_{i=1}^{n} \Delta_i = nX - \sum_{i=1}^{n} L_i$$

将上式两端各除以 n 可得：

$$\frac{1}{n} \sum_{i=1}^{n} \Delta_i = X - \frac{1}{n} \sum_{i=1}^{n} L_i$$

令 $\delta = \dfrac{1}{n} \sum\limits_{i=1}^{n} \Delta_i$，$x = \dfrac{1}{n} \sum\limits_{i=1}^{n} L_i$，代入上式移项后得：

$$X = x + \delta$$

δ 为 n 个观测值真误差的平均值，根据偶然误差的第四个特性，当 $n \to \infty$ 时，$\delta \to 0$，则有：

$$\delta = \lim_{n \to \infty} \frac{\sum\limits_{i=1}^{n} \Delta_i}{n} = 0$$

这时算术平均值 x 就是某量的真值,即:

$$x = \frac{\sum\limits_{i=1}^{n} L_i}{n} \tag{1-5-3}$$

但在实际工作中,观测次数总是有限的,只能采用有限次数的观测值来求得算术平均值,因而只能说该算术平均值 x 接近真值 X。因此,测量上通常将 x 称为最或是值,也称为最可靠值,它是根据观测值所能求得的最可靠的结果。

2. 观测值的改正数

最或是值(算术平均值)与观测值之差,称为观测值改正数,用 V 表示,即:

$$V_1 = x - L_1$$
$$V_2 = x - L_2$$
$$\vdots$$
$$V_n = x - L_n$$

将上列各式相加求和可得:

$$\sum_{i=1}^{n} V_i = nx - \sum_{i=1}^{n} L_i$$

因为

$$x = \frac{1}{n}\sum_{i=1}^{n} L_i$$

所以

$$\sum_{i=1}^{n} V_i = 0 \tag{1-5-4}$$

从式(1-5-4)可知,当一组观测值取算术平均值以后,其改正数之和等于零,我们可将这一结论作为测量计算中的校核方法。

五、评定观测值精度的标准

研究误差的另一目的是评定观测值的精度。要判断观测误差对观测结果的影响,必须要建立衡量观测值精度的标准。在等精度的观测条件下,若偶然误差较集中于零附近,说明其误差分布的离散度小,表明该组观测质量较好,也就是观测精度高;反之,若误差分布离散度大,表明该组观测质量较差,也就是观测精度低。所谓精度,就是误差分布的离散程度。离散程度的大小,可用精度来衡量,衡量精度的指标中最常用的有以下几种。

1. 中误差

(1)用真误差来确定中误差。

在等精度观测条件下,对真值为 X 的某一量进行 n 次观测,其观测值为 $L_1, L_2 \cdots L_n$,相应的真误差为 $\Delta_1, \Delta_2 \cdots \Delta_n$。取各真误差平方的平均值的平方根,称为该量各观测值的中误差,以 m 表示,即:

$$\Delta_i = X - L_i$$

$$m = \pm\sqrt{\frac{\sum\limits_{i=1}^{n}\Delta_i^2}{n}} = \pm\sqrt{\frac{[\Delta\Delta]}{n}} \tag{1-5-5}$$

例1-1　对同一三角形用不同的仪器分两组各进行了 10 次观测,每次测得内角和的真误差 Δ 为:

第一组: $+3''$、$-3''$、$+4''$、$-2''$、$0''$、$+3''$、$-2''$、$+1''$、$-1''$、$0''$

第二组: $-1''$、$0''$、$+8''$、$+2''$、$-3''$、$-7''$、$0''$、$+1''$、$-2''$、$-1''$

求两组观测值的中误差,并比较其精度。

解: $m_1 = \pm\sqrt{\dfrac{3^2+3^2+4^2+2^2+0^2+3^2+2^2+1^2+1^2+0^2}{10}} = \pm1.3''$

$m_2 = \pm\sqrt{\dfrac{1^2+0^2+8^2+2^2+3^2+7^2+0^2+1^2+2^2+1^2}{10}} = \pm2.7''$

由于 $m_1 < m_2$,说明第一组观测值的离散度小于第二组,故前者的观测精度高于后者。

(2)用改正数来确定中误差。

在实际工作中,往往不知道未知量的真值,真误差也无法求得,所以常用最或是误差即改正数来确定中误差,即:

$$V_i = x - L_i \quad (i = 1,2,\cdots,n) \tag{1-5-6}$$

$$m = \pm\sqrt{\frac{\sum\limits_{i=1}^{n}V_i^2}{n-1}} \tag{1-5-7}$$

例1-2　设对于某一水平角,在等精度观测条件下测量了 5 次,观测值列于表 1-5-2 中,求其算术平均值 x 及观测值的中误差 m。

水平角观测及计算表　　　　　　　　　　表 1-5-2

观测次数	观测值 L_i(° ′ ″)	$V=x-L_i$(″)	VV	计　　算
1	56 32 20	−14	196	算术平均值:
2	56 32 00	+6	36	$x=\dfrac{\sum\limits_{i=1}^{5}L_i}{5}=56°32'06''$
3	56 31 40	+26	676	
4	56 32 00	+6	36	观测值的中误差:
5	56 32 30	−24	576	$m=\pm\sqrt{\dfrac{\sum\limits_{i=1}^{5}V_i^2}{n-1}}=\pm\sqrt{\dfrac{1520}{5-1}}=\pm19.49''$
Σ		0	1520	

2.容许误差

由偶然误差的第一特性可知,在一定的观测条件下,偶然误差的绝对值不超过一定的限值。根据误差理论和大量的实践证明,在一系列等精度观测误差中,大于 2 倍中误差的个数占总数的 5%,大于 3 倍中误差的个数占总数的 0.3%,因此,测量上常取 2 倍中误差为误差的限值,称为容许误差,即:

$$\Delta_{容} = \pm2m \tag{1-5-8}$$

在实际测量工作中,若某观测量的中误差超过了容许误差,则应舍去其观测值重测。

3.相对误差

衡量测量成果的精度,有时用中误差还不能完全表达观测结果的优劣。例如用钢尺分别丈量 100m 和 200m 的两段距离,其结果中误差均为 $\pm2cm$。显然,后者的精度比前者要高。也就是说,观测值的精度与观测值本身的大小有关。相对误差是中误差的绝对值与观测值的比值。通常以分子为1的分数形式来表示,即:

$$K = \frac{|m|}{L} = \frac{1}{L/|m|} = \frac{1}{N} \tag{1-5-9}$$

式中:K——相对误差;

　　m——观测量的中误差;

　　L——观测量的值;

　　N——相对误差分母。

　　如上述例子前者的相对误差$K_1 = \frac{0.020}{100} = \frac{1}{5000}$,后者的相对误差$K_2 = \frac{0.020}{200} = \frac{1}{10000}$,说明后者比前者精度高。

　　相对误差无量纲,而真误差、中误差、容许误差是带有测量单位的数值。

本章小结

　　(1)工程测量是测量学科中的一个重要组成部分,它在国家经济建设和国防建设中具有非常重要的作用,在道路、桥涵和隧道工程的勘测设计、施工和运营管理各个阶段有着广泛的应用。工程测量的主要任务包括测绘和测设两个部分。测绘主要是指如何将地球表面的地形缩绘成地形图;而测设又称施工放样,它是指如何将图纸上规划设计好的建筑物、构筑物的位置在地面上标定出来,作为施工的依据。

　　(2)地球是个自然表面很不规则的旋转椭球体,海洋面积约占整个地球表面的71%,因此,可以把海水面所包围的地球形体看作地球的形状。即设想一个静止的海水面,向陆地延伸而形成一个闭合曲面,这个曲面称为水准面。我们将其中与平均海水面相吻合的一个水准面称为大地水准面。大地水准面是进行测量外业工作所依据的基准面。

　　(3)测量工作的基本任务是确定地面点的空间位置。在工程测量中,确定地面点位置的方法是通过确定该地面点的坐标(x, y)和该点的高程(H)来实现的。测定地面点相对位置的基本工作是距离丈量、角度测量和高程测量。

　　(4)在测量工作中必须遵循的原则是:在测量布局上要"从整体到局部";在测量精度上要"由高级到低级";在测量程序上要"先控制后碎部";前一步工作未做检核时不进行下一步工作。无论是地形测量还是施工测量,都必须遵循此项原则。

　　(5)测量误差按其产生的原因和对观测结果影响性质的不同,可以分为系统误差、偶然误差两类。误差产生的原因主要有三方面:一是测量仪器的原因;二是观测者的原因;三是外界环境的影响。我们要了解误差产生的规律,选用适当的观测方法,正确处理观测成果,以提高测量精度。

　　(6)偶然误差的特性:

　　①在一定条件下,偶然误差的绝对值有一定的限值,或者说,超出该限值的误差出现的概率为零。

②绝对值较小的误差比绝对值大的误差出现的概率大。

③绝对值相等的正、负误差出现的概率基本相同。

④对同一量的等精度观测,其偶然误差的算术平均值,随着观测次数 n 的无限增大而趋于零。

(7)评定观测值精度的标准:

①中误差 $m = \pm \sqrt{\dfrac{\sum\limits_{i=1}^{n} V_i^2}{n-1}}$;

②容许误差 $\Delta_{容} = \pm 2m$;

③相对误差 $K = \dfrac{|m|}{L} = \dfrac{1}{L/|m|} = \dfrac{1}{N}$ 。

(1)测量学的定义、研究对象和任务是什么?

(2)测量学按其研究的范围和对象的不同,一般可分为哪几种类型?

(3)简述测量工作在公路工程建设各个阶段中的作用。

(4)简述大地水准面、基准线的定义,它们在测量中有何作用?

(5)简述绝对高程(海拔)、相对高程、高差的定义,两点间的高差如何计算?

(6)简述水准面的定义,用水平面代替水准面对水平距离和高程有何影响?

(7)简述确定地面点位的三个基本要素及三项基本测量工作的内容。

(8)目前,我国采用的全国统一坐标系及常用的测量坐标系统是什么?简述其特点。

(9)测量工作应遵循的原则是什么?

(10)简述测量误差的定义和产生测量误差的原因。

(11)简述偶然误差和系统误差的定义,以及各自的特性。

(12)简述中误差、容许误差、相对误差的定义与区别。

(13)同精度丈量某基线 8 次,各次丈量结果如下: $L_1 = 87.925\text{m}$, $L_2 = 87.917\text{m}$, $L_3 = 87.920\text{m}$, $L_4 = 87.930\text{m}$, $L_5 = 87.928\text{m}$, $L_6 = 87.93\text{m}$, $L_7 = 87.923\text{m}$, $L_8 = 87.933\text{m}$ 。求最或是值、观测值中误差、算术平均值中误差及其相对误差。

(14)在比例尺为 1:500 的地形图上,用钢尺量测 A 、B 两点间距离共 6 次,得到下列结果: $L_1 = 257.8\text{mm}$, $L_2 = 257.4\text{mm}$, $L_3 = 257.6\text{mm}$, $L_4 = 257.4\text{mm}$, $L_5 = 257.7\text{mm}$, $L_6 = 257.5\text{mm}$ 。试计算:①观测值中误差;②算术平均值的中误差;③ AB 实际距离及其相应的中误差。

第二章

CHAPTER TWO

水准测量

学习目标

（1）知道国家水准原点、国家水准点及其高程控制网；

（2）能根据工程测量的要求进行水准点及水准路线的布设；

（3）能正确叙述 DS_3 型微倾式水准仪、自动安平水准仪、精密水准仪、电子水准仪的基本构造和使用方法；

（4）会使用 DS_3 型微倾式水准仪、自动安平水准仪、精密水准仪、电子水准仪进行高程水准测量；

（5）能进行 DS_3 型微倾式水准仪的检验与校正；会使用 DS_3 型微倾式水准仪等仪器进行三、四等高程控制测量；

（6）知道水准测量误差产生的原因及其预防措施；会进行水准测量成果的分析计算及水准测量成果的数据处理。

测定地球表面上各点高程的工作称为高程测量。高程测量按使用仪器和施测的方法不同分为水准测量、三角高程测量、气压高程测量和 GNSS 定位测量等。水准测量是利用水准仪提供的水平视线直接测定地面上各点间高差，根据测得高差和一点已知高程，就可推算其他各点的高程的方法，其测量的精度较高；三角高程测量是利用经纬仪和测距仪测定竖直角和斜距，按照三角原理计算两点间的高差，一般适用于非平坦地区；气压高程测量是根据地面点高程不同、大气压也不同的物理性质，利用气压计测定两点间的高差，其测量的精度最低；全球导航卫星系统（Global Navigation Satellite System），简称为 GNSS，是目前世界上最先进的卫星导航与定位系统，它不仅具有全球性、全天候、实时精密三维导航与定位能力，而且具有良好的抗干扰性和保密性，可同时精确测定测站点的三维坐标，目前的 GNSS 定位测量可满足四等水准测量的精度要求。

第一节　水准点及水准路线的设置

一、国家水准原点及国家水准网

1. 国家水准原点

在高程测量中,为了统一国家范围内的高程系统,必须确定一个高程基准面。同时,为了建立全国统一的高程控制网,也必须确定一个水准基面作为该网中所有水准点高程的起算基准。通常采用大地水准面作为水准基面。它是以沿海验潮站长期的海水面升降观测结果取平均值而确定的。大地水准面是一个等位面,该面上所有各点的地球重力位都相等。平均海面实际上并不是等位面,而是对等位面微有倾斜。严格说来,以不同验潮站所得的平均海面为基准来求定同一水准点的高程,其结果将各不相同。因此,国家水准网一般采用一个验潮站所确定的平均海面作为水准基面。我国测定平均海面的验潮站设在青岛市,采用由该站 1950—1956 年的验潮资料推算的黄海平均海面作为水准基面,定名为黄海平均海面。由这一基准面起算的高程系统称为 1956 年黄海高程系统。

为了将水准基面可靠地标定在地面上,必须在验潮站附近设置永久性水准原点,由精密水准测量测定这一原点对于验潮站平均海面的高程。我国的水准原点设在青岛市观象山上,如图 2-1-1 所示,它相对黄海平均海面的高程为 72.260m。目前我国各等级水准点的高程均应以此水准原点的高程为准进行推算。由黄海平均海面起算的高程称绝对高程或海拔高程,在一般测量应用中简称海拔或高程。

图 2-1-1　青岛市观象山国家验潮站与水准原点

2. 国家水准网

为了建立全国范围内的高程系统网络,国家测绘部门从青岛的水准原点出发,在全国领土范围内布设并测定了一系列的水准点的高程,这些水准点所构成的网称为国家水准网,也称国家高程控制网,如图2-1-2所示。

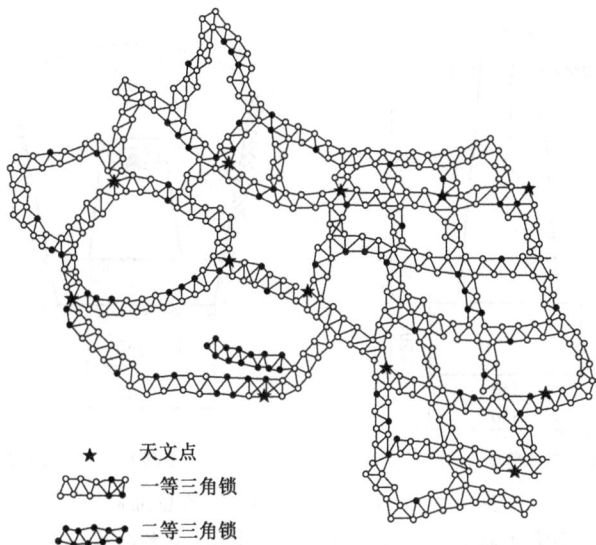

图2-1-2 部分地区一、二等三角控制网

国家水准网采用由高级到低级,分几个等级布设,逐级控制、加密。各等级的水准路线构成闭合环线。我国水准网中水准点的高程是由一、二、三、四等水准测量测定的。一等水准测量路线沿地质构造稳定和坡度平缓的交通线布满全国,构成网状,全长约93000km;网中共包括100个闭合环,根据地区情况和实际需要,闭合环周长为1000~1500km。在一等水准环内布设的二等水准网,是国家高程控制的全面基础。二等水准测量路线将一等水准环划分为较小的环,其周长一般为500~750km。三、四等水准测量直接提供地形测量和各项工程建设所必需的高程控制点。先用三等水准测量路线将二等水准环分为若干个更小的环,再用四等水准测量路线进一步加密。一等水准测量的精度最高,三、四等水准测量除了用于加密二等水准网以外,还直接为地形测量和工程测量提供高程控制点。根据这些水准点的高程,为地形测量而进行的水准测量,称为图根水准测量;为某一工程而进行的水准测量,称为工程水准测量。

国家水准网在经济建设、国防建设和有关科学研究中,有着多方面的用途。国家大地网中地面点的三维坐标需要用大地经度、大地纬度和大地高程表示。地形测图需要海拔高程,这些高程由具有一定精度和密度的水准网来提供。国家的许多基本建设,如铁路和公路的修建、城市基本建设、河流的治理和农田水利建设等,都必须由国家水准网提供高程数据。

二、水准点及水准路线的布设

1. 水准点布设

通过水准测量方法建立的高程控制点称为水准点(代号为BM,是英文 Bench Mark 的缩写),用"⊗"符号表示。水准点有永久性和临时性两种。

永久性水准点的布置应根据工程建设的需要埋设在土质坚硬、便于保存和使用的地方,一般用混凝土制成标石,标石的顶部嵌有半球形的金属标志,其顶部标志着该点的高程。标石的顶部一般露出地面,但等级较高的水准点的标石顶面应埋于地表下,使用时按指示标记挖开,用后再盖土,如图 2-1-3 所示。

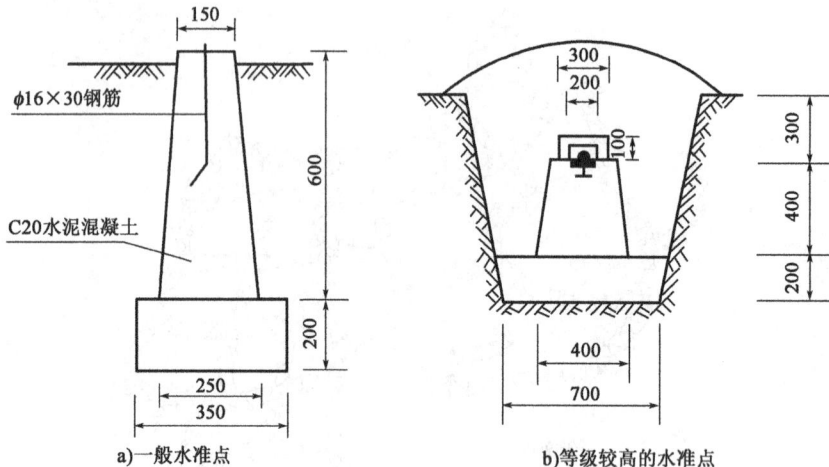

图 2-1-3　水准点标石及埋设(尺寸单位:mm)

临时性水准点可以用大木桩打入地面,桩顶钉入顶部为半球形的铁钉。也可以利用地面上凸出的坚硬岩石,或建筑物的棱角处等固定、明显且不易破坏的地物,并用红油漆做点的标志。

做水准点标志后,应在记录簿上绘记草图示意,注明水准点的编号。

2. 水准路线布设

在水准点间进行水准测量所经过的路线,称为水准路线。相邻两水准点间的路线称为测段。按已知水准点布设情况,水准路线一般有以下几种形式。

(1)闭合水准路线。

如图 2-1-4 所示,从一已知高程水准点 BM_A 出发,沿各待定高程的水准点 1、2、3、4 进行水准测量,最后又回到原水准点 BM_A 上的路线,称为闭合水准路线。

(2)附合水准路线。

如图 2-1-5 所示,从一已知高程水准点 BM_A 出发,沿各待定高程的水准点 1、2、3 进行水准测量,最后附合到另一已知水准点 BM_B 上所构成的水准路线,称为附合水准路线。

(3)支水准路线。

如图 2-1-6 所示,从一已知高程水准点 BM_A 出发,沿待定高程的水准点 1 进行水准测量,其路线既不闭合又不附合,称为支水准路线。支水准路线要进行往返测量,以资检核。

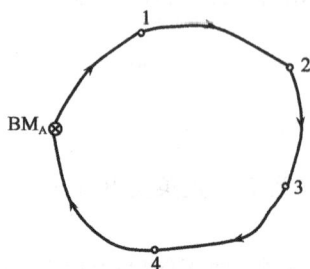

图 2-1-4　闭合水准路线

图 2-1-5　附合水准路线

图 2-1-6　支水准路线

第二节 高程水准测量

一、水准测量原理

水准测量是利用水准仪提供的水平视线,借助于 A、B 两点上分别竖立带有分划的水准尺,直接测定地面上两点间的高差,然后根据已知点高程和测得的高差,推算出未知点高程。

如图 2-2-1 所示,A、B 两点间高差 h_{AB} 为:

$$h_{AB} = a - b \tag{2-2-1}$$

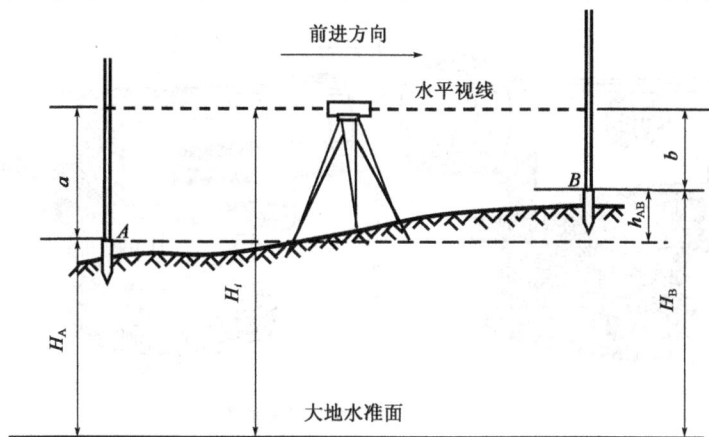

图 2-2-1　水准测量原理

设水准测量是由 A 向 B 进行的,则 A 点为后视点,A 点尺上的读数 a 称为后视读数;B 点为前视点,B 点尺上的读数 b 称为前视读数。因此,高差等于后视读数减去前视读数。

在水准测量时,高差 h_{AB} 有正有负。从图 2-2-1 可知,高差为正表示 B 点比 A 点高,反之表示 B 点比 A 点低。为了防止出错,我们在书写 h_{AB} 时,下标 AB 表示由 A 到 B 的方向;h_{BA} 表示由 B 到 A 的方向,且有:

$$h_{AB} = -h_{BA}$$

在测得 A、B 两点间高差 h_{AB} 以后,未知点的高程可按以下方法计算求得。

(1)高差法。

在测得 A、B 两点间高差 h_{AB} 后,如果已知 A 点的高程 H_A,则 B 点的高程 H_B 可按下式计算。

$$H_B = H_A + h_{AB} \tag{2-2-2}$$

这种直接利用高差计算未知点 B 高程的方法,称为高差法。

(2)视线高法。

如图 2-2-1 所示,B 点高程也可以通过水准仪的视线高程 H_i 来计算,即:

$$H_i = H_A + a \qquad (2\text{-}2\text{-}3)$$
$$H_B = (H_A + a) - b = H_i - b \qquad (2\text{-}2\text{-}4)$$

这种利用仪器视线高程H_i计算未知点 B 高程的方法,称为视线高法。在施工测量中,有时安置一次仪器,需测定多个地面点的高程,采用视线高法就比较方便。

二、DS₃型微倾式水准仪的构造与使用

1. DS₃型微倾式水准仪的构造

水准测量所使用的仪器为水准仪。水准仪按其精度分为 DS_{05}、DS_1、DS_3、DS_{10} 几个等级。"D"和"S"是"大地"和"水准仪"的汉语拼音的第一个字母,其下标的数值表示每 km 水准测量的误差,以 mm 计。在水准仪的系列中,一般将 DS_{05}、DS_1型水准仪称为精密水准仪,DS_3、DS_{10}级水准仪一般称为工程水准仪或普通水准仪。DSZ 则表示该仪器为自动安平水准仪。

DS₃型微倾式水准仪如图 2-2-2 所示,它主要由望远镜、水准器和基座三个基本部分组成。

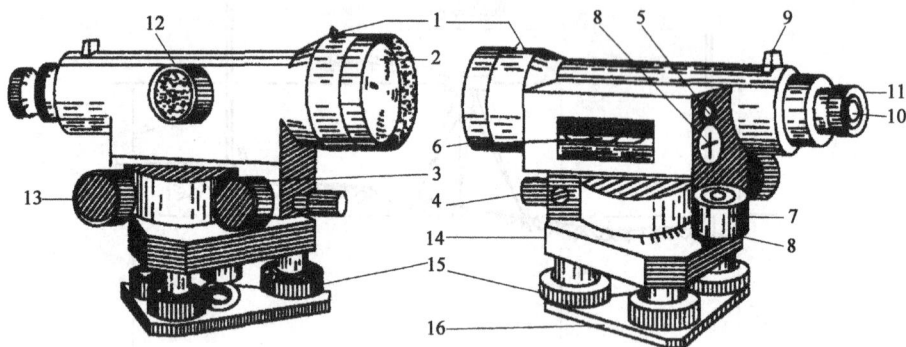

图 2-2-2　DS₃型微倾式水准仪

1-准星;2-物镜;3-微动螺旋;4-制动螺旋;5-符合水准器观测镜;6-水准管;7-水准盒;8-校正螺钉;9-照门;10-目镜;11-目镜对光螺旋;12-物镜对光螺旋;13-微倾螺旋;14-基座;15-脚螺旋;16-连接板

(1)望远镜。

望远镜可以精确照准远处目标并对水准尺进行读数。它主要由物镜、目镜、对光透镜和十字丝分划板组成,如图 2-2-3a)所示。当调节目镜时可清晰地看到放大的十字丝板像,再转动物镜对光螺旋,可将远处目标成像到十字丝板上,这样我们就能精确地照准目标并准确读数了。其中十字丝交点与物镜光心的连线称为视准轴,视准轴的延长线即为视线,水准测量就是在视准轴水平时,用十字丝的中丝在水准尺上截取读数的。

DS₃型水准仪望远镜中的十字丝板是刻在玻璃片上的三根横丝及一根竖丝,见图 2-2-3b)。中间的长横丝称为中丝,用于读取水准尺上分划的读数。上、下两根较短的横丝分别称为上丝和下丝,总称为视距丝,用以测定水准仪至水准尺之间的距离。

望远镜的成像原理如图 2-2-4 所示,远处目标 AB 经过物镜及调焦透镜的折射后,在十字丝平面上成一倒立的实像,再经过目镜放大成一虚像,虚像对观测者眼睛的视角比原目标的视角扩大了若干倍。放大的虚像与用眼睛直接看到目标大小的比值称为望远镜的放大率,它是反映望远镜质量的主要指标之一。望远镜的放大率一般在 20 倍以上。

a)望远镜结构构造示意图　　　　　　　　　　b)十字丝分划板

图2-2-3　DS₃型水准仪望远镜构造

图2-2-4　望远镜的成像原理

由于望远镜的物镜与十字丝分划板之间的距离是固定不变的,而由目标发出的光线通过物镜后,在望远镜内所成实像的位置随着目标的远近而改变,因此需要转动物镜调焦螺旋移动调焦透镜,使目标影像与十字丝平面重合。若此时观测者的眼睛在目镜端上下移动,有时可看见十字丝的中丝与水准尺影像之间有相对移动,这种现象叫视差。视差的存在将影响读数的正确性,应予消除。消除视差的方法是首先转动目镜调焦螺旋,使十字丝板清晰;然后转动物镜调焦螺旋,使目标影像清晰,直至两者无相对移动为止。

为了控制望远镜的水平转动,在水准仪上装有一套制动和微动螺旋。当拧紧制动螺旋时,望远镜就被固定,此时可转动微动螺旋,使望远镜在水平方向做微小转动来精确照准目标,当松开制动螺旋时,微动螺旋便失去作用。

(2)水准器。

水准器分为管水准器和圆水准器两种,它们的作用是将视准轴安放到水平位置。

①管水准器。

管水准器(亦称水准管)用于精确整平仪器。如图2-2-5所示,它由玻璃圆管制成,其纵向内壁研磨成一定半径的圆弧形,管内注满酒精或乙醚,经加热、封闭、冷却后,在管内形成一个水准气泡。在水准管内表面一般

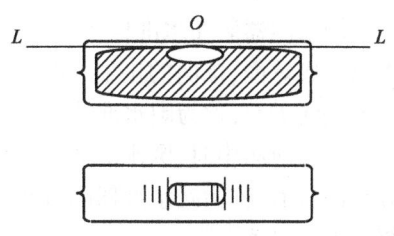

图2-2-5　管水准器

刻有间隔为 2mm 的分划线,分划线的中点 O 称为水准管零点,通过零点与圆弧相切的纵向切线 LL 称为水准管轴。当气泡的中点与水准管的零点重合时,称为气泡居中。在水准管气泡居中时,水准管轴平行于视准轴。

水准管上 2mm 圆弧所对的圆心角 τ,称为水准管的分划值。即:

$$\tau = \frac{2}{R}\rho('') \quad (\rho = 206265) \tag{2-2-5}$$

分划值 τ 可理解为当气泡移动 2mm 时,水准管轴所倾斜的角度。水准管分划越小,其灵敏度越高,用其整平仪器的精度也越高。DS₃ 型水准仪的水准管分划值一般为 (20″~30″)/2mm,如图 2-2-6 所示。

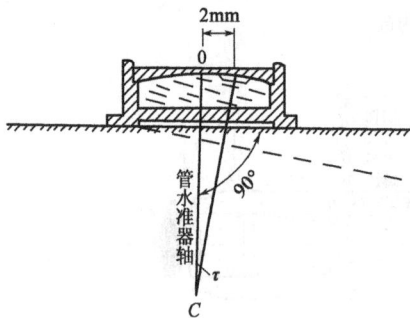

为了提高水准管的精度,水准仪的水准管内部都装有符合棱镜组,如图 2-2-7a) 所示,借助棱镜的反射作用,将水准气泡一端半影像按图投射在显示面上;另一端半影像从另一个棱镜也投射在显示面上。当水准管气泡未居中时,两端气泡的影像错开,如图 2-2-7b) 所示。这时转动微倾螺旋,左侧气泡移动方向与螺旋转动方向一致,使气泡两端的影像符合成一个圆弧,表示气泡居中,如图 2-2-7c) 所示。

图 2-2-6 水准管分划值

图 2-2-7 水准管的符合棱镜系统

②圆水准器。

圆水准器装在水准仪基座上,用于粗略整平,如图 2-2-8 所示。圆水准器顶面的玻璃内表面研磨成球面,球面的正中刻有一个小圆圈,其圆心 O 称为圆水准器的零点。通过零点和球心的法线 $L'L'$,称为圆水准器轴。

当气泡居中时,圆水准器轴就处于铅垂位置。圆水准器气泡中心偏离零点 2mm 时竖轴所倾斜的角值,称为圆水准器的分划值,其分划值一般为 (5′~10′)/2mm,灵敏度较低,一般用于粗略整平仪器。

（3）基座。

基座的作用是支承仪器的上部，并通过连接螺旋与三脚架连接。它主要由轴座、脚螺旋、底板和三脚压板构成。控制望远镜水平转动的有制动螺旋和微动螺旋，制动螺旋拧紧后，转动微动螺旋，仪器在水平方向做微小转动，以利于照准目标。微倾螺旋可调节望远镜在竖直面内的俯仰，以达到视准轴水平的目的。转动脚螺旋，可使圆水准器气泡居中。

2. 水准尺和尺垫

水准尺是进行水准测量时与水准仪配合使用的标尺。常用的水准尺由干燥优质木材、铝材或玻璃钢制成，长度分为2m、3m、5m。根据它们的构造又可分为塔尺和双面尺，如图2-2-9所示。

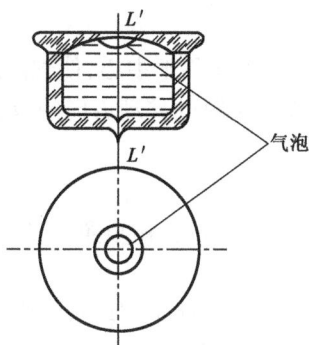

图 2-2-8　圆水准器

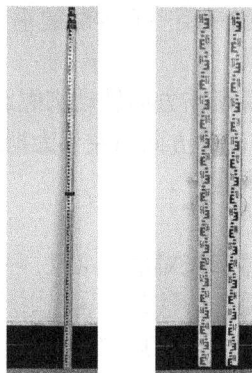

a)塔尺　　b)双面尺

图 2-2-9　水准尺

塔尺是一种逐节缩小的组合尺，其长度为2～5m，由两节或三节连接在一起，尺的底部为零点，尺面上黑白格相间，每格宽度为1cm，有的为0.5cm，在米和分米处有数字注记。塔尺携带方便，但连接处常会产生误差，一般用于精度较低的水准测量。

双面水准尺的尺长为3m，两根尺为一对。尺的双面均有刻划，一面为黑白相间，称为黑面尺（也称主尺）；另一面为红白相间，称为红面尺（也称辅尺）。两面的刻划均为1cm，在分米处注有数字。两根尺的黑面尺尺底均从零开始，而红面尺尺底，一根从4.687m开始，另一根从4.787m开始。在视线高度不变的情况下，同一根水准尺的红面和黑面读数之差应等于常数4.687m或4.787m，这个常数称为尺常数，用 K 来表示，以此可以检核读数是否正确。

在水准测量时，为了防止观测过程中尺身下沉而影响准确读数，应在转点处放一尺垫，如图2-2-10所示。尺垫由三角形或圆形的铸铁制成，其下方有三个尖脚，可以踏入土中。尺垫上方有一凸起的半球体，水准尺应立于半球顶面。

图 2-2-10　尺垫

3. DS₃型微倾式水准仪的使用

微倾式水准仪在一个测站上使用的基本操作程序为：安置仪器、粗略整平、照准水准尺、精确整平和读数并记录。

(1)安置仪器。

在测站上松开三脚架架腿的固定螺旋,按需要的高度调整架腿长度,再拧紧固定螺旋,张开三脚架将架腿踩实,并使三脚架架头大致水平。然后从仪器箱中取出水准仪,放在三脚架架头上,一手握住仪器,一手将三脚架上的连接螺旋旋入水准仪基座的螺孔内,使连接牢固,以防止仪器从架头上摔下来。用连接螺旋将水准仪固定在三脚架架头上。

(2)粗略整平。

粗略整平简称粗平,粗平即通过调节脚螺旋使圆水准器气泡居中来实现粗略整平仪器,具体操作步骤如下。

①如图2-2-11所示,用两手按箭头所指的方向转动脚螺旋1和2,使气泡沿着1、2连线方向由a移至b,即两脚螺旋中心连线的垂直平分线上,水准气泡移动的方向与左手大拇指移动方向相同。

②用左手按箭头所指方向转动脚螺旋3,使气泡由b移至中心,使气泡居中。

整平时,气泡移动的方向与左手大拇指旋转脚螺旋时的移动方向一致,与右手大拇指旋转脚螺旋时的移动方向相反。

(3)照准水准尺。

照准是指通过望远镜对准水准尺,一般要经历目镜对光、初步照准、精确照准的过程,同时要消除视差。具体操作方法是:

①目镜对光:首先转动目镜对光螺旋,进行目镜调焦,使十字丝板清晰。

②初步照准:转动照准部,利用照门和准星对准水准尺,并固定制动螺旋。

③精确照准:调节望远镜的调焦螺旋使水准尺影像清晰。调节微动螺旋,使十字竖的竖丝对准水准尺的中央,同时消除视差。如图2-2-12所示。

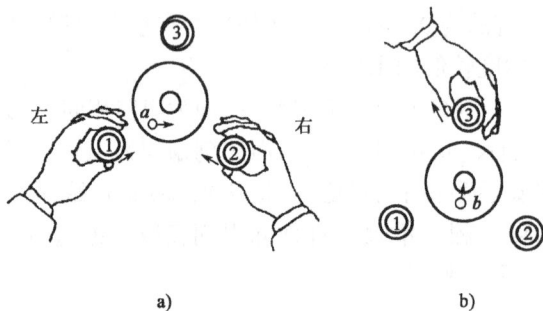

图2-2-11 圆水准器气泡居中

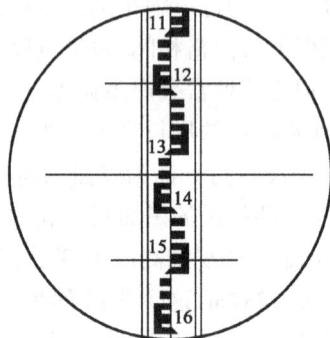

图2-2-12 照准水准尺与尺上读数

消除视差的方法是仔细地转动物镜对光螺旋,直至尺像与十字丝平面重合,如图2-2-13所示。

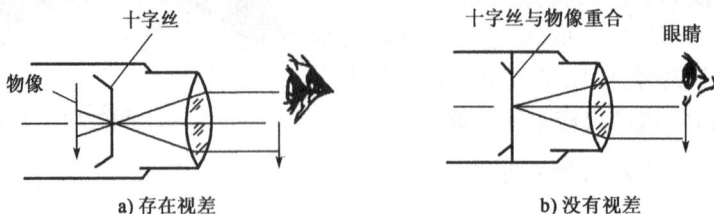

a)存在视差　　　b)没有视差

图2-2-13 视差现象

（4）精确整平。

精确整平简称精平，就是用眼睛观察水准气泡观察窗内的气泡影像，用右手缓慢地转动微倾螺旋，使气泡两端的影像严密吻合，从而使望远镜的视准轴处于水平位置。对于有符合棱镜的水准管，可以在符合水准管气泡望远镜中看到气泡两端的影像，如图2-2-14所示，其中，图2-2-14a）为气泡居中时的状态，图2-2-14b）、c）为气泡不居中，此时，可按照图中所示的虚线箭头方向转动微倾螺旋，使气泡两端的影像符合。微倾螺旋的转动方向与左侧半气泡影像的移动方向一致，如图2-2-14b）、c）所示。

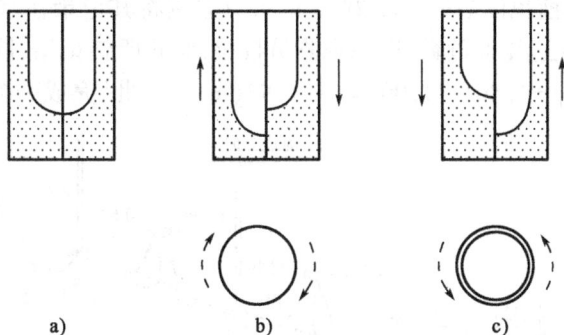

图2-2-14 精确整平

（5）读数与记录。

符合水准管气泡居中后，应立即读取望远镜视场中十字丝中丝在水准尺上读数。读数时应从小数向大数读，如果从望远镜中看到的水准尺影像是倒像，在尺上应从上到下读取。直接读取米、分米和厘米，并估读出毫米，共四位数。如图2-2-12所示，读数是1.336m。如图2-2-15所示，正确读数为1.538。读数后应再检查符合水准管气泡是否居中，若不居中，应再次精平，重新读数。读数无误后应及时记录。

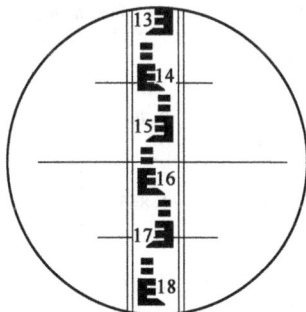

读数为1.538

图2-2-15 水准尺读数

4.水准测量的施测

水准测量通常采用往返测量法、改变仪器高法或双面尺法进行测量，以检查高差测定中可能发生的错误。现以往返测量法为例，说明其施测方法。

　　如图 2-2-16 所示，已知 A 点高程 H_A，要求出 B 点高程 H_B。因两点的距离较远或高差较大，若安置一次仪器无法测出 A 到 B 的高差，此时可在两点间加设若干个临时立尺点，称为转点（ZD）。转点（ZD）是指在水准测量中既有前视读数，又有后视读数，且起传递高程作用的点。然后连续多次安置水准仪，测定两相邻点间的高差，最后取各个高差的代数和，可得到 A、B 两点的高差。施测步骤如下：

　　设 $H_A = 123.446$m，在 A 点前方适当的距离处选定一转点，即 ZD_1；分别在 A、ZD_1 两点上立水准尺，在距 A 和 ZD_1 点约等距离处（图 2-2-16 中 I 处）安置水准仪。当视线水平后，先读后视读数 $a_1 = 1.801$，再读前视读数 $b_1 = 1.008$。记录员立刻将其记录在水准测量手簿的相应表格中（表 2-2-1），并边记边复诵读数，以便观测员校核，防止听错记错，同时算出 A 点和 ZD_1 点之间的高差：$h_1 = a_1 - b_1 = 1.801 - 1.008 = +0.793$（m）。到此，完成一个测站的工作。

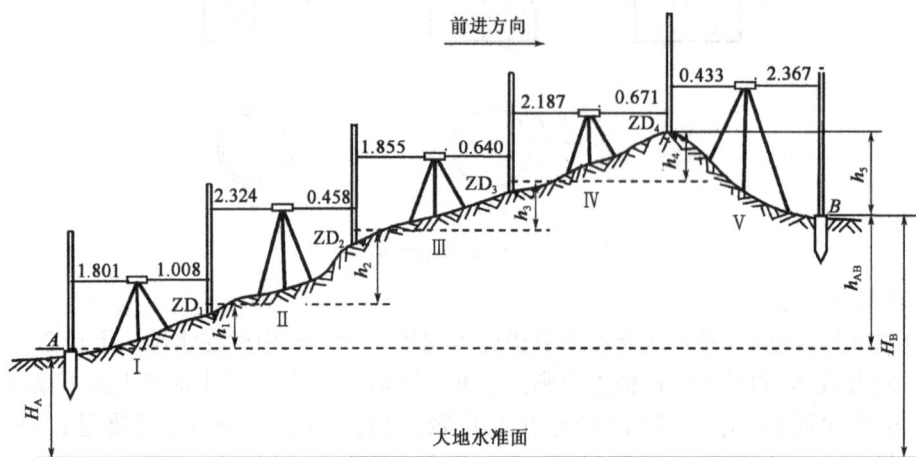

图 2-2-16　水准测量的实施

水准测量记录表　　　　　　　　　　　　　　　　　　表 2-2-1

测　站	测　点	水准尺读数（m）		高差 h（m）		高　程	备　　注
		后视读数 a	前视读数 b	＋	－		
I	BM_A	1.801		0.793		123.446	
	ZD_1		1.008			124.239	
II	ZD_1	2.324		1.866			
	ZD_2		0.458			126.105	$BM_A = 123.446$m
III	ZD_2	1.855		1.215		127.320	$BM_B = 126.902$m
	ZD_3		0.640				
IV	ZD_3	2.187		1.516		128.836	
	ZD_4		0.671			126.902	
V	ZD_4	0.433			1.934		
	BM_B		2.367				
计算校核	Σ	8.600	5.144	＋5.390	－1.934		
	$\Sigma a - \Sigma b = +3.456$			$\Sigma h = +3.456$		$h_{AB} = H_B - H_A = +3.456$	

当第一测站测完后,后视尺沿着 AB 方向前进,同样在转点1(ZD_1)前方适当位置处,设置第二个转点(ZD_2),并在该点上立尺。此时立在 ZD_1 上的水准尺不动,只将尺面反转过来,便于仪器观测,仪器安置在距 ZD_1、ZD_2 大约等距的Ⅱ处,进行观测、记录、计算,得出 ZD_1 和 ZD_2 的高差 h_2。依此类推,测到 B 点,这样便可测出每一测站的高差 h_i。

$$h_1 = a_1 - b_1$$
$$h_2 = a_2 - b_2$$
$$\vdots$$
$$h_n = a_n - b_n$$

由图2-2-16可看出,将各测站的高差相加,便得到 A 点至 B 点的高差 h_{AB}。

$$h_{AB} = h_1 + h_2 + h_3 + \cdots + h_n = \sum_{i=1}^{n} h_i = \sum_{i=1}^{n} a_i - \sum_{i=1}^{n} b_i \qquad (2\text{-}2\text{-}6)$$

即地面点 B 的高程为:

$$H_B = H_A + h_{AB} = H_A + \sum_{i=1}^{n} h_i = H_A + \sum_{i=1}^{n} a_i - \sum_{i=1}^{n} b_i \qquad (2\text{-}2\text{-}7)$$

5. 水准测量的检核

(1)测站检核。

为了检核前、后视读数的正确性,通常采用下列方法之一进行测站检核。

①变动仪器高法:该法是在同一个测站上用两次不同的仪器高度,测得两次高差进行检核。该法要求:改变仪器高度应大于10cm,两次所测高差之差不超过容许值(例如等外水准测量容许值为 ±6mm),取其平均值作为该测站最后结果,否则须重测。

②双面尺法:该法是分别对双面水准尺的黑面和红面进行观测,利用前、后视的黑面和红面读数,分别算出两个高差。如果不符值不超过规定的限差(例如四等水准测量容许值为 ±5mm),取其平均值作为该测站最后结果,否则须重测。

(2)计算检核。

水准测量记录表中计算的高差和高程,应满足公式 $h_{AB} = \sum a - \sum b = \sum h$ 和 $h_{AB} = H_B - H_A$,否则说明计算有错,应查明原因并予以纠正。

(3)成果检核。

除上述的测站检核和计算检核外,测量成果还受施测中转点位置移动、标尺和仪器下沉等测量误差的影响,使得水准路线的实测高差值与高差理论应有值不相符,存在一个差值,这个差值称为高差闭合差。若高差闭合差在允许误差范围之内,认为外业观测成果合格;若超过允许误差范围,应查明原因进行重测,直到符合要求为止。

一般普通水准测量的高差容许闭合差 $f_{h容}$ 为:

平原微丘区:

$$f_{h容} = \pm 40 \sqrt{L} \quad (mm) \qquad (2\text{-}2\text{-}8)$$

山岭重丘区:

$$f_{h容} = \pm 12 \sqrt{n} \quad (mm) \qquad (2\text{-}2\text{-}9)$$

式中:L——水准路线长度(km);

n——整个水准路线中所设的测站数。

应用上式时,需要注意的是,对于往返水准路线或闭合水准路线,式(2-2-8)、式(2-2-9)中路线长度 L 或测站数 n 均按单程计算。

普通水准测量的成果校核,主要考虑其高差闭合差是否超限。根据不同的水准路线,其校核的方法也不同。

三、自动安平水准仪的构造与使用

自动安平水准仪的特点是不需要水准管和微倾螺旋,只有一个圆水准器,在安置仪器时,只要使圆水准器的气泡居中后,借助装置在望远镜光学系统中的一种"补偿器",就能使视线自动处于水平状态。

由于无须精平,使用自动安平水准仪不仅可以缩短水准测量的观测时间,而且对于施工场地地面的微小振动、松软土地的仪器下沉以及大风吹刮等因素引起的视线微小倾斜,也能迅速自动调整仪器,从而提高了水准测量的观测精度。

1.自动安平水准仪的构造及特点

图 2-2-17 为苏州第一光学仪器厂生产的 DSZ2 型自动安平水准仪。在结构上,该水准仪采用摩擦制动技术,省去了水平制动旋钮,利用仪器结构器件之间的静摩擦力可在水平方向的任意位置固定水准仪照准部的位置。

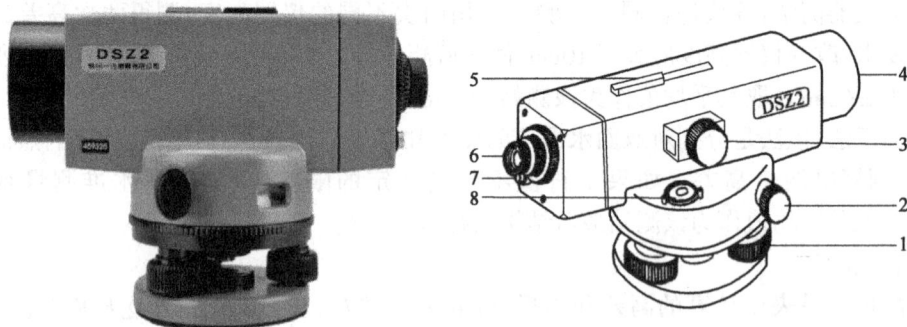

图 2-2-17　自动安平水准仪

1-脚螺旋;2-微动螺旋;3-物镜调焦螺旋;4-物镜;5-准星;6-目镜调焦螺旋;7-补偿器检查按钮;8-圆水准器

DSZ2 型自动安平水准仪可用于国家三、四等水准测量,往返测量高程精度:使用标准水准尺时为 ±1.5mm/km,使用标准钢钢尺时为 ±1.0mm/km。

2.自动安平水准仪的使用

自动安平水准仪的使用与一般微倾式水准仪的操作方法基本相同。使用时,首先将圆水准器气泡居中,然后照准水准尺,等待 2~4s,补偿器自动安平后,观测者应在望远镜内观察警告指示窗确认全部呈绿色,否则应再调整圆水准器,直到警告指示窗全部呈绿色后,方可进行观测读数。有的自动安平水准仪配有一个补偿器检查按钮,每次读数前按一下该按钮,确认补偿器能正常工作后再读数。

自动安平水准仪若长期未使用,在使用前应检查补偿器能否正常工作。检查方法是转动位于望远镜视准轴正下方的脚螺旋,如果警告指示窗两端分别出现红色,反转该脚螺旋红色即消除,并由红色转为绿色,说明补偿器灵敏,可以进行水准测量的观测。

四、精密水准仪的构造与使用

精密水准仪主要用于高精度的国家一、二等水准测量和精密工程测量,如高层建筑物的沉降观测、大型桥梁工程的施工测量和大型机械安装的水平基准测量等。DS_{05}、DS_1型水准仪属于精密水准仪,并配备有精密水准尺。

1. 精密水准仪的构造特点

精密水准仪的构造与一般的DS_3型水准仪基本相同,也是主要由望远镜、水准器和基座三部分组成,如图2-2-18所示。与一般水准仪相比,精密水准仪的结构精密、性能稳定、受温度变化影响小,其特点是能够精密地整平视线和精确地读取数值。为此,其在结构上应满足以下要求。

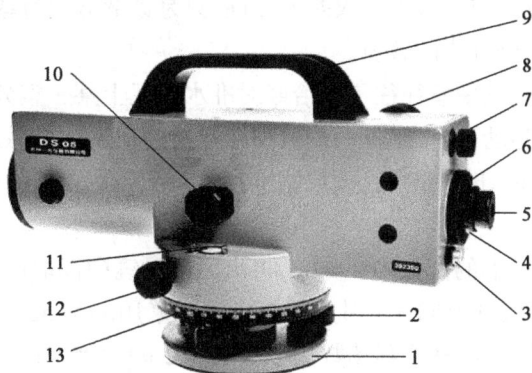

图2-2-18 精密水准仪

1-基座;2-安平手轮;3-检查按钮;4-目镜卡环;5-目镜;6-护盖;7-读数目镜;8-测微手轮;9-提手;10-圆水准器读数棱镜;11-圆水准器;12-水平微动手轮;13-刻度盘

(1)水准器灵敏度高。如DS_1型水准仪的管水准器τ值为$10''/2mm$。

(2)望远镜放大倍率高。如DS_1型水准仪望远镜的放大倍数为38倍,望远镜的有效孔径为47mm,视场亮度较高。十字丝的中丝刻成楔形,能较精确地照准水准尺的分划。

(3)具有光学测微器装置,可直接读取水准尺一个分格(1cm或0.5cm)的1/100单位,最小分划值可达0.05mm,提高了读数精度。

(4)精密水准仪均采用钢构件,并且密封程度高,受温度变化影响小。

为了提高测量精度,精密水准仪带有平行玻璃板测微器。平行玻璃板安装在望远镜前,可做前后倾斜旋转,通过这一旋转,可使水平视线上下平移。当用望远镜照准水准尺后,十字丝横丝一般不会恰好与尺上某一整分划线对齐。这时,旋转平行玻璃板平移视线,可使横丝对齐尺上的一整分划线。另外,平行玻璃板通过传动杆与测微尺相连,其转动量即视线平移量可由测微尺上读出。这样将水准尺上横丝所对分划的读数(m、dm、cm)和测微尺上的读数(mm,0.1mm,0.001mm)配在一起,即为一完整的读数。

2. 精密水准尺

精密水准仪又称因瓦水准尺,它与精密水准尺配套使用。这种尺一般是在木质尺身的槽内,镶嵌一根因瓦合金钢带,带上标有刻划,数字标注在木尺上。

精密水准尺上的分划注记形式一般有以下两种。

(1)尺身上刻有左右两排分划,右边为基本分划,左边为辅助分划。基本分划的注记从零开始,辅助分划的注记从某一常数 K 开始,K 称为基辅差。

(2)尺身上两排均为基本分划,其最小分划为10mm,但彼此错开5mm。尺身一侧注记米数,另一侧注记分米数。尺身标有大、小三角形,小三角形表示半分米处,大三角形表示分米的起始线。这种水准尺上的注记数字比实际长度增大了1倍,即5cm注记为1dm。因此在使用这种水准尺进行测量时,读数必须除以2才是实际读数,或者说要将观测所得的高差值除以2才是实际高差值。

3.精密水准仪的使用

精密水准仪的操作方法与一般水准仪基本相同,只是读数方法有些差异,即每次读数都要用光学测微器测出不足一个分格的数值。

在水准仪精平后,十字丝中丝往往不会恰好对准水准尺上某一整分划线,这时就要转动测微手轮使视线上、下平行移动,当十字丝一侧的楔形丝精确地夹住最靠近中丝的一个整分划线(被夹住的分划线读数为 m、dm、cm)时,读取水准尺上读数,而视线上下平移的距离则由测微器读数窗中读出。

如图 2-2-19a)所示,尺上的读数为2.99m,再由测微目镜中读取测微分尺上的读数为150(1.50mm),则全部读数为2.99150m。因为图 2-2-19a)采用的是5cm注记为1dm水准尺,所以实际读数为全部读数的一半,即实际读数为2.99150/2 = 1.49575m。在实际测量时,不必每个读数都除以2,在算得高差后再除以2即可。

在图 2-2-19b)中,楔形丝夹在1.76m,测微分划尺上读数为650(即6.5mm),则水准尺全部读数为1.76650m,因为图 2-2-19b)中采用的是实际长度分划水准尺,所以不必除以2。

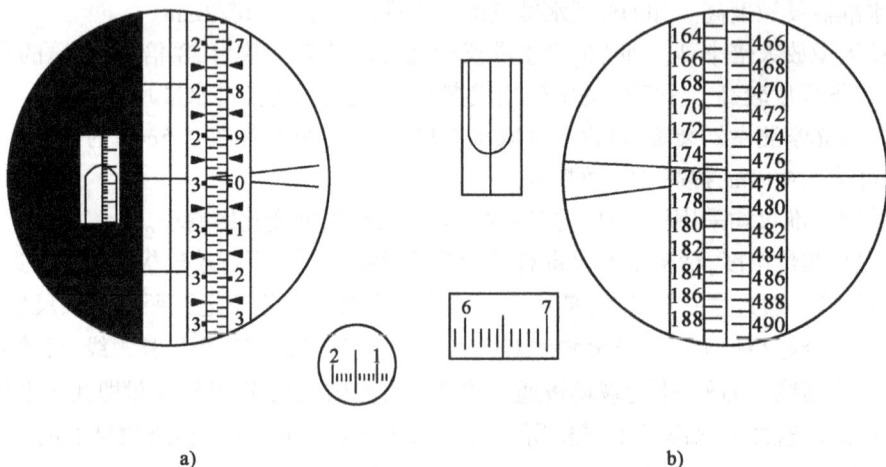

a)　　　　　　　　　　　　　　　b)

图 2-2-19　精密水准尺的读数、读数方法

五、电子水准仪的构造与使用

电子水准仪是一种集电子、光学、编码、图像处理及计算机存储与数据传输技术于一体的自动化智能水准仪。其主要优点是整个测量工作过程(测尺读数、数据记录、计算处理)都是自动完成,可以消除人为误差,从而大大减少了(读数、记录、计算)错误和误差。在测量过程中,都由设置菜单来进行操作,具有测量速度快、精度高、操作简单、作业劳动强度小、易实现内外业一体化等特点,工作效率可大大提高。

1. 电子水准仪的构造特点

电子水准仪的构造与一般的自动安平水准仪基本相同,它由望远镜、圆水准器、操作键盘、数据显示屏和基座等部分组成。如图 2-2-20 所示,为电子水准仪的外形。其主要特点是采用 RAB 随机双向编码技术(即相位法条码识别)和最优化的数字处理算法,可以快速获取稳定可靠的观测值;机载的水准测量程序,符合国家水准测量规范要求,可以完成各种水准测量和计算。仪器内存中的观测数据可以直接下载到计算机进行计算处理,可消除数据记录过程中的人为错误。其主要技术参数如下:

(1)高程测量精度:

往返测高差中误差,DL-502 型:配铟钢尺为 0.4mm/km;配玻璃钢尺为 1.0mm/km。

往返测高差中误差,DL-503 型:配铟钢尺为 0.8mm/km;配玻璃钢尺为 1.5mm/km。

(2)最短视距:1.5m;最长视距:100m。

(3)测量时间:单次、重复或平均模式小于 2.5s,跟踪模式小于 1.0s。

(4)最小环境光照强度:不大于 20lux 时(一根蜡烛的亮度)。

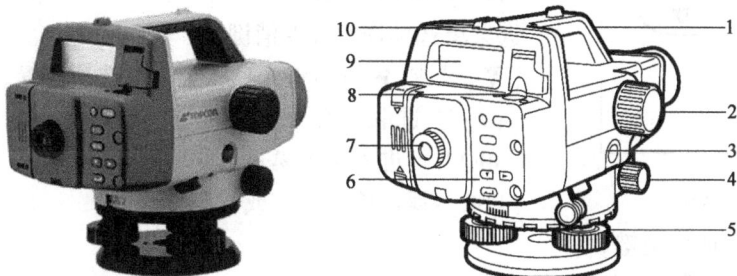

图 2-2-20 电子水准仪

1-提柄;2-调焦手轮(用于标尺调焦);3-测量键;4-水平微动手轮(用于精确调整仪器的水平照准方向);5-脚螺旋;6-键盘;7-望远镜目镜;8-圆水准器;9-显示屏;10-照准器

2. 条码水准尺

条码水准尺是与电子水准仪配套使用的专用水准尺,它由玻璃纤维塑料制成,或用钢钢制成尺面镶嵌在尺基上形成,全长为 2~5m。尺面上刻有宽度不同、黑白相间的码条,称为条码,该条码相当于普通水准尺上的分划和注记,如图 2-2-21a)所示。条码水准尺附有安平水准器和扶手,在尺的顶端留有撑杆固定螺栓,以便用撑杆固定条码尺。电子水准测量时,当镜头摄入条形编码后,经处理器转变为相应的数字,再通过信号转换和数据化,在显示屏上直接显示中丝读数和视距。

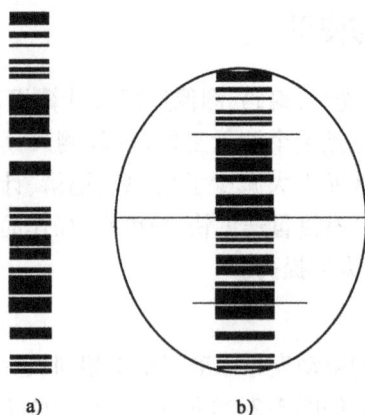

图 2-2-21　条码水准尺与望远镜视场示意

3.电子水准仪的操作键盘与显示功能

(1)操作键盘上各键的功能。

图 2-2-22　键盘

DL-500 系列电子水准仪的操作键盘上共有 7 个键,如图 2-2-22 所示,各键的功能及其操作方法如下。

①[PWR]键:电源开关键。

②测量开始或停止键。

[✳]键:开始测量或停止测量(用于重复、均值或跟踪测量模式下)。

[ESC]:取消测量。

③菜单选项选取或取消键。

[▼]键或[►]键:将光标移至下一选项位置。

[↵]键:选取选项。

[MENU]:进入菜单模式。

[ESC]:返回前一操作或状态模式。

④值的输入或取消键。

[▼]键:增加数值,或正负号切换。

[►]键:改变光标位置。

[↵]键:确认输入值。

(2)显示屏显示的内容(图 2-2-23)。

①模式指示:显示当前模式。

Meas:状态模式或测量模式。

M:菜单模式。

JOB:文件设置模式。

REC:记录设置模式。

ΔH:高差测量模式。

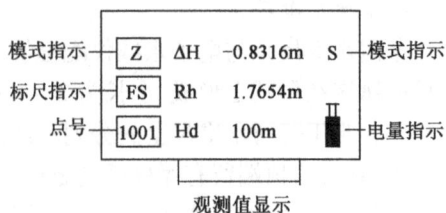

图 2-2-23　显示屏显示

Z:高程测量模式。

SO:放样测量模式。

C:设置模式。

Rev:数据查阅菜单。

O:奇数测站。

E:偶数测站。

②标尺指示:显示各种测量模式下正在进行前视标尺观测或后视标尺观测。

BS:后视标尺观测。

FS:前视标尺观测。

③测量模式指示:显示当前测量模式。

S:单次测量。

R:重复测量。

A:均值测量。

T:跟踪测量。

④观测值显示:显示以下观测值内容。

Rh:标尺读数值。

Hd:至标尺平距值。

ΔH:高差值。

Z:高程值。

ΔRh:标尺读数高差值。

ΔHd:前后视距差。

ΣΔHd:前后视距差总和。

⑤电量指示:显示电池当前电量情况。当显示电池符号并发出声响时,将无法继续操作仪器,片刻后仪器自动断电。

4.电子水准仪的使用

电子水准仪的操作步骤与自动安平水准仪一样,在人工完成安置与粗平、照准目标(条形编码水准尺)后,按下测量键后约 2～4s 即显示出测量结果。其测量结果可储存在电子水准仪内或通过电缆连接存入机内记录器中。

现以 DL-500 系列电子水准仪为例,介绍高差测量的方法与步骤。

(1)测前的准备工作。

①装入电池。在测量前,首先检查内部电池充电情况,如电量不足,要及时充电。

②开启电源准备观测。仪器安置好后,即可打开电源开关,并根据测量的具体要求,选择设置参数。

(2)测量高差。选取"Manual"选项,在单次测量模式下测定后视点 A 和前视点 B 间高差值 Δh 的操作步骤如下:

①将仪器架设于 A、B 两点条码水准尺之间的中部。

②在菜单模式下选取高差测量模式"Ht-diff"选项。

③按开始测量[Measure]键,测量后视标尺。

④选取"Y"确认转点号的数据和测量值。仪器将测量结果记入内存并显示可记录点数。

⑤按[Measure]键测量前视标尺。仪器计算出高差值 Δh 并显示在屏幕上。

⑥选取"Y"确认点号、属性和测量值。仪器将测量结果记入内存。

⑦按[MENU]键。屏幕显示是否要迁站的提示信息。若要迁站选取"Yes"，但在迁站关机前应选取"Y"记录转点的数据。

第三节　微倾式水准仪的检验和校正

一、微倾式水准仪应满足的几何轴线要求

根据水准测量的原理，必须能提供一条水平的视线，水准仪才能正确地测出两点间的高差。因此，水准仪在结构上应满足如图 2-3-1 所示的下列条件：

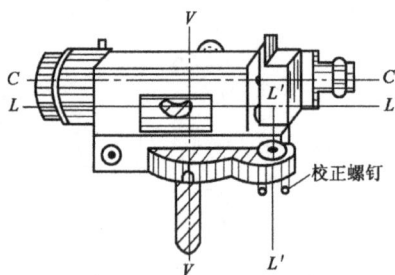

图 2-3-1　微倾式水准仪的轴线

(1)圆水准器轴 $L'L'$ 应平行于仪器的竖轴 VV。

(2)十字丝的横丝应垂直于仪器的竖轴 VV。

(3)水准管轴 LL 应平行于视准轴 CC。

另外，当竖轴铅垂时，横丝正处于水平状态，便于在水准尺上读数。在水准测量之前，应对水准仪进行认真的检验与校正。

二、微倾式水准仪检验和校正的类型

1. 圆水准器轴 $L'L'$ 平行于仪器竖轴 VV 的检验与校正

目的：使圆水准器轴平行于仪器的竖轴。

检验方法：安置仪器后，转动脚螺旋使圆水准器气泡居中。然后将望远镜绕竖轴转 180°，如果气泡仍居中，说明圆水准器轴平行于仪器竖轴；如果气泡中点偏离零点，则说明 $L'L'$ 不平行于 VV，需要校正。

校正方法：假设两轴不平行而有交角 α。如图 2-3-2a)所示，若圆水准器轴 $L'L'$ 不平行于竖轴，当圆水准器气泡居中时，圆水准器轴处于竖直位置，而竖轴却偏离竖直方向 α 角，将仪器绕竖轴转 180°，此时气泡偏垂直方向 2α，如图 2-3-2b)所示。

校正时，先稍旋松圆水准器底部的固定螺钉，用校正针拨动三个校正螺钉，使气泡向零点方向移动偏离值的一半，即达到 O' 的位置，见图 2-3-2c)，可知这时竖轴已处于铅垂线位置。然后再调整脚螺旋，进行整平，使气泡退回偏离零点的另一半而居中，此时竖轴处于铅垂位置，从而达到了使圆水准器轴平行于竖轴的目的，如图 2-3-2d)所示。

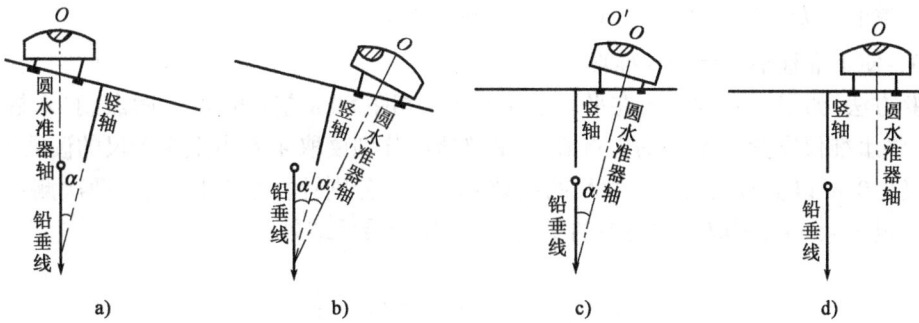

图 2-3-2　圆水准器的校正原理

圆水准器校正螺钉的结构如图 2-3-3 所示。这种检验和校正，需要反复进行，直至仪器旋转到任何位置时，圆水准器气泡皆居中为止，最后应注意旋紧固定螺钉。

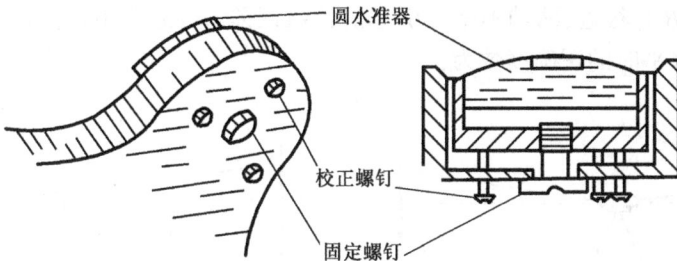

图 2-3-3　圆水准器校正螺钉

2. 十字丝横丝垂直于仪器的竖轴 VV 的检验与校正

目的：水准仪整平后，横丝水平，竖丝铅垂，即横丝应垂直于仪器竖轴。

检验方法：安置水准仪，使圆水准器的气泡严格居中后，先用十字丝交点照准某一明显的点状目标 P，如图 2-3-4a)所示，然后旋紧制动螺旋，转动微动螺旋。如果目标点 P 左右移动时不离开横丝，如图 2-3-4b)所示，则表示横丝垂直于仪器的竖轴；如果目标点 P 左右移动时离开横丝，如图 2-3-4c)所示，则需要校正。

校正方法：旋下靠目镜处的十字丝环外罩，用螺丝刀松开十字丝板的 4 个固定螺钉〔图 2-3-4d)〕，按横丝倾斜的反方向转动十字丝板，再进行检验。直至 P 点始终在横丝上移动，则表示横丝水平，最后旋紧十字丝固定螺钉。此项校正也需反复进行。

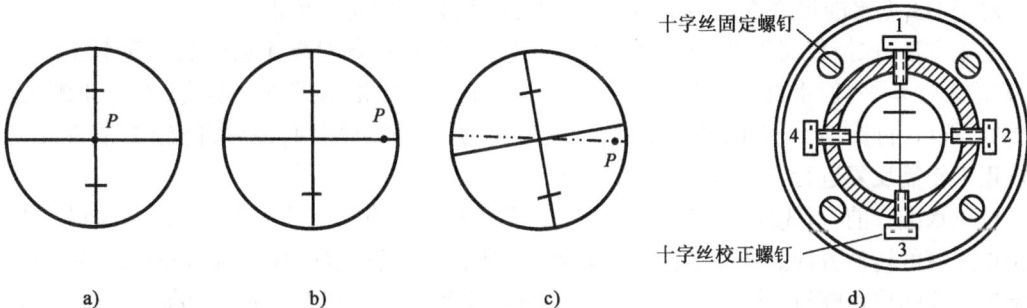

图 2-3-4　十字丝横丝垂直于仪器的竖轴的检验

3. 水准管轴 LL 平行于视准轴 CC 的检验和校正

目的：使水准管轴平行于视准轴（$LL /\!/ CC$）。

检验方法：如图 2-3-5 所示，在平坦地面上选定相距 80m 左右的 A、B 两点（打木桩或安放尺垫）。将水准仪安置于 A、B 的中点 C，精平仪器后分别读取 A、B 点上水准尺的读数 a_1、b_1；改变仪器高（10cm 以上）后，再重读两尺的读数 a_1'、b_1'。分别计算两次高差，若两次测定的高差之差不超过 3~5mm，则取两次高差的平均值 h_{AB} 作为最后结果，即：

$$h_{AB} = \frac{1}{2}\left[(a_1 - b_1) + (a_1' - b_1')\right] \tag{2-3-1}$$

由于距离相等，视准轴与水准管轴不平行所产生的前、后视读数误差 x_1 相等，故高差 h_{AB} 不受视准轴误差的影响。

在离 B 点大约 2m 的 C 点处安置水准仪，如图 2-3-6 所示。精平后读得 B 点尺上的读数为 b_2，因水准仪离 B 点很近，两轴不平行引起的读数误差 x_2 可忽略不计。根据 b_2 和高差 h_{AB} 算出 A 点尺上视线水平时的正确读数为：

$$a_2' = h_{AB} + b_2 \tag{2-3-2}$$

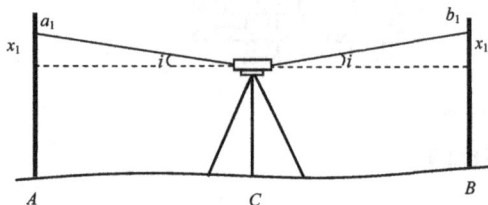

图 2-3-5　水准管轴平行于视准轴的检验 1　　　图 2-3-6　水准管轴平行于视准轴的检验 2

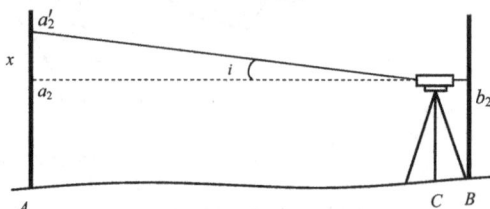

然后，照准 A 点水准尺，读出中丝的读数 a_2，如果 a_2' 与 a_2 相等，表示两轴平行，如图 2-3-6 所示。否则存在 i 角，水准管轴与视准轴的交角（视线的倾角）i 为：

$$i = \frac{|a_2 - a_2'|}{D_{AB}}\rho \tag{2-3-3}$$

式中：D_{AB}——A、B 两点间的水平距离（m）；

i——视准轴与水准管轴的夹角（″）；

ρ——1 弧度的秒值，$\rho = 206265″$。

对于 DS$_3$ 型水准仪来说，i 角值不大于 20″，如果超限，则需要校正。

校正方法：保持仪器不动，转动微倾螺旋，使十字丝的横丝对准 A 点尺上正确读数 a_2'。此时，视准轴已水平，但水准管气泡已不符合，用校正针先拨松水准管一端左、右校正螺钉，如图 2-3-7所示，再拨动上、下两个校正螺钉，使偏离的气泡重新居中，最后将校正螺钉旋紧。此项校正工作需反复进行，直至达到要求为止。

校正水准管前，首先应弄清楚要抬高还是降低水准管有校正螺钉的一端（目镜端），以决定校正螺钉的转动方向。如图 2-3-8a）所示的气泡影像，表示水准管的目镜一端需要抬高，应先旋进上面的校正螺钉，让出一定空隙，然后旋出下面的校正螺钉，使其抬高。图 2-3-8b）则相反，需要降低目镜一端，先旋进下面的校正螺钉，然后再旋出上面的校正螺钉，使其降低。

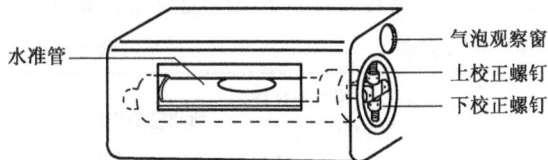

水准管　气泡观察窗　上校正螺钉　下校正螺钉

图 2-3-7　水准管校正螺钉

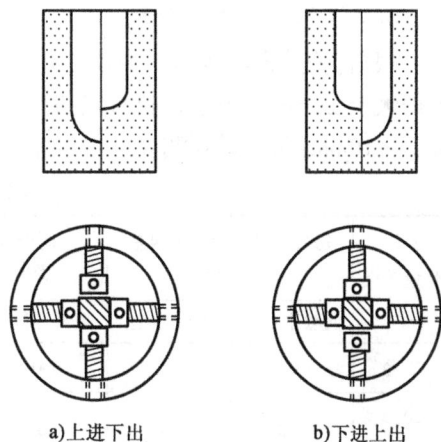

a)上进下出　　　　　b)下进上出

图 2-3-8　水准管的校正

第四节　高程控制测量

在公路工程测量中,测定控制点高程的工作称为高程控制测量。高程控制测量的任务是在布设高程控制网内,精密测定控制点的高程。《公路勘测规范》(JTG C10—2007)规定:工程测量的高程控制精度等级可分为二等、三等、四等、五等,根据采用测量方法的不同,高程控制测量分为水准测量和三角高程测量。本节仅介绍水准测量的具体方法和要求,对于三角高程测量将在小区域控制测量部分介绍。

一、水准测量等级选用及技术要求

1. 水准测量等级选用

《公路勘测规范》(JTG C10—2007)规定:公路高程系统宜采用"1985 年国家高程基准",同一个公路项目应采用同一高程系统,并应与相邻项目高程系统相衔接。采用水准测量或三角高程测量进行公路工程测量时,各级公路及构造物的高程控制测量等级不得低于表 2-4-1 的规定。

公路工程水准测量等级选用(m)　　　　　　　　　　　　　表 2-4-1

高架桥、路线控制测量	多跨桥梁总长	单跨桥梁	隧道贯通长度	测 量 等 级
—	$L \geqslant 3000$	$L_K \geqslant 500$	$L_G \geqslant 6000$	二等
—	$1000 \leqslant L < 3000$	$150 \leqslant L_K < 500$	$3000 \leqslant L_G < 6000$	三等
高架桥,高速、一级公路	$L < 1000$	$L_K < 150$	$L_G < 3000$	四等
二、三、四级公路	—	—	—	五等

2. 水准测量的技术要求

根据《公路勘测规范》（JTG C10—2007）规定：各等级路线高程控制网最弱点高程中误差不得大于±25mm；用于跨越水域和深谷的大桥、特大桥的高程控制网最弱点高程中误差不得大于±10mm；每公里观测高差中误差和附合（环线）水准路线长度应小于表2-4-2的规定。

水准测量的主要技术要求　　　　　　　　　表2-4-2

测量等级	每公里高差中数中误差（mm）		附合或环线水准路线长度（km）		往返较差、附合或环线闭合差（mm）		检测已测测段高差之差（mm）
	偶然中误差	全中误差	路线、隧道	桥梁	平原、微丘	山岭、重丘	
二等	±1	±2	600	100	≤4$\sqrt{l}$	≤4$\sqrt{l}$	≤6$\sqrt{l_i}$
三等	±3	±6	60	10	≤12$\sqrt{l}$	≤15$\sqrt{l}$或≤3.5$\sqrt{n}$	≤20$\sqrt{l_i}$
四等	±5	±10	25	4	≤20$\sqrt{l}$	≤25$\sqrt{l}$或≤6$\sqrt{n}$	≤30$\sqrt{l_i}$
五等	±8	±16	10	1.6	≤30$\sqrt{l}$	≤45$\sqrt{l}$	≤40$\sqrt{l_i}$

注：1. 控制网节点间的长度不应大于表中长度的70%。
　　2. 计算往返较差时，l为水准点间的路线长度（km）；计算附合或环线闭合差时，l为附合或环线的路线长度（km）。n为测站数；l_i为检测测段长度（km），小于1km时按1km计算。
　　3. 电子水准仪测量的技术要求与同等级的光学水准仪相同。

3. 水准测量的观测方法

对各等级的水准测量，应采用表2-4-3规定的观测方法和观测顺序进行。

水准测量的观测方法　　　　　　　　　表2-4-3

测量等级	观测方法	观测顺序
二等	光学测微法	往返　后—前—前—后
	中丝读数法	
三等	光学测微法	
	中丝读数法	
四等	中丝读数法	往　后—后—前—前
五等	中丝读数法	往　后—前

4. 水准测量观测的技术要求

水准测量观测的主要技术要求应符合表2-4-4的规定。

水准测量观测的主要技术要求　　　　　表2-4-4

测量等级	仪器类型	水准尺类型	视线长（m）	前后视较差（m）	前后视累积差（m）	视线离地面最低高度（m）	基辅(黑红)面读数差（mm）	基辅(黑红)面高差之差（mm）
二等	DS$_{0.5}$	因瓦	≤50	≤1	≤3	≥0.3	≤0.4	≤0.6
三等	DS$_1$	因瓦	≤100	≤3	≤6	≥0.3	≤1.0	≤1.5
	DS$_2$	因瓦	≤75				≤2.0	≤3.0

续上表

测量等级	仪器类型	水准尺类型	视线长（m）	前后视较差（m）	前后视累积差（m）	视线离地面最低高度（m）	基辅（黑红）面读数差（mm）	基辅（黑红）面高差之差（mm）
四等	DS$_3$	双面	≤100	≤5	≤10	≥0.2	≤3.0	≤5.0
五等	DS$_3$	单面	≤100	≤10	—	—	—	≤7.0

注：1. 三、四等水准测量采用变动仪器高度方法观测单面水准尺时，所测两次高差较差，应与黑面、红面所测高差之差的要求相同。

　　2. 采用电子水准仪观测，不受基、辅分划或黑、红面读数较差指标的限制，但测站两次观测的高差较差，应满足表中相应等级基、辅分划或黑、红面所测高差较差的限值。

二、三等和四等水准测量的实施

水准测量所使用的仪器，应符合下列规定：水准仪的视准轴与水准管的夹角 i，在作业开始的第一周内应每天测定一次，i 角稳定后每隔 15d 测定一次，其值不得大于 20″；水准尺上的米间隔平均长与名义长之差，对于线条式因瓦标尺不应大于 0.1mm，对于区格式木质标尺不应大于 0.5mm。

现以一个测站为例，介绍三、四等水准测量采用成对双面尺观测的程序，其记录格式与计算方法见表 2-4-5。

三、四等水准测量观测记录计算表　　　　表 2-4-5

自：＿＿＿＿＿　测至：＿＿＿＿＿　　天气：＿＿＿＿＿　　　观测者：＿＿＿＿＿

时间：＿＿＿＿＿　成像：＿＿＿＿＿　　　　　　　　　　记录者：＿＿＿＿＿

测站编号	点　号	后尺 上丝 / 下丝	前尺 上丝 / 下丝	方向及尺号	水准尺读数		$K+$ 黑－红	平均高差（m）	备　注
		后视距	前视距		黑面	红面			
		视距差 d	Σd						
		(1)	(4)	后	(3)	(8)	(10)		
		(2)	(5)	前	(6)	(7)	(9)	(14)	
		(15)	(16)	后—前	(11)	(12)	(13)		
		(17)	(18)						
1	BM$_1$—ZD$_1$	1.426	0.801	后 106	1.211	5.998	0	+0.625 0	K 为尺长数，如：
		0.995	0.371	前 107	0.586	5.273	0		K_{106} =4.787m
		43.1	43.0	后—前	+0.625	+0.725			K_{107} =4.687m
		+0.1	+0.1						已知 BM$_1$ 高程为：
2	ZD$_1$—ZD$_2$	1.812	0.570	后 107	1.554	6.241	0	+1.243 5	H =56.345m
		1.296	0.052	前 106	0.311	5.097	+1		
		51.6	51.8	后—前	+1.243	+1.144	−1		
		−0.2	−0.1						
3	ZD$_2$—ZD$_3$	0.889	1.712	后 106	0.698	5.486	−1	−0.824 5	
		0.507	1.333	前 107	1.523	6.210	0		
		38.2	38.0	后—前	−0.825	−0.724	−1		
		+0.2	+0.1						

续上表

测站编号	点号	后尺	上丝 下丝	前尺	上丝 下丝	方向及尺号	水准尺读数		K+黑—红	平均高差(m)	备注
		后视距		前视距			黑面	红面			
		视距差 d		∑d							
4	ZD₃—A	1.891		0.758		后107	1.708	6.395	0	+1.1340	K为尺长数,如: K₁₀₆=4.787m K₁₀₇=4.687m 已知BM₁高程为: H=56.345m
		1.525		0.390		前106	0.534	5.361	0		
		36.6		36.8		后—前	+1.134	+1.034	0		
		−0.2		−0.1							

本页检核

$\sum[(3)+(8)]-\sum[(6)+(7)]=29.291-24.935=+4.356$

$\sum[(11)+(12)]=+4.356;\sum(14)=+2.1780;2\sum(14)=+4.356$

由此可以满足:

$\sum[(3)+(8)]-\sum[(6)+(7)]=\sum[(11)+(12)]=2\sum(14)$

$\sum(15)-\sum(16)=169.5-169.6=-0.1=末站(18)$

总视距$\sum(15)+\sum(16)=339.1(m)$

1. 一个测站的观测程序

(1)照准后视黑面尺,读取下、上、中丝读数,并记为(1)(2)(3);

(2)照准前视黑面尺,读取下、上、中丝读数,并记为(4)(5)(6);

(3)照准前视红面尺,读取中丝读数,并记为(7);

(4)照准后视红面尺,读取中丝读数,并记为(8)。

以上括号内的号码,表示观测与记录的顺序,见表2-4-5。

以上四步观测程序,可归纳为"后—前—前—后(即:黑—黑—红—红)",这样的观测步骤可消除或减弱仪器或尺垫下沉误差的影响。四等水准测量也可按表2-4-3的规定,采用"后—后—前—前(即:黑—红—黑—红)"的程序观测。

上述观测完成以后,应立即进行测站的计算与检核,只有当满足表2-4-4的限差要求后,才可搬迁至下一站。

2. 一个测站的计算与检校

(1)视距的计算与检校。

后视距离$(15)=[(1)-(2)]×100$。

前视距离$(16)=[(4)-(5)]×100$;三等≤75m;四等≤100m。

前、后视距差$(17)=(15)-(16)$;三等≤±3m;四等≤±5m。

前、后视距累积差$(18)=上站(18)+本站(17)$;三等≤±6m;四等≤±10m。

(2)读数的计算与检校。

同一水准尺红、黑面中丝读数之差,应等于该尺红、黑面的零点常数差K(设$K_{106}=4.787m$;$K_{107}=4.687m$)。

$(9)=(6)+K_{107}-(7)$;三等≤±2mm;四等≤±3mm。

$(10)=(3)+K_{106}-(8)$;三等≤±2mm;四等≤±3mm。

（3）高差的计算与检校。

黑面高差(11) = (3) – (6)。

红面高差(12) = (8) – (7)。

校核(13) = (11) – [(12) ± 0.100] = (10) – (9)；三等水准(13) ≤ ±3mm；四等水准(13) ≤ ±5mm。

上式中0.100为在测站上前、后视水准尺红面的零点常数K的差值，正、负号的判定规则是：当后尺红面起点为4.687m，前尺红面起点为4.787m时，取"＋"号；反之取"－"号。上述计算与检核满足要求后，取平均值为测站的高差，即：

测站高差的平均值(14) = [(11) + (12) ± 0.100]/2。

3.每页的计算与检校

（1）高差部分。

在每页上，后视红、黑面读数总和与前视红、黑面读数总和之差，应等于红、黑面高差之和。

测站数为偶数的页：

$\sum[(3) + (8)] – \sum[(6) + (7)] = \sum[(11) + (12)] = 2\sum(14)$。

测站数为奇数的页：

$\sum[(3) + (8)] – \sum[(6) + (7)] = \sum[(11) + (12)] = 2\sum(14) ± 0.100$。

（2）视距部分。

在每页上，后视距总和与前视距总和之差应等于本页末站视距差累积值与上页末站视距差累积值之差。校核无误后，可计算水准路线的总长度。

末站视距累积差 = 末站(18) = $\sum(15) – \sum(16)$。

水准路线总长度 = $\sum(15) + \sum(16)$。

三、水准测量的成果处理

1.观测结果的重测和取舍

（1）观测结果超限必须进行重测。

（2）测站观测限差超限必须立即重测，否则从水准点或间隙点起重测。

（3）测段往返测高差较差超限必须重测，重测后应选用往返合格的成果。如重测结果与原测结果分别比较，较差均不超过限差时，取三次测量结果的平均值。

（4）每条水准路线按测段往返测高差较差，或附合路线的环线闭合差在计算高差中误差M_Δ或高差中数的全中误差M_W超限时，应先对路线上闭合差较大的测段进行重测。

M_Δ和M_W按式(2-4-1)和式(2-4-2)计算。

$$M_\Delta = ± \sqrt{\frac{1}{4n}\left[\frac{\Delta\Delta}{R}\right]} \tag{2-4-1}$$

$$M_W = ± \sqrt{\frac{1}{N}\left[\frac{WW}{F}\right]} \tag{2-4-2}$$

式中：Δ——测段往返高差不符值(mm)；

R——测段长（km）;

n——测段数;

W——水准路线经过各项修正后的环线闭合差（mm）;

N——水准环数;

F——水准环线周长（km）。

2. 水准测量计算数字取位要求

水准测量计算时数字取位,应符合表 2-4-6 的规定。

水准测量计算数字取位要求

表 2-4-6

测量等级	各测站高差（mm）	往返测距离总和（km）	往返测距离中数（km）	往返测高差总和（mm）	往返测高差中数（mm）	高程（mm）
各等	0.1	0.1	0.1	0.1	1	1

3. 计算各水准点的高程

在完成一测段单程测量后,须立即计算其高差总和;在完成水准路线往返观测或附合、闭合路线观测后,应尽快计算高差闭合差,并进行成果检验,若高差闭合差未超限,便可进行闭合差调整,最后按调整后的高差计算各水准点的高程。

三、四等附合或闭合水准路线高差闭合差的计算、调整方法与普通水准测量相同,具体计算方法详见本章"第五节 水准测量成果的分析与处理"有关内容,其高差闭合差的限差见表 2-4-2的规定。

第五节 水准测量成果的分析与处理

一、用水平面代替水准面的误差处理

测量工作是在不同高程的水准面上进行的。水准面是一个曲面,曲面上的几何图形,包括基本观测量(距离、角度、高差),投影到平面上会产生变形,称为水准面曲率的影响。实际上,如果把测站附近不大的局部范围用水平面代替水准面,其产生的变形不超过测量或制图误差的范围,才是可行的。下面分析以水平面代替水准面对距离和高程测量的影响,以便明确可以代替的范围。

1. 水准面曲率对距离的影响

设水准面 L 与水平面 P 在 A 点相切,如图 2-5-1 所示,A、B 两点间的弧长为 S,在水平面上的距离为 D,地球的半径为 R,AB 弧对应的球心角为 β。则 $S = R\beta$,$D = R\tan\beta$,用水平面代替球面对弧长的误差为:

$$\Delta S = D - S = R\tan\beta - R\beta$$

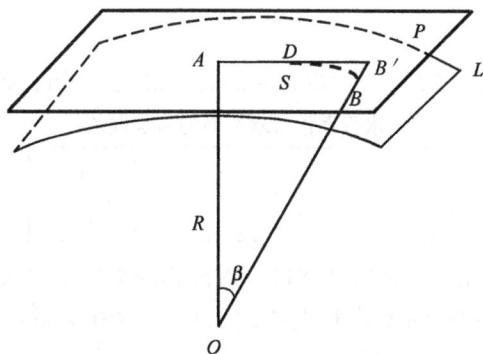

图 2-5-1　水平面代替水准面的影响

由于 β 角很小,可将 $\tan\beta$ 按级数展开,略去 3 次以上的高次项,得:

$$\tan\beta = \beta + \frac{1}{3}\beta^2$$

因 $\beta = S/R$,得:

$$\Delta S = \frac{S^3}{3R^2} \tag{2-5-1}$$

取地球半径 $R = 6371\text{km}$,以不同的 S 值代入上式,得到以水平面代替水准面引起的距离误差 ΔS 和相对误差 $\Delta S/S$ 的不同数值,如表 2-5-1 所示。

以水平面代替水准面的距离误差 ΔS 和相对误差 $\Delta S/S$　　　　表 2-5-1

距离 S(km)	距离误差(mm)	相 对 误 差
10	8	1:1200000
25	128	1:200000
50	1027	1:49000
100	8212	1:12000

由表 2-5-1 可知,当距离为 10km 时,以平面代替曲面所产生的距离相对误差为 1:120 万,这样微小的误差,即使在地面上进行最精密的距离测量也是容许的,对于制图,则更容许。因此,在距离为 10km 的范围内,即面积约 300km² 内,以水平面代替水准面所产生的距离误差可以忽略不计。

2. 水准面曲率对高差测量的影响

在图 2-5-1 中,A、B 两点在同一水准面上,其高程应相等。B 点投影到水平面上,得 B' 点,则 BB' 即为水平面代替水准面产生的高程误差。设 $BB' = \Delta h$,则:

$$(R + \Delta h)^2 = R^2 + D^2$$
$$2R\Delta h + \Delta h^2 = D^2$$
$$\Delta h = \frac{D^2}{2R + \Delta h}$$

上式中,用 S 代替 D,同时,Δh 与 $2R$ 相比可略而不计,则:

$$\Delta h = \frac{S^2}{2R} \tag{2-5-2}$$

以不同的距离 S 代入式(2-5-2),则得相应的高程误差值,如表2-5-2所示。

以水平面代替水准面的高程误差 表2-5-2

S(km)	0.1	0.2	0.3	0.4	0.5	1	2	5	10
Δh(mm)	0.8	3	7	13	20	80	310	1960	7850

从表2-5-2可以看出,用水平面代替水准面对高程的影响是很大的,例如,距离为200m时就有0.3cm的高程误差,在500m时高程误差达2.0cm,这在测量中是不能容许的。因此,就高程测量而言,即使距离很短,也应考虑地球曲率对高程的影响。

二、高差闭合差的分析计算

水准测量中采用往返测量法或两次仪器高法虽然对两水准点之间的测量检核是符合要求的,但是对于整条路线来说,还不能保证合格。例如,大气折光、地球曲率、仪器误差和操作误差引起的累积误差使整条路线的最终结果可能不闭合,产生高差闭合差。故水准测量的外业测量数据经检核后,如果满足了精度要求,就可以进行内业成果计算,即调整高差闭合差(将高差闭合差按误差理论合理分配到各测段的高差中去),最后求出未知点的高程。

1.高差闭合差的计算

高差闭合差的计算随水准路线的形式不同而异,现分述如下。

(1)闭合水准路线。如图2-1-4所示,因为路线的起点和终点为同一点,因此路线的高差总和理论上应等于零,即 $\sum h_{理} = 0$,设闭合路线观测的高差总和为 $\sum h_{测}$,则高差闭合差为:

$$f_h = \sum h_{测} \tag{2-5-3}$$

(2)附合水准路线。如图2-1-5所示,已知起、终点水准点的高程 $H_{始}$、$H_{终}$,故起、终点间的高差总和的理论值为:

$$\sum h_{理} = H_{终} - H_{始} \tag{2-5-4}$$

附合水准路线测得的高差总和 $\sum h_{测}$ 与理论值 $\sum h_{理}$ 的差值即为高差闭合差:

$$f_h = \sum h_{测} - (H_{终} - H_{始}) \tag{2-5-5}$$

(3)支水准路线一般需往返观测,如图2-1-6所示。由于往返观测的方向相反,因此,理论上往测高差总和 $\sum h_{往}$ 与返测高差总和 $\sum h_{返}$ 的绝对值应相等而符号相反,故支水准路线往、返测的高差闭合差为:

$$f_h = \sum h_{往} + \sum h_{返} \tag{2-5-6}$$

当高差闭合差 f_h 在容许范围内时,即:

$$f_h \leqslant f_{h容} = \pm 40\sqrt{L} \quad (mm) \quad 或 \quad f_h \leqslant f_{h容} = \pm 12\sqrt{n} \quad (mm) \tag{2-5-7}$$

则认为精度合格,成果可用;否则,应返工重测,直至符合要求为止。

2.高差闭合差的分配和高程计算

水准测量的外业测量数据经检核后,如果满足了精度要求,即只有当 $f_h \leqslant f_{h容}$ 的情况下,才可以进行高差闭合差的分配、高差改正和高程计算。

（1）附合水准路线的计算。

对于附合水准路线，可按距离 L 或测站数 n 成比例的原则，将高差闭合差反号进行分配。

①按路线长度分配高差闭合差。

$$v_i = -\frac{f_h}{\sum L}L_i \qquad (2\text{-}5\text{-}8)$$

②按测站数分配高差闭合差。

$$v_i = -\frac{f_h}{\sum n}n_i \qquad (2\text{-}5\text{-}9)$$

式中：v_i——第 i 测段的高差改正数（mm）；

　　　L——水准路线总长度（km）；

　　　L_i——第 i 测段的测段长度（km）；

　　　n——水准路线总测站数；

　　　n_i——第 i 测段的测站数。

当求出每一测段的高差闭合差的改正数后，切记要校验：$[v_i]$ 应等于 $-f_h$。

例 2-1　附合水准路线观测成果处理。

图 2-5-2 是某附合水准路线观测成果示意图。现已知水准点的高程 $H_A = 204.286\text{m}$，$H_B = 208.579\text{m}$，A、B、C 为待定高程的水准点，h_1、h_2、h_3 和 h_4 为各测段观测高差，L_1、L_2、L_3 和 L_4 为各测段长度，试进行高差闭合差的调整和待定点高程计算。

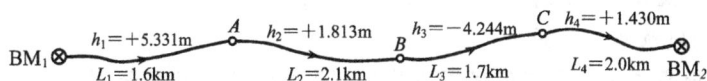

图 2-5-2　某附合水准路线观测成果示意图

解：（1）填写有关数据。

将点号、测段长度、观测高差及已知水准点 A、B 的高程 H_A、H_B 填入附合水准路线计算表 2-5-3 中的有关各栏内。

附合水准路线计算表

表 2-5-3

点号	距离 （km）	观测高差 （m）	改正数 （mm）	改正后高差 （m）	高程 （m）	备　注
1	2	3	4	5	6	7
BM$_A$					204.286	
	1.6	+5.331	−8	+5.323		
1					209.609	$f_h = \sum h_{测} - (H_{终} - H_{始})$
	2.1	+1.813	−11	+1.802		$= +37(\text{mm})$
2					211.411	$f_{h容} = \pm 40\sqrt{L}$
	1.7	−4.244	−8	−4.252		$= \pm 40\sqrt{7.4}$
3					207.159	$= \pm 109(\text{mm})$
	2.0	+1.430	−10	+1.420		
BM$_B$					208.579	
Σ	7.4	+4.330	−37	+4.293		

(2)计算高差闭合差。

$$f_h = \sum h_{测} - (H_{终} - H_{始}) = 4.330 - (208.579 - 204.286) = +37(mm)$$

故高差容许闭合差为:

$$f_{h容} = \pm 40\sqrt{L} = \pm 40\sqrt{7.4} = \pm 109(mm)$$

因$|f_h| \leqslant |f_{h容}|$,说明观测成果精度符合要求,可对高差闭合差进行调整。如果$|f_h| > |f_{h容}|$,说明观测成果不符合要求,必须重新测量。

(3)调整高差闭合差。

高差闭合差调整是按与测段长度成正比的原则,将高差闭合差反号分配到各相应测段的高差上,得改正后高差,即:

$$v_1 = -\frac{f_h}{\sum L}L_1 = -\frac{37}{7.4} \times 1.6 = -8(mm)$$

$$v_2 = -\frac{f_h}{\sum L}L_2 = -\frac{37}{7.4} \times 2.1 = -11(mm)$$

$$v_3 = -\frac{f_h}{\sum L}L_3 = -\frac{37}{7.4} \times 1.7 = -8(mm)$$

$$v_4 = -\frac{f_h}{\sum L}L_4 = -\frac{37}{7.4} \times 2.0 = -10(mm)$$

计算检核:
$$[v_i] = -f_h$$

将各测段高差改正数填入表2-5-3中第4栏内。

(4)计算各测段改正后高差。

各测段改正后高差等于各测段观测高差加上相应的改正数之和,即:

$$改正后高差 = 观测高差 + 改正数$$

计算检核:改正后高差之和应该等于$H_B - H_A$。

将各测段改正后高差填入表2-5-3中第5栏内。

(5)计算待定点高程。

根据已知水准点A的高程H_A和各测段改正后高差,即可依次推算出A、B、C各待定水准点的高程。

计算检核:$H_{B(推算)} = H_{B(已知)}$

将推算出的A、B、C各待定点的高程填入表2-5-3中第6栏内。最后推算出的B点高程应与已知的B点高程相等,则说明计算无误。

(2)闭合水准路线的计算。

闭合水准路线的计算方法和步骤与附合水准路线相同。

(3)支水准路线的计算。

对于支水准路线,如果高差闭合差符合精度要求,则取往、返高差绝对值的平均值作为改正后的高差即可,高差符号以往测为准。

例2-2　支水准路线的水准测量成果处理。

图2-5-3为某一支水准路线的水准测量示意图,已知水准点BM_A的高程H_A为45.276m,1点为

待定高程的水准点,$h_{往}$ 和 $h_{返}$ 为往返测量的观测高差。往、返测的测站数共16站,试计算1点的高程。

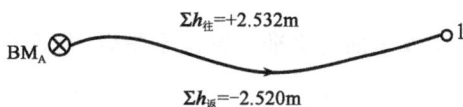

图2-5-3　支线水准路线示意图

解:(1)计算高差闭合差。

$f_{h} = \sum h_{往} + \sum h_{返} = +2.532 + (-2.520) = +12(\text{mm})$

(2)计算高差容许闭合差。

$f_{h容} = \pm 12\sqrt{n} = \pm 12\sqrt{8} = \pm 34(\text{mm})$

因 $|f_{h}| \leqslant |f_{h容}|$,故精度符合要求。

(3)计算改正后高差。

取往测和返测的高差绝对值的平均值作为 BM_A 和 1 两点间的高差,其符号和往测高差符号相同,即:

$h_{A1} = \dfrac{+2.532 + 2.250}{2} = +2.526(\text{m})$

(4)计算待定点高程。

$H_1 = H_A + h_{A1} = 45.276 + 2.526 = 47.802(\text{m})$

三、水准测量误差及其预防

水准测量中产生的误差包括仪器误差、操作误差和外界环境影响的误差三个方面。

1. 水准测量误差的类型

(1)仪器误差。

①望远镜视准轴与水准管轴不平行的误差。

仪器虽然经过校正,但仍然会存在少量的残余误差。这种误差属于系统误差,其影响大小与仪器至水准尺之间的距离成正比。因此,只要在观测时注意将仪器安置在距前、后视两测点相等处,便可消除此项误差对测量结果的影响。

②水准尺误差。

水准尺误差包括尺长误差、分划误差、弯曲和零点等误差。观测前,应对水准尺进行检验;水准尺零点误差,可通过在每个测段中设偶数站的方法来消除。

(2)操作误差。

①水准管气泡的居中误差。

由于气泡居中存在误差,致使视线偏离水平位置,从而带来读数误差。因此,在每次读数时,都要使水准管气泡严格居中,以减少水准管气泡的居中误差。

②读数误差。

水准尺估读毫米数的读数误差大小与望远镜的放大倍率以及视线长度有关。在测量作业中,应遵循不同等级的水准测量对望远镜放大倍率和最大视线长度的规定,同时认真读取标尺面的数字,防止读错,以保证估读精度。

③视差的影响误差。

当存在视差时,由于十字丝平面与水准尺影像不重合,从而产生读数误差。因此,观测时要仔细调焦,严格消除视差。

④水准尺倾斜的影响误差。

水准尺倾斜,将使尺上读数增大,从而带来误差。为了减少这种误差的影响,必须将水准尺扶直。测量时可以采用"摇尺法"读数:在读数时,扶尺者将尺子缓缓向前后俯、仰摇动,尺上的读数也会缓缓改变,观测者读取尺上最小读数,即为尺子竖直时的读数。

(3)外界环境影响的误差。

①仪器下沉的影响。

由于水准仪下沉,使视线降低而引起高差误差。减小这种误差的方法:一是在测量中尽可能将仪器安置在坚实的地面处,并将脚架踏实;二是加快观测速度,尽量缩短前、后视读数时间;三是采用"后、前、前、后"的观测程序。

②转点尺垫下沉的影响。

如果在转点发生尺垫下沉,将使下一站的后视读数增加,也将引起高差误差。在测量中采用往返观测的方法,取成果的中数,可减弱其影响。

为了防止尺垫下沉,转点应选在土质坚实处,并踩实尺垫,使其稳定。

③地球曲率及大气折光的影响。

大地水准面是一个曲面,在测量中用水平视线观测读数,对高程测量将产生以水平面代替水准面的影响。此外,当光线通过不同密度的介质时会产生折射,使实际视线并不水平而呈弯曲状,从而产生大气折光的影响。消除地球曲率和大气折光的影响,可采用使前、后视距离相等并避免用接近地面的视线工作,尽量抬高视线的方法来消除。

④温度的影响误差。

温度的变化不仅会引起大气折光的变化,而且当烈日照射水准管时,由于水准管本身和管内液体温度的升高,气泡向着温度高的方向移动,从而影响了水准管轴的水平,产生了气泡居中误差。为了削弱温度的影响,测量中应随时注意为仪器打伞遮阳,避免阳光不均匀暴晒。

2. 水准测量误差的预防

在水准测量中,测量精度达不到要求而导致返工的原因是多方面的。为了消除或减弱水准测量中产生的仪器误差、操作误差和外界环境影响的误差,要求测量人员除了应极其负责以外,还应注意以下事项:

(1)在测量中,应尽量用目估或步测保持前后视距离相等,以消除水准管轴不平行视准轴所产生的误差以及地球曲率和大气折光的影响,同时选择适当的观测时间,限制视线观测长度和高度来减少折光的影响。

(2)水准仪应选择安置在坚实的地方,脚架要踩实,观测速度要快,以减少仪器下沉。转点处要用尺垫,取往返观测结果的平均值来抵消转点下沉的一部分影响。

(3)读数要准确。读数前要仔细对光,消除视差,使水准管气泡居中,读完以后,应再次检查气泡是否居中。

(4)在测量前,应检查塔尺相接处是否严密,清除尺底泥土。在测量中,扶尺者身体要站正,双手扶尺,保证扶尺竖直。

(5)记录员应按记录格式当场填写,字迹要整齐、清楚、端正。当记错或算错时,应在错字上画一斜线,将正确数字写在错数上方。

(6)测量时要严格执行操作规程,工作要细心,加强校核,防止错误。在高温烈日下观测时应注意及时撑伞遮阳。

本章小结

(1)水准测量是利用水准仪提供的水平视线来直接测定地面上各点间的高差,然后根据其中已知点的高程推算出其他待测点的高程。高差 $h_{AB} = a - b$,下角 AB 表示 A 点测向 B 点,a 为 A 尺上的读数,称为后视读数,b 为 B 尺上的读数,称为前视读数。高差 h_{AB} 具有正、负性(方向性),高差为正表示 B 点比 A 点高,反之表示 B 点比 A 点低。

(2)安置水准仪时,必须使架头大致与观测者身高相适应。要掌握以左手大拇指为准的调节脚螺旋使圆水准器居中的方法,读数时一定要消除视差,并使水准管气泡居中。水准测量时,将仪器放在距前、后视距离相等处可消除地球曲率、大气折光的影响和视准轴不平行于水准管轴残余误差的影响。

(3)在实际工作中,当两待测点相距较远或高差较大时,必须通过转点安置若干次仪器才能测得两点间的高差。转点是在水准测量中用来传递高程的点,其特点是既有前视读数,又有后视读数,它关系全局,所以要选择坚实的地方,并放尺垫固定。

(4)测量工作应在规定的记录表格上如实地反映出测、算过程和结果,表格中有计算校核,$\sum a - \sum b = \sum h$,这只说明计算无误,但不能反映测量成果的好坏。外业结束后,应进行高差闭合差的计算,在限差容许的范围内,即按水准路线长度或测站数进行调整,若超过限差,必须重测。高差改正后,可根据已知点高程算出其他各待测点的高程。

(5)在正式作业前,为了保证测量的精度,应经常对仪器进行检查、检验和校正,其中水准轴平行视准轴的检验与校正尤其重要,这样才能保证提供一条水平的视线。此外,在测量中要注意分析各种误差产生的原因,采取一定的办法消除或减弱各种误差,以保证测量成果达到规定的精度要求。

课后习题

(1)简述国家水准原点及其高程控制网的定义。水准测量等级及水准仪测量高差的原理是什么?

(2)简述视差的定义、出现视差的原因及消除视差的方法。

(3)简述水准仪的组成部分、自动安平水准仪的原理及工作特点。

(4)简述前视、后视、视距、水准点、水准路线的概念。

(5)简述水准测量的基本操作步骤及水准测量中的计算校核方法。

（6）按所使用的仪器和施测方法的不同，测定地面点高程的主要方法有哪几种？

（7）什么叫转点？转点在水准测量中有何作用？水准测量时，前、后视距相等可消除哪些误差？

（8）简述高差闭合差的定义，如何计算容许高差闭合差？

（9）已知水准点 A 的高程为 8.500m，B 点放样高程为 8.350m，若在 A、B 两点间架设仪器，后视 A 点的读数为 1.050m，请计算视线高和前视 B 点的读数。

（10）已知后视点 A 的高程为 55.318m，读得其水准尺的读数为 2.212m，在前视点 B 尺上读数为 2.522m，问高差 h_{AB} 是多少？试绘图说明。

（11）已知某水准路线的水准点 BM_1 的高程为 29.826m，水准点 BM_2 的高程为 29.308m，观测数据及部分成果如题图2-1所示。试按题表2-1进行记录并计算校核。

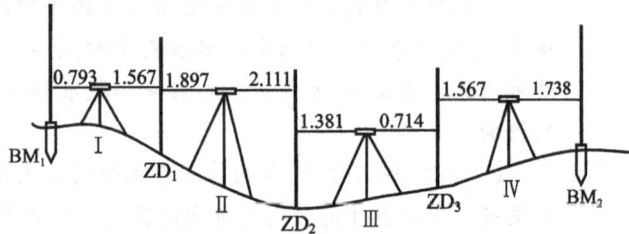

题图2-1 水准路线测量示意

水准测量记录表   题表2-1

测站	测点	水准尺读数(m)		高差(m)		高程	备 注
		后视读数	前视读数	+	−		
I	BM_1						
	ZD_1						
II	ZD_1						
	ZD_2						$BM_1 = 29.826$
III	ZD_2						$BM_2 = 29.308$
	ZD_3						
IV	ZD_3						
	ZD_4						
V	ZD_4						
	BM_2						
计算校核		$a-b=$		$h=$		$H_{12}=H_2-H_1=$	

(12)检校 DS$_3$ 型微倾式水准仪 i 角时,先将水准仪安置在 A 和 B 两立尺点中间点 C,使气泡严格居中,测得 A 尺上的读数 a_1 为 1.321m,B 尺上的读数 b_1 为 1.117m,将仪器搬到 B 点附近,又测得 B 尺上读数 b_2 为 1.466m,A 尺上读数为 a_2 为 1.695m。请问:

①正确的高差是多少?

②水准管轴是否平行视准轴?

③若不平行,应如何校正?

(13)设仪器安置在 A、B 两尺等距离处,测得 A 尺读数为 1.482m,B 尺读数为 1.873m。把仪器搬至 B 点附近,测得 A 尺读数为 1.143m,B 尺读数为 1.520m。请问:水准管轴是否平行于视准轴?如要校正,A 尺上的正确读数应为多少?

(14)结合水准测量的主要误差来源,简述减小水准测量误差的措施。

第三章
CHAPTER THREE

角度测量

学习目标

(1) 了解水平角和竖直角的测角原理;

(2) 掌握全站仪的基本操作方法;

(3) 掌握水平角的观测步骤、记录和计算;

(4) 了解竖直角的观测步骤、记录和计算;

(5) 了解全站仪的检验方法。

角度测量是确定地面点位置最基本的测量工作,水平角和竖直角测量是角度测量的主要内容。用于角度测量的仪器可根据精度要求选用经纬仪、全站仪、电子经纬仪等。

第一节　角度测量原理

测量中为了确定地面点的位置,需要进行角度测量。角度分为水平角和竖直角。一般在确定点的平面位置时要测量水平角;在某些情况下,为了测定高差或将倾斜距离换算成水平距离时要测量竖直角。

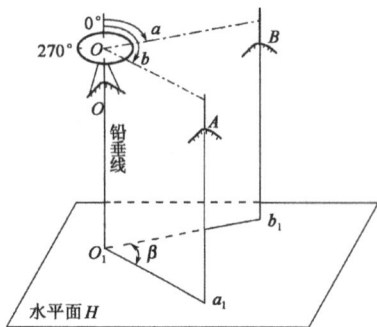

图 3-1-1　水平角测量原理

地面上从某一点出发的两条直线之间的夹角在水平面上的投影称为水平角。水平角一般用 β 表示,角值范围为 $0° \sim 360°$。如图 3-1-1 所示,A、O、B 是地面上三个高度不同的任意点,将三点沿铅垂线方向投影到水平面 H 上,得到相应的 a_1、O_1、b_1 点,则水平线 O_1a_1 和 O_1b_1 的夹角 β 即为地面 OA 和 OB 两方向线间的水平角。换言之,水平角 β 是过 OA、OB 方向的两个竖直平面所夹的二面角。

根据水平角的概念,为了测定水平角 β,可在 O 点的上方任意高度处,水平安置一个带有刻度的圆盘,并使圆盘中心在过 O 点的铅垂线上;通过 OA 和 OB 各作一铅垂面,设这两个铅垂面在刻度盘上截取的读数分别为 a 和 b,则水平角 β 的角值为:

$$\beta = b - a \quad (\text{当 } b > a \text{ 时})$$

或
$$\beta = b + 360° - a \quad (\text{当 } b < a \text{ 时})$$

在同一铅垂面内,观测视线与水平线之间的夹角,称为竖直角,又称倾角。竖直角一般用 α 表示,角值范围为 $0° \sim 90°$。如图 3-1-2 所示,目标视线在水平线的上方,竖直角为仰角,角值为正($+\alpha$);视线在水平线的下方,竖直角为俯角,角值为负($-\alpha$)。

图 3-1-2　竖直角测量原理

根据水平角和竖直角的定义,用于测量水平角的仪器,必须具备一个能置于水平位置的水平度盘,且水平度盘的中心位于水平角顶点的铅垂线上。仪器上的望远镜不仅可以在水平面内转动,而且还能在竖直面内转动。同理,若再设置一个带有刻度的竖直度盘,就可以测得竖直角 α。经纬仪就是根据上述基本要求设计制造的测角仪器。

经纬仪的种类很多,按读数系统的不同,可分为光学经纬仪和电子经纬仪等。光学经纬仪利用几何光学的放大、反射、折射等原理进行度盘读数。电子经纬仪则利用物理光学、电子学和光电转换等原理,通过显示屏显示度盘读数。后来,将电子经纬仪又增加了光电测距电子微处理器等部件,组成了能测角、测距和对观测数据进行初步处理的电子全站仪。

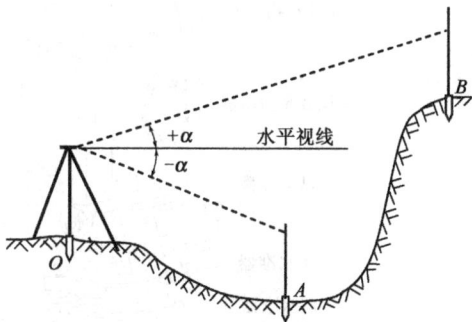

第二节　全站仪的构造与基本操作

电子全站仪是一种由机械、光学、电子等元件组合而成,可以同时进行角度测量和距离测量,并可进行有关计算的测量仪器。使用电子全站仪,由于只需要在测站上安置一次仪器,便可完成该测站上所有的测量工作,故称其为全站型电子速测仪,简称"全站仪"。

一、全站仪的构造

目前工程上使用的全站仪系列主要有:瑞士徕卡公司生产的 TC 系列全站仪;日本 TOPCN(拓普康)系列,索佳公司的 SET 系列,宾得公司的 PCS 系列,尼康公司的 DMT 系列;瑞典捷创力公司的 GDM 系列;我国广州南方测绘仪器有限公司的 NTS 系列及西光、中纬、大地、赛博等公司生产的各种系列全站仪。现以常见全站仪为例进行介绍。

　　全站仪的外形和结构见图3-2-1。由图可见,其结构与光学经纬仪相似,区别主要是全站仪望远镜体积庞大,这是由于红外测距的照准头与望远镜合为一体的缘故。一般显示屏上面的几行显示观测数据,底行显示软键的功能,它随测量模式的不同而变化。

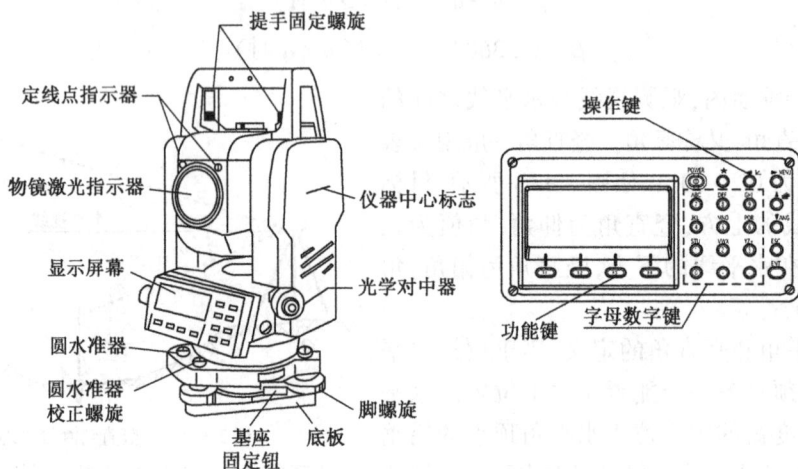

图 3-2-1　全站仪外形及结构图

二、全站仪显示屏上各键显示符号的功能

(1)显示屏显示符号的含义如表3-2-1所示。

全站仪显示屏显示符号含义表　　　　　　　　　　表 3-2-1

符　号	含　义	符　号	含　义
V	竖直角	(m)	以米为单位
坡度	坡度	(f)	以英尺为单位
HR	水平角(右角)	F	精测模式
HL	水平角(左角)	C	粗测模式
HD	水平距离	T	跟踪模式
VD	垂直距离	R	重复测量
SD	倾斜距离	S	单次测量
N	北坐标	N	N 次测量
E	东坐标	PPM	气象改正值
Z	高程	PSM	棱镜常数
*	正在测距		

（2）显示屏显示键的含义见表3-2-2。

全站仪显示屏显示键含义表　　　　　　　　　　　　　　　表3-2-2

按　键	名　称	功　能
F1～F4	软键	功能参见所显示的信息
ESC	退出键	退回到前一个显示屏或前一个模式
ANG	角度测量键	进入角度测量模式
◢	距离测量键	进入距离测量模式
↙	坐标测量键	进入坐标测量模式
REC	记录键	传输测量的结果

（3）仪器键盘中各键的主要功能见表3-2-3。操作显示屏上的键，用专用笔或手指触屏点击即可。不得用圆珠笔或铅笔点击，否则易伤显示屏。

全站仪各键主要功能表　　　　　　　　　　　　　　　表3-2-3

按　键	名　称	功　能
0～9、A～Z	数字键、字母键	输入数字、输入字母
ESC	退出键	退回到前一个显示屏或前一个模式
★	星键	用于若干仪器常用功能的操作
ENT	回车键	按此键结束数据输入并认可
Tab	Tab键	光标右移，或下一个字段
Shift	Shift键	与计算机Shift键功能相同
B.S.	后退键	输入数字或字母时，光标向左删除一位
Ctrl	Ctrl键	同计算机Ctrl键功能
Alt	Alt键	同计算机Alt键功能
Func	功能键	执行由软件定义的具体功能
α	字母切换键	切换到字母输入模式
	光标键	上下左右移动光标
POWER	电源键	控制电源的开/关（位于仪器架侧面上）
S.P.	空格键	输入空格
O	输入面板键	显示软输入面板

三、全站仪的辅助设备

全站仪要完成预定的测量工作，必须借助必要的辅助设备。常用的辅助设备有：三脚架、反射棱镜、打印机连接电缆、温度计和气压表、数据通信电缆、阳光滤色镜以及电池和充电器等。

（1）三脚架。用于测站上架设仪器，其操作与经纬仪相同。

（2）反射棱镜或反射片。测量时立于测点，供望远镜照准。其形式如图3-2-2所示，图3-2-2a）为在三脚架上安置的棱镜；图3-2-2b）为测杆棱镜。在工程测量中，根据测程的不同，可选用单棱镜、三棱镜等。

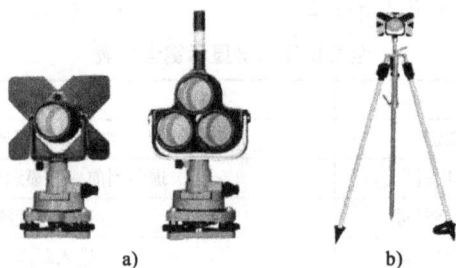

图 3-2-2　反射棱镜

(3)打印机连接电缆。用于连接仪器和打印机,可直接打印输出仪器内数据。

(4)温度计和气压表。提供工作现场的温度和气压,用于仪器参数设置。

(5)数据通信电缆。用于连接仪器和计算机,进行数据通信。

(6)阳光滤色镜。对着太阳进行观测时,为了避免阳光对观测者视力造成伤害和对仪器的损坏,可将翻转式阳光滤色镜安装在望远镜的物镜上。

(7)电池及充电器。为仪器提供电源。

四、全站仪的操作使用

通常,全站仪的操作包括装入电池、安置仪器、照准和读数。

1. 装入电池

将仪器安置在三脚架上,测量前,首先检查内部电池充电情况。如电量不足,须及时充电。充电时须用仪器自带的充电器。测量前,将电池装上,测量结束后应卸下放置。

2. 安置仪器

仪器的安置包括对中和整平(光学对点居中、圆水准气泡居中、平行水准管气泡居中)。

(1)对中。

对中的目的是使全站仪水平度盘的中心(仪器的竖轴)与测站点位于同一铅垂线上,常用的对中方法有光学对中和激光对中。

光学对中器对中,其做法是:将仪器安置在测站点上,使架头大致水平,三个脚螺旋的高度适中(使其在中间位置为宜),目估尽可能使仪器中心位于测站点的铅垂线上,踏实脚架腿。转动光学对中器的目镜调光螺旋,使分划板的中心圈或十字丝清晰,再拉出或推进对中器镜筒进行物镜调焦,使测站点标志成像清晰;旋转脚螺旋使分划板中心对准测站点,然后伸缩三脚架架腿,使圆水准气泡居中,注意脚架尖位置不得移动。再用脚螺旋整平照准部水准管;用光学对中器观察测站点是否偏离分划板中心,如果偏离,稍微松开连接螺旋,在架头上移动仪器,分划板中心对准测站点后旋紧连接螺旋。重新整平仪器,直至在整平仪器后,分划板中心对准测站点为止。可以看出,使用光学对中器,对中和整平是同时完成的。

激光对中和光学对中大致相同,在此不再赘述。

(2)整平。

整平的目的是使仪器的竖轴位于铅垂线方向上,即使水平度盘处于水平位置。整平通常由三个脚螺旋来完成,但由于脚螺旋的调整范围有限,若仪器的竖轴倾斜过大,则无法将其整平。因此,一般先用照准部上的圆水准器概略整平。这种概略整平应与仪器的对中同时进行,即挪动或踏实脚架时,须兼顾圆水准器的气泡使之大致居中,只有在已经对中和概略整平的基础上,方可进行精确整平。

精确整平分两步进行:

第一步,转动照准部,使照准部水准管与任意两个脚螺旋①、②的连线平行,如图3-2-3a)所示,两手以相反方向旋转①、②两脚螺旋(即同时向内或同时向外),使水准管气泡居中,气泡移动方向与左手大拇指转动方向一致。

第二步,将照准部水平旋转90°,如图3-2-3b)所示,转动另一个脚螺旋③使水准管气泡居中。

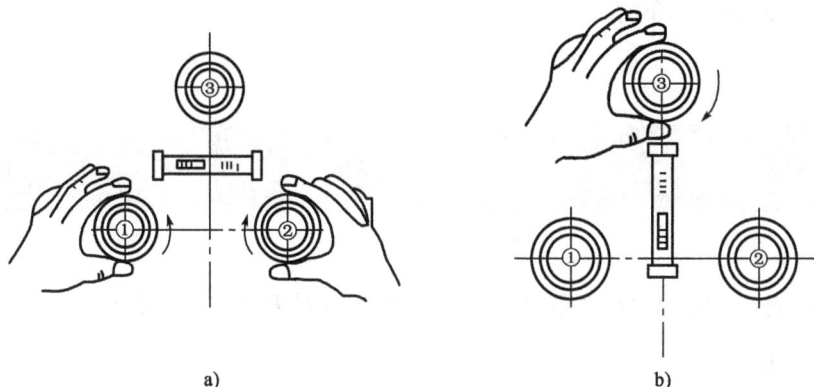

图3-2-3 精确整平方法

以上两步操作要反复进行,直到照准部水平旋转至任意位置,水准管气泡均居中为止。

需要说明的是,此时的整平一般会破坏之前已完成的对中,因此,还应再次对中,只需稍稍松开中心连接螺旋,在架头孔径内平移仪器,使对中器分划板的中心圈或十字丝与测站点标志的影像严格重合,再拧紧中心连接螺旋。

对中和整平,一般都需要经过几次"整平—对中—整平"的循环过程,直至整平和对中均符合要求。

3. 照准

照准的目的是使要照准的目标点在望远镜中的影像与十字丝的交点重合。照准时,先调节望远镜的目镜对光螺旋,使十字丝清晰。然后,利用望远镜上的照门和准星或照准器粗略照准目标点,拧紧望远镜的制动螺旋和水平制动螺旋,进行物镜对光,使目标影像清晰,并消除视差。最后,转动水平微动螺旋和望远镜微动螺旋,使十字丝的交点与目标点重合。

使用全站仪时,在目标点架设反射棱镜供望远镜照准。

4. 读数

(1)开机。

检查确认已安装内部电池,即可打开电源开关。电源开启后,主显示窗随即显示仪器型号、编号和软件版本,数秒后发生鸣响,仪器自动转入自检,通过后显示检查合格。数秒后接着显示电池电量情况,电量过低时,应关机更换电池。全站仪出厂时开机主显示屏显示的测量模式一般是水平度盘和竖直度盘模式,要进行其他测量可通过菜单进行选择。

(2)设置仪器参数。

根据测量的具体要求,测前应通过仪器键盘来选择和设置参数。主要包括:观测条件参数设置、日期和时钟的设置、通信条件参数的设置和计量单位的设置等。

对于不同型号的全站仪，必要时，应根据测量的具体情况进行其他方面的设置。如：恢复仪器参数出厂设置、数据初始化设置、水平角恢复、倾角自动补偿、视准差改正及电源自动切断等。

将全站仪测量模式和参数设置好后，从显示屏中读取所需数据。

全站仪可以完成角度（水平角、垂直角）测量、距离（斜距、平距、高差）测量、坐标测量、放样测量、交会测量以及对边测量等多项测量工作。但由于各种型号全站仪的规格和性能不尽相同，因此在操作使用上的差异也很大。要全面了解、掌握一种型号的全站仪，须详细阅读其使用说明书，在此不一一介绍。

第三节　水平角观测

公路工程测量中常用的水平角观测方法有两种：测回法和方向观测法。

一、测回法

当所测的角度只有两个方向时，通常采用测回法观测。如图 3-3-1 所示，设 O 为测站点，A、B 为观测目标，用测回法观测 OA 与 OB 两方向之间的水平角 β。

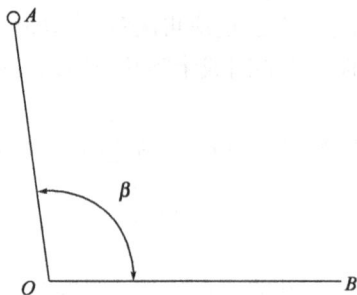

具体施测步骤如下：

（1）安置仪器。

在待测水平角顶点 O 安置全站仪，对中、整平。同时，在 A、B 两点竖立棱镜，作为目标标志。

（2）盘左观测（上半测回）。

将仪器置于盘左状态（竖直度盘在望远镜照准视线左侧），转动照准部，先照准左目标 A，读取水平度盘读数 $a_{左}$；松开照准部的制动螺旋，顺时针转动照准部，照准右目标 B，读取水平度盘读数 $b_{左}$，记入表 3-3-1 相应栏内。

图 3-3-1　测回法水平角观测

测回法观测水平角的记录表　　表 3-3-1

测站	竖盘位置	目标	水平度盘读数 （°　′　″）	水平角 半测回值 （°　′　″）	水平角 一测回值 （°　′　″）	备　注
O	盘左	A	20　11　18	69　40　54	69　40　48	
		B	89　52　12			
	盘右	B	269　52　18	69　40　42		
		A	200　11　36			

以上称为上半测回,盘左状态的水平角角值(也称上半测回角值)为:

$$\beta_{左} = b_{左} - a_{左} \tag{3-3-1}$$

(3)盘右观测(下半测回)。

松开照准部制动螺旋,倒转望远镜成盘右状态(竖直度盘在望远镜照准视线右侧),先照准右目标 B,读取水平度盘读数 $b_{右}$;松开照准部制动螺旋,逆时针转动照准部,照准左目标 A,读取水平度盘读数 $a_{右}$,记入表 3-3-1 相应栏内。

以上称为下半测回,盘右状态的水平角角值(也称下半测回角值)为:

$$\beta_{右} = b_{右} - a_{右} \tag{3-3-2}$$

注意:在应用式(3-3-1)和式(3-3-2)计算半测回角值时,若 $b_{左}$(或 $b_{右}$)小于 $a_{左}$(或 $a_{右}$),则应在 $b_{左}$(或 $b_{右}$)上加 360°,再进行计算,绝不可以倒过来减。

(4)取平均值,求水平角。

上半测回和下半测回构成一测回。用盘左、盘右两个状态观测水平角,可以抵消仪器误差对测角的影响。通常要求两个半测回的角值之差,即 $\beta_{左}$ 和 $\beta_{右}$ 的差值不得超过 ±12″,否则应重测。在满足要求的情况下,则取盘左、盘右角值的平均值作为一测回观测的结果。

$$\beta = \frac{1}{2}(\beta_{左} + \beta_{右}) \tag{3-3-3}$$

表 3-3-1 为测回法观测水平角的记录表。

当对测角精度要求较高时,需对一个角度观测多个测回,根据测回数 n,以 $180°/n$ 的差值,置水平度盘读数。例如,当测回数 $n=2$ 时,第一测回的起始方向可置水平度盘读数为 $0°0'0''$;第二测回的起始方向可置水平度盘读数为 $(180°/2)=90°0'0''$。

二、全圆方向观测法

在进行水平角观测时,在一个测站上往往需要观测两个以上的角度,此时,可采用方向观测法观测各方向的方向值。对各个目标观测后,还应继续转到第一个目标进行第二次观测,称为"归零"。由于此时的方向观测整整旋转了一个圆周,所以称为全圆方向观测法。两个方向的方向值之差即为这两个方向间的水平角值。

如图 3-3-2 所示,设 O 为测站点,A、B、D、E 为观测目标,用全圆方向观测法观测各方向间的水平角,具体施测步骤如下:

(1)在测站点 O 安置全站仪,在 A、B、D、E 观测目标处竖立观测标志。

(2)盘左状态观测。

①假定 A 目标作为零方向,照准目标 A,将水平度盘读数配置在稍大于 0°处,读取水平度盘读数为 a_1,记入表 3-3-2 相应栏内。

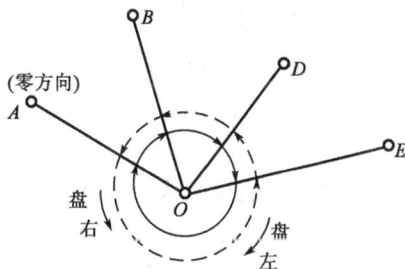

图 3-3-2　全圆方向观测法水平角观测

全圆方向法观测记录表　　　　　　　　　　　　表 3-3-2

测站	测回数	目标	读数 盘左 (° ′ ″)	读数 盘右 (° ′ ″)	2c	盘左盘右平均值 (° ′ ″)	归零方向值 (° ′ ″)	各测回平均值 (° ′ ″)
O	1					(0　01　14)		
		A	0　01　00	180　01　12	−12	00　01　06	0　00　00	0　00　00
		B	91　54　06	271　54　00	+06	91　54　03	91　52　49	91　52　47
		D	153　32　48	333　32　48	0	153　32　48	153　31　34	153　31　34
		E	214　06　12	34　06　06	+06	214　06　09	214　04　55	214　04　56
		A	0　01　24	180　01　18	+06	0　01　21		
	2					(90　01　27)		
		A	90　01　12	270　01　24	−12	90　01　18	0　00　00	
		B	181　54　06	1　54　18	−12	181　54　12	91　52　45	
		D	243　32　54	63　33　06	−12	243　33　00	153　31　33	
		E	304　06　26	124　06　20	+06	304　06　23	214　04　56	
		A	90　01　36	270　01　36	0	90　01　36		

②松开照准部制动螺旋,顺时针旋转照准部,依次照准目标 B、D、E,读取相应的水平度盘读数 b、d、e。

③为了校核,继续顺时针方向旋转照准部,再次照准目标 A,读取水平度盘读数为 a_2;零方向 A 的两次读数 a_1 与 a_2 之差称为"半测回归零差"。若半测回归零差在允许范围内,则完成了上半测回的观测,如果归零差超限,应重新观测。

(3)盘右状态观测。

①逆时针方向旋转照准部照准目标 A,读取水平度盘读数 a'_1;

②继续逆时针方向转动照准部,依次照准目标 E、D、B,得相应的读数 e'、d'、b';

③继续逆时针方向旋转照准部,再次照准目标 A,得读数 a'_2;a'_2 与 a'_1 之差为盘右半测回的归零差,若在允许范围内,则完成了下半测回观测;如果归零差超限,应重新观测。

上、下两个半测回合称一测回,其观测记录如表 3-3-2 所示。

为了提高精度,有时需要观测 n 个测回,则各测回起始方向仍按 $180°/n$ 的差值,安置水平度盘读数。

(4)角值计算。

①计算两倍照准误差 $2c$ 值。

在一个测回中,同一方向的盘左、盘右水平度盘读数之差称为 $2c$ 值。

$$2c = 盘左读数 − (盘右读数 ±180°)$$

上式中,盘右读数大于 $180°$ 时取"−"号,盘右读数小于 $180°$ 时取"+"号。计算各方向的 $2c$ 值,填入表 3-3-2。$2c$ 值是衡量观测质量的指标。

②计算各方向盘左盘右平均值。

$$盘左盘右平均值 = \frac{盘左读数 + (盘右读数 ±180°)}{2} \quad (式中的"±"号取法同前)$$

将计算结果填入表 3-3-2 中的第 7 栏。

需要说明的是:起始方向有两个平均值,应将两均值再次平均,所得值作为起始方向的方向值的平均数,填入表 3-3-2 中的第 7 栏的上方,并括以括号。如本例中的 0°01′14″和 90°01′27″。

③计算归零方向值。

将起始目标的方向值作为 0°00′00″,此时其他各目标对应的方向值称为归零方向值。计算方法:将各目标方向值的平均读数减去起始方向的方向值平均读数(括号内的数),即得各方向的归零方向值,填入表 3-3-2 中的第 8 栏。

④计算各测回归零方向值的平均值。

当测回数为两个或两个以上时,从理论上讲,不同测回同一方向归零后的方向值应相等,但由于误差原因导致各测回之间有一定的差值,如该差值在限差之内,可取其平均值作为该方向的最后方向值,填入表 3-3-2 中的第 9 栏。

⑤计算各目标间的水平角值。

在表 3-3-2 中的第 9 栏中,后一目标的平均归零方向值减去前一目标的平均归零方向值,即为两目标间的水平角之值。

第四节　竖直角观测

一、竖直角的计算

竖直角也可用天顶距表示,如图 3-4-1 所示,天顶距是指视线所在竖面内,天顶方向(即向上的竖直方向)与视线的夹角,通常以 z 表示,天顶距范围为 0°~180°。竖直角的大小可由倾斜视线的竖盘读数与水平视线的应有读数(90°或 270°)相减求得。

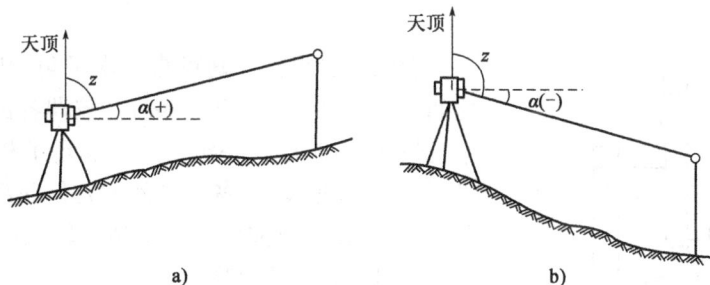

图 3-4-1　竖直角的测量

在观测竖直角前,首先判断物镜抬高(仰角)时,竖盘读数是增加还是减小,然后按下述方法进行计算:

物镜抬高(仰角)时,读数增大,则:

$$\alpha = 照准目标时竖盘的读数 - 视线水平时竖盘的读数$$

物镜抬高(仰角)时,读数减小,则:

$$\alpha = 视线水平时竖盘的读数 - 照准目标时竖盘的读数$$

上述方法,无论全站仪处于盘左还是盘右状态,都是适用的。

二、竖直角的观测方法

由于望远镜视准轴水平时的竖盘读数为已知常数,故竖直角观测不必观测视线水平方向,只需观测目标点,并读得该倾斜视线方向的竖盘读数,即可按前述公式求得竖直角。因此,竖直角的基本观测方法是:

将全站仪安置在测站点上对中、整平后,按下述步骤进行观测:

(1)盘左精确照准目标,使十字丝的中丝与目标相切,读取竖盘读数(如 82°45′30″),并记入记录表 3-4-1。

(2)盘右精确照准目标,使十字丝的中丝与目标相切,读取竖盘读数(如 277°14′42″),并记入记录表 3-4-1。

竖直角观测记录表　　　　　　　　　　　　　　表 3-4-1

测站	目标	竖盘位置	竖盘读数 (° ′ ″)	半测回竖直角 (° ′ ″)	一测回竖直角 (° ′ ″)	备　　注
O	*A*	左	82　45　30	7　14　30	7　14　36	竖盘顺时针刻划,盘左时视线水平读数为90°
		右	277　14　42	7　14　42		
	B	左	110　12　24	−20　12　24	−20　12　27	
		右	249　47　30	−20　12　30		

第五节　全站仪的检验与校正

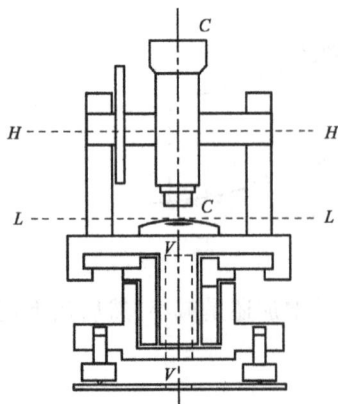

图 3-5-1　全站仪的主要轴线

全站仪要测得正确可靠的水平角和竖直角,各部件之间必须满足一定的几何条件。仪器各部件间的正确关系,虽在制造时已在一定程度上满足了相互间的几何要求,但由于长期使用,各部件间的几何关系必然会发生一些变化,故在作业前应针对全站仪轴系间必须满足的几何条件进行认真的检验校正。

如图 3-5-1 所示,全站仪的主要轴线有竖轴 *VV*、横轴 *HH*、望远镜视准轴 *CC*、照准部水准管轴 *LL*。全站仪各轴线之间应满足以下几何条件:

(1)照准部水准管轴 *LL* 应垂直于竖轴 *VV*;

(2)十字丝竖丝应垂直于横轴 *HH*;

（3）视准轴 CC 应垂直于横轴 HH；

（4）横轴 HH 应垂直于竖轴 VV；

（5）光学对中器的视准轴经棱镜折射后，应与仪器的竖轴重合。

全站仪在使用前或使用一段时间后，应检验上述几何条件，如发现上述几何条件不满足，则需要进行校正。

一、照准部水准管轴 LL 垂直于竖轴 VV 的检验与校正

目的：照准部水准管轴垂直于仪器的竖轴，使水平度盘水平，竖轴铅垂。

检验方法：架设仪器并利用圆水准器粗略整平仪器，然后转动照准部使水准管平行于任意两个脚螺旋的连线方向，调节这两个脚螺旋使水准管气泡居中，此时水准管轴水平，再将仪器旋转180°，如水准管气泡仍居中，说明水准管轴与竖轴垂直；若气泡不再居中，则说明水准管轴与竖轴不垂直，需要校正。

校正方法：首先转动上述两个脚螺旋使气泡向中央移动到偏离值的一半，此时竖轴处于铅垂位置，而水准管轴倾斜。用校正针拨动水准管一端的校正螺钉，使气泡居中，此时水准管轴水平，竖轴垂直，即满足水准管轴垂直于竖轴的条件。

校正后，应再将照准部旋转180°，若气泡仍不居中，应按上述方法再次校正。此项检验与校正比较精细，应反复进行，直至照准部旋转到任何位置，气泡偏离零点不超过半格为止。

二、十字丝的检验与校正

目的：使竖丝垂直于横轴。这样，观测水平角时，可用竖丝的任何部位代替十字丝交点照准目标；观测竖直角时，可用横丝的任何部位代替交点照准目标。

检验方法：首先整平仪器，用十字丝交点精确照准一明显的点状目标，如图3-5-2所示，然后制动照准部和望远镜，转动望远镜微动螺旋使望远镜绕横轴上下微动，如果目标点始终在竖丝上移动，说明满足要求，如图3-5-2a)所示；若目标点偏离十字丝竖丝移动，说明十字丝竖丝不垂直于横轴，则需要校正，如图3-5-2b)所示。

校正方法：打开望远镜目镜端护盖，拧松十字丝环的四个固定螺钉，如图3-5-3所示，按竖丝偏离的反方向微微转动十字丝环，使目标点在望远镜上下俯仰时始终在十字丝竖丝上移动为止，最后拧紧固定螺钉，旋上护盖。

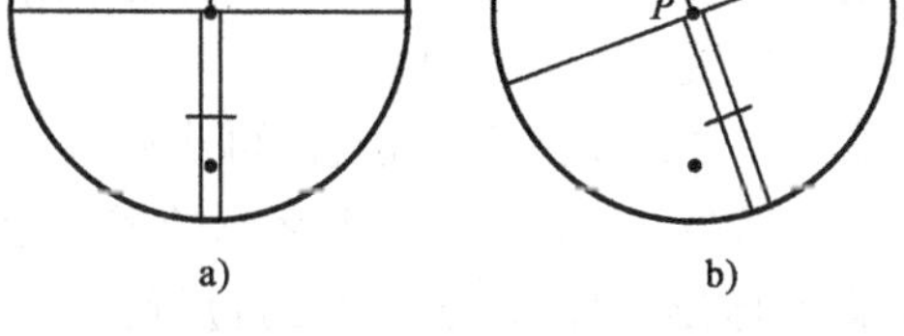

图3-5-2　十字丝竖丝的检验

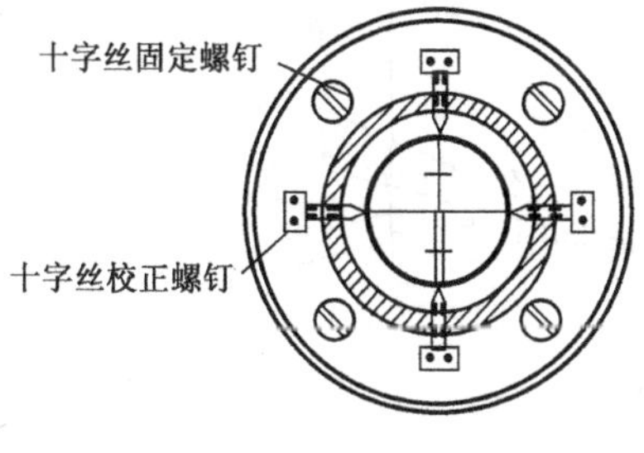

图3-5-3　十字丝竖丝的校正

三、视准轴 CC 垂直于横轴 HH 的检验与校正

目的:视准轴垂直于横轴,使视准轴的旋转面成为平面。否则,视准轴不垂直于水平轴所偏离的角值 c 称为视准轴误差。具有视准轴误差的望远镜绕水平轴旋转时,视准轴将扫过一个圆锥面,而不是一个平面。

检验方法:视准轴是物镜光心与十字丝交点的连线,仪器的物镜光心是固定的,而十字丝交点的位置是可以变动的。因此,视准轴是否垂直于横轴,取决于十字丝交点是否处于正确位置。当十字丝交点偏向一边时,视准轴与横轴不垂直,形成视准误差。即视准轴与横轴间的交角与90°的差值称为"视准轴误差",通常用 c 表示。

检验时,先整平仪器,以盘左位置精确照准一与仪器高度大致相同的远处明显目标 P,读取水平度盘读数 $\alpha_左$。然后将仪器换为盘右状态,仍精确照准目标 P,读取水平盘读数 $\alpha_右$。若 $\alpha_左 = \alpha_右 \pm 180°$,说明视准轴垂直于横轴;否则,其差值为 2 倍视准误差。当 $2c > \pm 20''$时,需要校正。

设盘左时的正确读数为 α,则:

$$\left.\begin{aligned}\alpha_左 &= \alpha + c \\ \alpha_右 &= \alpha \pm 180° - c \\ \alpha &= (\alpha_左 + \alpha_右 \pm 180°)/2 \\ c &= (\alpha_左 - \alpha_右 \pm 180°)/2\end{aligned}\right\} \tag{3-5-1}$$

校正方法:按上式求得正确读数 α。在检验结束时,全站仪处于盘右状态,因而调节照准部的水平微动螺旋,使度盘读数为 $\alpha \pm 180°$,此时,十字丝的交点必偏离目标 P。用校正针先松开十字丝上、下的十字丝校正螺钉,再拨动左右两个十字丝校正螺钉,一松一紧,左右移动十字丝分划板,直至十字丝交点对准目标。此项检验与校正也需反复进行。

从式(3-5-1)可知,只要用盘左、盘右进行观测,取观测结果的平均值,即可求得消除视准误差影响的正确结果。

四、横轴的检验校正

目的:横轴垂直于竖轴。当仪器整平后,竖轴铅直、横轴水平,视准面为一个铅垂面,否则,视准面将成为倾斜面。这样,当照准同一铅垂面内高度不同的目标点时,水平度盘的读数并不相同,从而产生测角误差,影响测角精度,因此必须进行检验与校正。

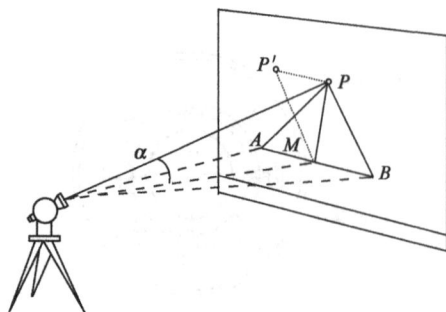

图3-5-4 横轴垂直于竖轴的检验与校正

(1)检验方法。

①在离高墙20~30m 处安置仪器,用盘左照准高处一点 P(仰角宜在30°左右),固定照准部,然后将望远镜大致放平,指挥另一人在墙上标出十字丝交点 A 的位置,如图3-5-4所示。

②倒转望远镜成盘右位置,再次照准 P 点,大致放平望远镜,使 A 点位于十字丝的横丝上,用同法在墙上标出十字丝交点 B 的位置,如图3-5-4所示。

如果 A、B 两点重合,说明横轴是水平的,横轴垂直于竖轴;否则,需要校正。

当仪器的竖轴铅垂,而横轴不水平时,则此时横轴与水平线的交角 i 称为横轴误差。

(2)校正方法。

①在墙上定出 A、B 两点连线的中点 M,仍以盘右位置转动水平微动螺旋,照准 M 点,转动望远镜,仰视 P 点,这时十字丝交点必然偏离 P 点,设为 P' 点。

②打开仪器支架的护盖,松开望远镜横轴的校正螺钉,转动偏心轴承,升高或降低横轴的一端,使十字丝交点准确照准 P 点,最后拧紧校正螺钉。

此项检验与校正也需反复进行。

由于全站仪的横轴具有密封性,仪器出厂时又经过严格检验,一般情况下横轴不易变动。但测量前仍应加以检验,如有问题,最好送专业修理单位检修。

五、光学对中器的检验校正

目的:使光学对中器的视准轴经棱镜折射后与仪器竖轴重合,否则产生对中误差。光学对中器由目镜、分划板、物镜及转向棱镜组成。分划板的中心与物镜光心的连线为光学对中器的视准轴。光学对中器的视准轴应与仪器的竖轴重合,否则,会产生对中误差。

检验方法:将仪器严格整平,在光学对中器下方的地面放一张白纸,标出光学对中器中心圈的位置 A,然后旋转照准部180°,在白纸上再次标出光学对中器中心圈的位置 A'。若两点不重合,则需要进行校正。

校正方法:在白纸上定出 A、A' 线的中心 B,调节对中器的校正螺钉使刻划圈中心左右、前后移动,直至光学对中器的刻划圈中心与 B 点重合为止。此项校正亦需要反复进行。光学对中器的校正螺钉随仪器类型而异,有些校正的是使视线转向的转向棱镜,有些校正的是分划板。

本章小结

(1)水平角是指地面上从某一点出发的两条直线之间的夹角在水平面上的投影,因此观测之前必须要进行经纬仪对中和整平。常用的水平角观测方法有测回法(适用于两个方向间角度)及全圆测回观测法(用于三个以上方向),可根据需要选用。

(2)竖直角是指在同一个竖直面内视线方向与水平线的夹角。当望远镜视线水平,盘左位置的竖盘读数为90°或0°,盘右位置的竖盘读数为270°或180°。

(3)全站仪由光电测距仪、电子经纬仪和数据处理系统组成。使用全站仪可以完成测角、量边、坐标测量等操作。

(4)为了保证角度观测达到一定的精度要求,要了解全站仪各轴系之间的关系,掌握全站仪检验和校正的方法。

课后习题

(1)简述水平角、竖直角的定义及用全站仪测量水平角、竖直角的原理。

(2)简述全站仪对中、整平的目的,以及如何进行对中、整平。

(3)简述测站上安置全站仪的基本步骤及注意事项。

(4) 简述竖直角观测的步骤。

(5) 在测量学中,水平角的角值范围是多少?

(6) 简述全站仪的组成部分及各项主要技术指标。

(7) 在全圆测回观测法中,同一测回不同方向之间的 2c 值为 $-18''$、$+2''$、$0''$、$+10''$,请计算其 2c 互差值。

(8) 钢尺检定后,给出的尺长变化的函数式,通常称为什么?

(9) 用测回法观测水平角,测完上半测回后,发现水准管气泡偏离 2 格多,在此情况下应采取何种措施?

(10) 何谓竖盘指标差? 观测竖直角时,如何消除竖盘指标差的影响?

(11) 完成题表 3-1 的测回法角度观测值计算。

测回法观测手簿　　　　　　　　　题表 3-1

测站	竖盘位置	目标	水平度盘读数 (° ′ ″)	半测回角值 (° ′ ″)	一测回角值 (° ′ ″)	各测回平均值 (° ′ ″)	备注
第一测回 O	左	A	0 01 00				
		B	88 20 48				
	右	A	180 01 30				
		B	268 21 12				
第二测回 O	左	A	90 00 06				
		B	178 19 36				
	右	A	270 00 36				
		B	358 20 00				

(12) 完成题表 3-2 的竖直角观测值(盘左视线水平时指标读数为 $90°$,仰起望远镜读数减小)计算。

竖直角观测记录表　　　　　　　　题表 3-2

测站	目标	竖盘位置	竖盘读数 (° ′ ″)	半测回竖角 (° ′ ″)	指标差 (° ′ ″)	一测回竖角 (° ′ ″)	备注
O	A	左	78 18 24				
		右	281 42 00				
	B	左	91 32 42				
		右	268 27 30				

第四章
CHAPTER FOUR

距离测量与直线定向

学习目标

（1）掌握钢尺量距的方法及精度；

（2）掌握直线定向的原理；

（3）掌握方位角及象限角的定义以及它们之间的换算关系。

距离测量即确定地面点位之间长度。常用的距离测量方法有钢尺量距、视距测量和电磁波测距等。钢尺量距是用可卷曲的软尺沿地面丈量，属于直接测距；视距测量是一种利用水准仪望远镜内十字丝平面上的视距丝（即十字丝的上、下丝）装置，配合视距标尺（与普通水准尺通用），根据几何光学原理，同时测定两点间的水平距离和高差的方法，属于间接测距；电磁波测距是通过仪器发射光波或微波经过棱镜折射后返回被仪器接收，根据光波或微波的传播速度及发射接收所需时间测定距离的方法，也属于间接测距。

钢尺量距工具简单，但易受地形条件限制，一般适用于平坦地区的测距。视距测量能克服地形条件限制，且操作方便快捷，但其测距精度低于钢尺测距，且随着所测距离的增大而大大降低，适合低精度的近距离（200m 以内）测量。电磁波测距与前两种测距方法比较，具有操作简单、效率高、测距精度高、测程远等优点，已普遍应用于各种工程测量中。

第一节 钢尺量距

一、测量工具

按测量工作精度要求不同，可采用不同的工具和不同的方法来进行距离丈量。通常使用的量距工具为钢尺、皮尺、测钎、花杆和垂球等工具。

1. 钢尺

钢尺又称为钢卷尺,是用优质钢加工制成的带状尺,宽度为 10～15mm,厚度约 0.4mm,常用的长度有 20m、30m、50m。钢尺可以卷放在圆形的尺壳内,也可卷放在金属的尺架上,如图 4-1-1 所示。

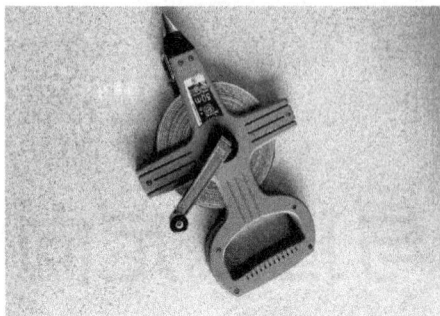

图 4-1-1　钢卷尺

　　钢尺的基本分划为厘米,最小分划值为毫米,每厘米、每分米及每米处均有数字注记,如图 4-1-2 所示。根据钢尺零点位置的不同,钢尺可分为端点尺和刻线尺两种。钢尺的最外端作为尺子零点的称为端点尺,尺子零点位于钢尺的起点一端刻一横线处称为刻线尺。

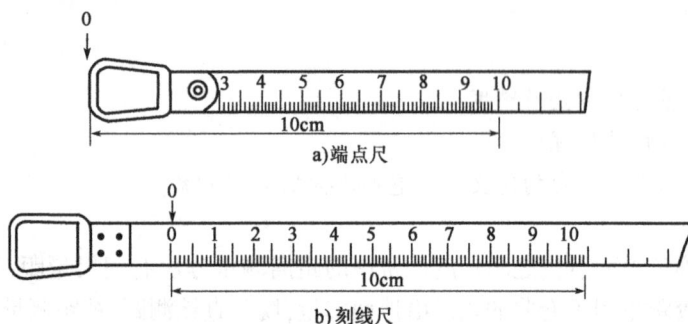

a)端点尺

b) 刻线尺

图 4-1-2　钢尺的基本分划

2. 花杆、测钎和垂球

花杆又称为标杆,有木制花杆和铝合金花杆两种,长度为 2m 或 3m,截面直径为 3～4cm,杆上按 20cm 间隔涂有红白相间的油漆,杆底部装有圆锥形的铁脚。在距离测量工作中,花杆主要用来标点和定线,如图 4-1-3a)所示。

测钎由粗铁丝制成,长度为 30～40cm,上端弯成环形,下端磨尖,一般以 6 根或 11 根为一组,穿在一个大铁环上,如图 4-1-3b)所示。在距离测量中,其主要用来标定尺段端点的位置和计算所丈量的整尺段数。

垂球是距离丈量的附属工具,主要用来对点、标点和投点,如图 4-1-3c)所示。

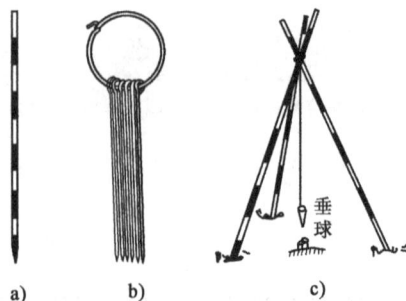

a)　　　　b)　　　　c)

图 4-1-3　花杆、测钎和垂球

二、测量方法

1. 直线定线

水平距离测量时,当两个地面点之间的距离较长或地势起伏较大且超过一整尺长时,为使量距工作方便起见,可分成几段进行测量。这种把多根花杆标定在已知直线上的工作称为直线定线。根据测量的精度要求,直线定线有目估定线和全站仪定线。

（1）目估定线。

目估定线分两种情况,一种情况是两点之间通视时用花杆目测定线。如图4-1-4所示A、B两点之间通视,要在A、B两点间的直线上标出1、2两个中间点。

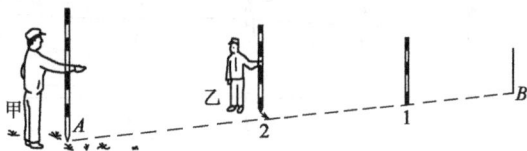

图4-1-4　两点间目测定线

首先在A、B点上竖立花杆,甲站在A点花杆后约1m处进行目测,用单眼视线紧贴通过A、B两点花杆的同一侧,构成一条视线,并指挥乙在1点附近左右移动花杆,直到甲从A点沿花杆的同一侧看到A、1、B三根花杆在同一条视线上为止,这时1点的定线工作完成。采用同样的方法把2点标定在A、B直线方向上。两点之间定线时,乙所持的花杆必须竖直。

另一种情况是两点之间不通视时,如图4-1-5所示,A、B两点之间不通视,这时可以采用逐渐趋近法把C、D两点标定在AB直线方向上。具体方法是:

①首先在A、B两点竖立花杆,甲站在C_1点,该点尽可能选在靠近AB方向和A点,并且与B点通视。

②由站在C_1处的甲指挥乙移动到C_1B方向上的D_1点,该点要满足与A点通视且靠近B点。

③站在D_1点的乙指挥甲移动到D_1A方向上C_2点。

④站在C_2点的甲指挥乙移动到C_2B方向上的D_2点。

⑤依此类推,每行进一步,C、D两点就更接近AB方向一步,直到甲观测到C、D、B三点在一条直线上,乙观测到D、C、A在一条直线上为止,这时A、C、D、B就在同一条直线上。

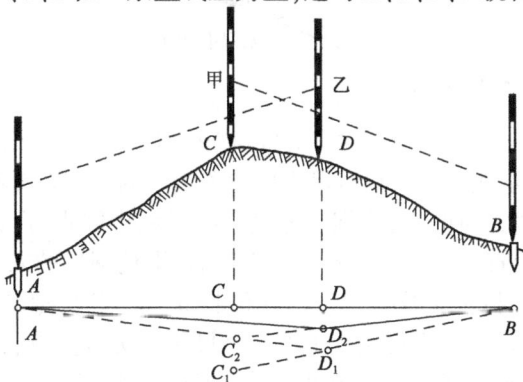

图4-1-5　两点之间不通视时花杆定线

（2）全站仪定线。

全站仪定线一般用于精密量距或在定线要求较高时采用。如图4-1-6所示，在A点安置全站仪，对中、整平后用望远镜的竖丝照准B点花杆（测钎）的底部，固定全站仪的照准部。然后根据丈量时所用的钢尺长度，使用全站仪定出相邻两点之间略小于尺段长度的各尺段点1、2、3等点，并钉上木桩，桩顶高出地面3~5cm，在桩顶钉一小钉，然后用全站仪照准使小钉在AB直线上，或在木桩顶上划十字线，使十字线其中的一条在AB直线上，小钉或十字线交点即为丈量时的标志。

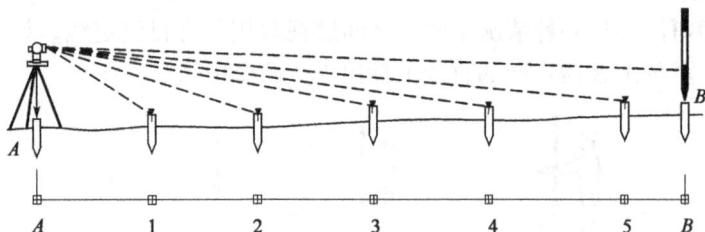

图4-1-6　全站仪定线

2. 距离丈量

在钢尺一般量距工作中，直线定线与尺段丈量是同时进行的，丈量一般需要三个人，分别担任前尺手、后尺手及记录工作人员。在地势起伏较大的地区丈量时，还应增加辅助人员。丈量的方法随地面情况而有所不同。

钢尺量距的基本要求是"直、平、准"。所谓直，就是要量两点间的直线长度，要求定线直；平，就是要量出两点间的水平距离，要求尺身保持水平；准，就是要求对点、投点、读数要准确，要符合精度要求。

（1）平坦地面的丈量方法。

如图4-1-7所示，一般采用整尺段法进行平坦地面的距离丈量。为了防止错误和提高丈量精度，一般要求进行往返测。下面介绍以30m为一整尺段的丈量方法。

图4-1-7　平坦地面的距离丈量

丈量前，先进行标杆定线，丈量时，后尺手甲拿着钢尺的末端在直线的起点A，前尺手乙拿着钢尺的零点一端沿直线方向前进，将钢尺通过定线时的中间点，保证A、B两点在钢尺的同一侧通过，将钢尺拉紧、拉直、拉平。甲、乙拉紧钢尺后，甲把钢尺的末端30m刻划处对在A点并喊"预备"，当钢尺拉稳、拉平后喊"好"，乙在听到"好"的同时，把测钎对准钢尺零点刻划处垂直插入地面（或做上标记），这样就完成了第一整尺段的丈量。甲、乙两人抬尺前进，甲到达测钎（或标记）处停住，重复上述操作。依此类推，直至量完最后一个整尺段。剩下一段不足30m的距离称为余长。丈量时，乙将钢尺的零点对准B点，甲拉紧钢尺后，在钢尺上读数，并

计算出 Δl，以上称为往测，则 A、B 两点之间的距离为：

$$D_{往} = n \times l + \Delta l \qquad (4\text{-}1\text{-}1)$$

式中：n——整尺段数；

l——整尺段长；

Δl——余长。

重复上述步骤，由 B 到 A 进行丈量，称为返测，丈量结果为 $D_{返}$。在符合精度的情况下，取往返丈量结果的平均值作为丈量结果。

$$D = \frac{D_{往} + D_{返}}{2} \qquad (4\text{-}1\text{-}2)$$

丈量的精度是用相对误差 K 来衡量的，它以往返丈量的差值 $\Delta D = D_{往} - D_{返}$ 的绝对值与往返丈量长度的平均值 D 的比值，并且用分子为 1 的分数形式来表示，分母取到整数位。

$$K = \frac{|\Delta D|}{D} = \frac{1}{D/|\Delta D|} \qquad (4\text{-}1\text{-}3)$$

相对误差分母越大，则 K 值越小，精度越高；反之，精度越低。在平坦地区，钢尺量距一般方法的相对误差一般不应大于 1/2000；在量距较困难的山区，其相对误差也不应大于 1/1000。

例 4-1 用 30m 长的钢尺往返丈量 A、B 两点间的水平距离，丈量结果分别为：往测 4 个整尺段，余长为 9.980m；返测 4 个整尺段，余长为 10.020m。计算 A、B 两点间的水平距离 D_{AB} 及其相对误差 K。

解： $D_{AB} = nl + \Delta l = 4 \times 30 + 9.980 = 129.980(\text{m})$

$D_{BA} = nl + \Delta l = 4 \times 30 + 10.020 = 130.020(\text{m})$

$D = \frac{1}{2}(D_{AB} + D_{BA}) = \frac{1}{2} \times (129.980 + 130.020) = 130.00(\text{m})$

$K = \frac{|D_{AB} - D_{BA}|}{D} = \frac{|129.980 - 130.020|}{130.00} = \frac{0.04}{130.00} = \frac{1}{3250}$

（2）倾斜地面的丈量方法。

①平量法。如图 4-1-8 所示，当地面坡度不大时，可将钢尺拉平，用垂球配合投点，仍按整尺段法进行丈量。欲丈量 AB 之间的距离，将钢尺的零点对准 A 点，将尺的另一端抬高，并由记录者目估使钢尺拉水平，然后用垂球将钢尺的末端投在地面上，再插以测钎；当地面倾斜度较大，将整尺段拉平有困难时，可将一尺段分成几段来进行丈量。各测段丈量结果的总和就是 A、B 两点间的往测水平距离。若精度符合要求，则取往返测的平均值作为最后结果。

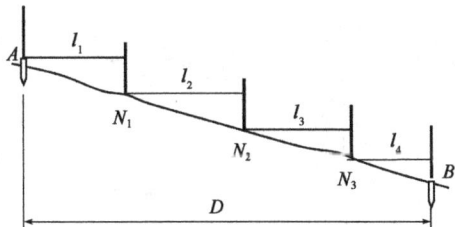

图 4-1-8 平量法

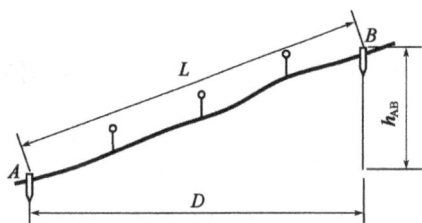

②斜量法。如图 4-1-9 所示,当地面倾斜的坡面均匀时,可以沿斜坡丈量出 AB 的斜距 L,测出 AB 两点的高差 h_{AB} 或用全站仪测出直线 AB 的倾斜角 α,然后根据式(4-1-4)或式(4-1-5)计算 AB 的水平距离 D,即:

$$D = \sqrt{L^2 - h^2} \qquad (4\text{-}1\text{-}4)$$

$$D = L \times \cos\alpha \qquad (4\text{-}1\text{-}5)$$

图 4-1-9　斜量法

三、钢尺精密量距

当对测距精度要求较高时,可以采用钢尺精密量距。丈量之前应对所使用的钢尺进行检定,对丈量现场进行处理,必要时要适当平整场地,使钢尺在每一尺段中不致因地面障碍物而产生挠曲。丈量时应使用弹簧秤、温度计等测量工具,并测量相邻两桩顶面之间高差,丈量结束后应对丈量结果进行尺长、温度及倾斜的各项改正。其丈量精度可达到 $1/10000 \sim 1/4000$。

第二节　视距测量和光电测距

一、视距测量

视距测量是一种用光学原理间接测定距离及高程的方法。它是一种利用水准仪望远镜内十字丝平面上的视距丝(即十字丝的上、下丝)装置,配合视距标尺(与普通水准尺通用),根据几何光学原理,同时测定两点间的水平距离和高差的方法。其测距精度较低,相对误差约为 $1/300$,低于钢尺量距;测定高差的精度低于水准测量。

如图 4-2-1 所示,A、B 为地面上两点,为测定该两点间的水平距离 D 和高差 h,在 A 点安置水准仪,B 点竖立视距尺。由于视线水平,则视准轴与视距尺垂直。由图可知,A、B 两点的水平距离为:

$$D = d + f + \delta \qquad (4\text{-}2\text{-}1)$$

由 $\triangle MFN \sim \triangle m'Fn'$,得:

$$d = \frac{fn}{p}$$

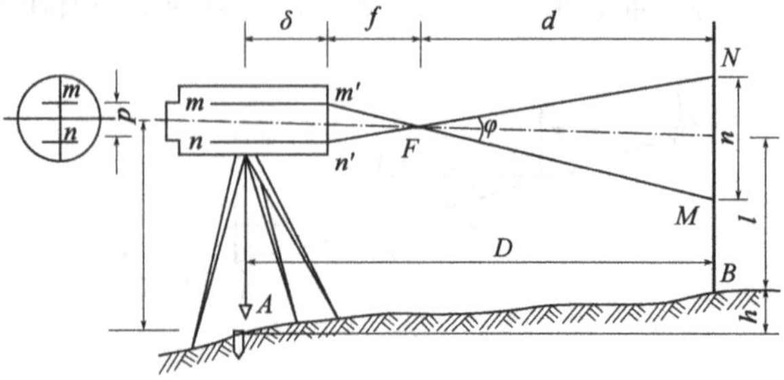

图 4-2-1　视线水平时的视距测量

代入上式,得:

$$d = f\frac{n}{p} + f + \delta$$

式中:f——望远镜物镜的焦距;

n——视距丝(上、下丝)在 B 点的视距尺上读数之差;

p——望远镜内视距丝(上、下丝)的间距;

δ——望远镜物镜的光心至仪器中心的距离。

令 $K = f/p$,称为视距乘常数;$C = f + \delta$,称为视距加常数,则 A、B 两点的水平距离可以写为:

$$D = Kn + C \qquad\qquad (4\text{-}2\text{-}2)$$

目前大多数厂家在对光学仪器进行设计制造时,使得 $K = 100$,$C \to 0$。故上式可写成:

$$D = 100n \qquad\qquad (4\text{-}2\text{-}3)$$

A、B 两点高差 h 的计算式可写为:

$$h = i - l \qquad\qquad (4\text{-}2\text{-}4)$$

式中:i——仪器高;

l——望远镜十字丝的横丝在 B 点的视距尺上的读数。

二、光电测距

随着科学技术的发展,光电测距仪从体积庞大的单体仪器,改进为将光电发射和接收的光学系统,以及光调制器、脉冲计、相位计等微电子元件和望远镜组合在一起,成为同时可以测角和测距、使用更加方便的电子全站仪。用全站仪测距的操作如下:

1. 测量前准备工作

(1)设置棱镜常数。

由于光在玻璃中的折射率为 1.5 ~ 1.6,而在空气中的折射率近似等于 1。也就是说,光在玻璃中的传播要比在空气中慢,因此光在反射棱镜中传播所用的超量时间会使所测距离增大某一数值,通常称之为棱镜常数。棱镜常数的大小与棱镜直角玻璃锥体的尺寸和玻璃的类型有关,通常在厂家所附的说明书中或直接在棱镜上标出,供测距时使用。

(2)大气改正。

由于仪器作业时的大气条件一般与仪器选定的基准大气条件(通常称为气象参考点)不同,光尺长度会发生变化,使测距产生误差,因此必须进行气象改正(或称大气改正)。大气条件主要是指大气的温度和气压。全站仪一般采用两种方式输入大气改正值:输入温度和气压计算大气改正值,或直接输入大气改正值。通常选择输入温度和气压的方式。

(3)返回信号检测。

当精确地照准目标点上的棱镜时,即可检查返回信号的强度。在基本模式或角度测量模式的情况下进行距离切换(如果仪器参数"返回信号音响"设在开启上,则同时发出响声)。若返回信号无响声,则表明信号弱,应先检查棱镜是否照准,如果已精确照准,应考虑增加棱镜数。这对长距离测量尤为重要。

2. 距离测量

(1)测距模式的选择。全站仪距离测量有精测、速测(或称粗测)和跟踪测等模式可供选择,应根据测距的要求通过键盘预先设定。

(2)开始测距(斜距 S、平距 H、高差 V)。精确照准棱镜中心,按距离测量键,开始距离测量,此时有关测量信息(距离类型、棱镜常数改正、气象改正和测距模式等)将闪烁显示在屏幕上。短暂时间后,仪器发出一短声响,提示测量完成,屏幕上显示出有关距离值(斜距 S、平距 H、高差 V)。

第三节 直线定向

确定地面上两点之间的相对位置,除了需要测定两点之间的水平距离外,还需确定两点所连直线的方向。一条直线的方向,是根据某一基本方向来确定的。确定直线与基本方向之间的关系,称为直线定向。

一、子午线

在工程测量中,通常用子午线作为基本方向。子午线分为真子午线、磁子午线、轴子午线三种。

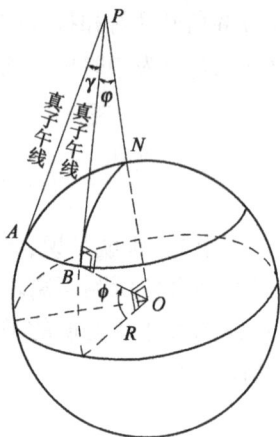

图 4-3-1 子午线收敛角

1. 真子午线

通过地面上一点指向地球南北极的方向线就是该点的真子午线。地球表面上任何一点都有它自己的真子午线方向,各点的真子午线都向两极收敛并相交于两极。地面上两点真子午线间的夹角称为子午线收敛角,如图4-3-1 所示,收敛角与两点所在的经度和纬度有关。真子午线方向可用天文测量方法测定。

2. 磁子午线

磁针静止时所指的方向线,称为该点的磁子午线方向,磁子午线方向用罗盘仪测定。由于地球的磁南北极与地球南北极并不重合,因此地面上同一地点的真子午线与磁子午线也不重合,其夹角称为磁偏角,用 δ 表示。当磁子午线在真子午线东侧,称为东偏,δ 为正;当磁子午线在真子午线西侧,称为西偏,δ 为负。磁偏角随地点不同而变化,因此磁子午线不宜作为精密定向的基本方向线。但是,由于确定磁子午线的方向比较方便,因而在独立测区仍然可以利用它作为起始方向线。

3. 轴子午线(坐标子午线)

坐标纵轴所指的方向称为轴子午线方向,由于地面上各点子午线都指向地球的南北极,所以不同地点的子午线互相不平行,这给计算工作带来了不便。因此,在普通测量工作中一般均采用轴子午线为标准方向。

在中央子午线上,其真子午线方向与轴子午线方向一致;在其他地区,真子午线与轴子午线不重合,两者之间的夹角为中央子午线与某地方子午线收敛角 γ,如图 4-3-1 所示。当轴子午线在真子午线以东时,γ 为正;反之,轴子午线在真子午线以西时,γ 为负。

二、方位角

如图 4-3-2 所示,直线的方向一般用方位角表示。由子午线北端顺时针旋转到直线方向的水平夹角称为该直线的方位角。方位角的范围为 $0° \sim 360°$。

以真子午线北端起算的方位角为真方位角,用 A 表示。

以磁子午线北端起算的方位角为磁方位角,用 A_m 表示。

以坐标子午线(坐标纵轴)起算的方位角为坐标方位角,用 α 表示。

如图 4-3-2 所示,根据真子午线、磁子午线、坐标子午线三者之间的关系,同一直线的三种方位角之间的关系为:

$$A = A_m + \delta \quad (\delta \text{东偏为正,西偏为负})$$
$$A = \alpha + \gamma \quad (\gamma \text{以东为正,以西为负})$$

因此:

$$A_m + \delta = \alpha + \gamma$$
$$\alpha = A_m + \delta - \gamma \tag{4-3-1}$$

1. 正、反坐标方位角

设直线 AB 前进方向的 α_{AB} 为正方位角,如图 4-3-3 所示,其相反方向 BA 的方位角 α_{BA} 为反方位角,同一条直线的正、反方位角相差 $180°$。即:

$$\alpha_{AB} = \alpha_{BA} \pm 180° \tag{4-3-2}$$

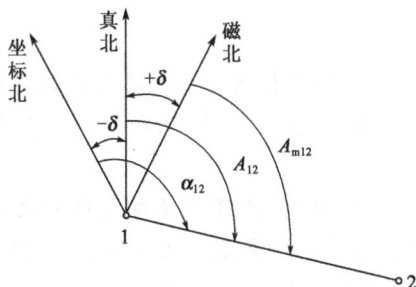

图 4-3-2　三种方位角之间的关系

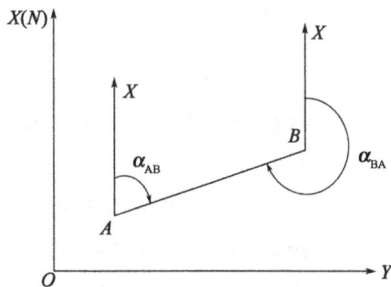

图 4-3-3　　正、反坐标方位角

2. 坐标方位角的推算

在实际工作中并不需要测定每条直线的坐标方位角,而是通过与已知坐标方位角的直线联测后,推算出各直线的坐标方位角。如图 4-3-4 所示,已知直线 12 的坐标方位角 α_{12},观测了水平角 β_2 和 β_3,要求推算直线 23 和直线 34 的坐标方位角。

由图 4-3-4 可以看出:

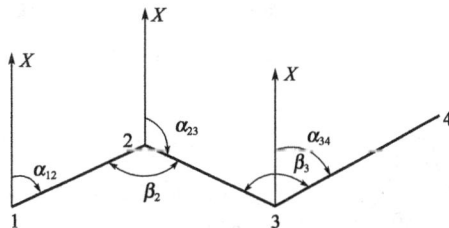

图 4-3-4　坐标方位角的推算

$$\alpha_{23} = \alpha_{21} - \beta_2 = \alpha_{12} + 180° - \beta_2$$

$$\alpha_{34} = \alpha_{32} + \beta_3 = \alpha_{23} + 180° + \beta_3$$

因β_2在推算路线前进方向的右侧，该转折角称为右角；β_3在左侧，称为左角。从而可归纳出推算坐标方位角的一般公式为：

$$\alpha_{前} = \alpha_{后} + 180° - \beta_{右}$$

$$\alpha_{前} = \alpha_{后} + 180° + \beta_{左}$$

计算中，如果$\alpha_{前} > 360°$，应自动减去$360°$；如果$\alpha_{前} < 0°$，则自动加上$360°$。

三、象限角

直线的方向还可以由象限角来表示，由坐标纵轴的北端或南端起，沿顺时针或逆时针方向量至直线的锐角，称为该直线的象限角，用 R 表示，其角值范围为 $0° \sim 90°$。

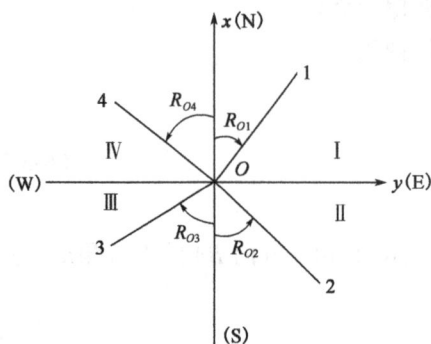

如图 4-3-5 所示，直线 $O1$、$O2$、$O3$ 和 $O4$ 的象限角分别为北东R_{O1}、南东R_{O2}、南西R_{O3}和北西R_{O4}。

从图 4-3-5 可以看出，方位角与象限角的换算关系为：

在第 I 象限，$R = \alpha$。

在第 II 象限，$R = 180° - \alpha$。

在第 III 象限，$R = \alpha - 180°$。

在第 IV 象限，$R = 360° - \alpha$。

图 4-3-5　象限角

（1）距离测量即确定两地面点之间的长度。常用的距离测量方法有目测估量距离（目测法）、视距测量、钢尺量距、光电测距仪测距和全站仪测距等。

（2）确定地面上两点之间的相对位置，除了需要测定两点之间的水平距离外，还需确定两点所连直线的方向。一条直线的方向，是根据某一基本方向来确定的。确定直线与基本方向之间的关系，称为直线定向。

一条直线的基本方向有真子午线、磁子午线、坐标子午线（坐标纵轴）。坐标纵轴是彼此平行的，是工程测量中使用得最普遍的基本方向。自纵坐标轴北端顺时针量至该直线的角度称坐标方位角。一条直线的正、反坐标方位角相差$180°$。

（1）在距离丈量之前，进行直线定线的意义是什么？如何进行定线？

（2）简述距离丈量的主要误差来源。为提高距离丈量的精度，应采取何种措施？

本章小结

课后习题

（3）用钢尺丈量 AB 两点之间的距离，往测为 172.32m，返测为 172.35m，计算直线 AB 丈量结果的相对误差。

（4）直线定线与直线定向有何区别？测量工作中作为定向依据的基本方向线有哪些？真方位角、磁方位角、坐标方位角三者之间的关系是什么？

（5）简述正、反方位角的概念。

（6）已知某直线的象限角为南西 45°18′，如何计算其坐标方位角？

（7）丈量 A、B 两点之间的水平距离，用 30m 长的钢尺，丈量结果为往测 4 尺段，余长为 10.250m，返测 4 尺段，余长为 10.210m。试进行精度校核，若精度合格，求出水平距离。（精度要求 $K_p = 1/2000$）

第五章
CHAPTER FIVE
小区域控制测量

学习目标

(1) 了解控制测量分类及其等级划分；
(2) 掌握导线网的布设方案及技术要求；
(3) 掌握导线测量的外业观测及内业平差方法；
(4) 了解全站仪导线测量的原理、步骤和数据处理方法；
(5) 了解交会定点的原理及坐标计算方法；
(6) 了解三角高程测量的原理和施测方法。

在小区域(一般面积小于 $15km^2$)的工程测量中,平面控制测量是指在整个测区范围内,选定若干个具有控制作用的点(称为导线控制点),组成一定的几何图形(称为导线控制网),通过外业测量,并根据外业测量数据进行计算,来获得控制点平面位置的工作。

平面控制测量工作有内业与外业之分,利用测量仪器(水准仪、全站仪)在野外测出控制点之间的距离和角度等工作称为测量外业。其基本工作是水平角测量和水平距离测量。将外业成果在室内进行整理计算和绘图等工作称为测量内业。

第一节 控制测量及其等级

测定控制点平面位置(平面坐标 x、y)的工作,称为平面控制测量。常规平面控制测量按照控制点之间组成几何图形的不同,主要有导线控制测量(导线测量)和三角控制测量(三角测量)。

如图 5-1-1 所示,将控制点 1、2、3、4 连成折线图形,测量各折线边长和两相邻边的夹角,通过计算可获得它们之间的相对平面位置。这种形成折线的控制点称为导线点,通过导线点进行的控制测量工作称为导线控制测量。

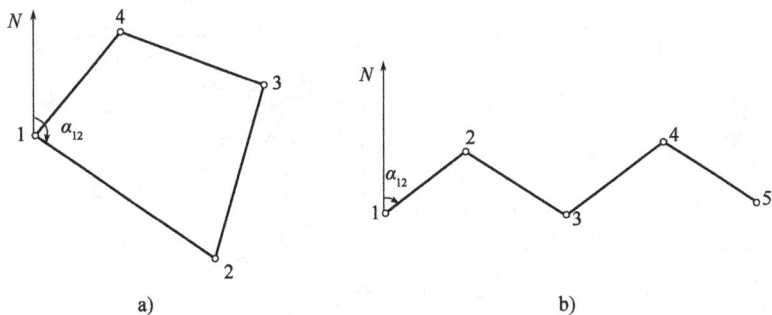

图 5-1-1　导线

图 5-1-2 的控制点 A、B、C、D、E、F 组成相互邻接的三角形,观测所有三角形的内角,并至少测量其中一条边的长度(例如图中的 AB 边),以此作为起算边,通过计算同样可以得到它们之间的相对平面位置。这种形成三角形的控制点称为三角点,其构成的控制网称为三角网,基于三角网所进行的测量工作称为三角控制测量。该部分内容本书不做详细介绍。

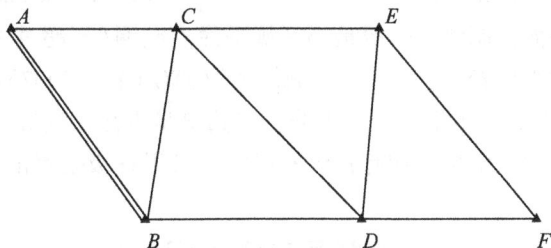

图 5-1-2　三角网

平面控制测量除了采用经典的导线测量和三角测量之外,随着科技的发展,卫星大地测量的方法也逐渐成熟起来。目前,最常用的是全球导航卫星系统(Global Navigation Satellite System,简称 GNSS)。20 世纪 80 年代末,我国开始应用 GNSS 定位技术在全国范围内建立控制网,并已逐渐将其作为布设控制网的主要方法之一。

在全国范围内布设的平面控制网,称为国家平面控制网。国家平面控制网采用逐级控制、分级布设的原则,按其精度分成一、二、三、四等。其中一等网精度最高,逐级降低;而控制点的密度则是一等网最小,逐级增大。

如图 5-1-3 所示,一等三角网一般称为一等三角锁,它是在全国范围内沿经纬线方向布设的,是国家平面控制网的骨干,除了用作扩展低等级平面控制网的基础之外,还为测量学科研究地球的形状和大小提供精确数据。二等三角网布设于一等三角锁环内,是国家平面控制网的基础。三、四等网是二等网的进一步加密,以满足测图和各项工程建设的需要。在某些局部地区,如果采用三角测量困难时,也可用同等级的导线测量代替,如图 5-1-4 所示,其中一、二等导线测量,又称为精密导线测量。

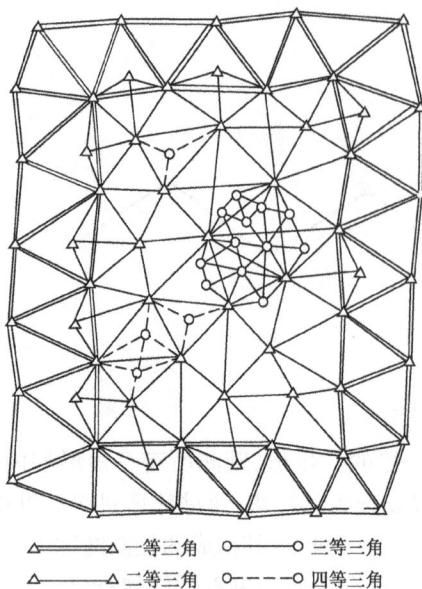

图5-1-3　三角网(锁)的布设

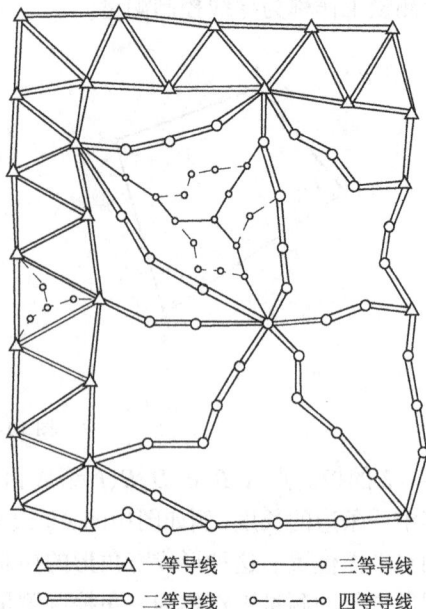

图5-1-4　导线网的布设

　　用于工程建设的平面控制测量一般是小区域平面控制网(不超过15km²)，它可根据工程的需要采用不同等级的平面控制。《公路勘测规范》(JTG C10—2007)规定，公路工程平面控制测量应采用 GNSS 测量、导线测量、三角测量或三边测量方法。其等级依次为二等、三等、四等、一级和二级，各等级的技术指标均有相应的规定。对于各级公路的平面控制测量等级，不得低于表5-1-1 的规定。

公路工程平面控制测量等级选用　　　　　　　　　　　　　表5-1-1

高架桥、路线控制测量	多跨桥梁总长 L(m)	单跨桥梁L_K(m)	隧道贯通长度L_G(m)	测 量 等 级
—	$L \geqslant 3000$	$L_K \geqslant 500$	$L_G \geqslant 6000$	二等
—	$2000 \leqslant L < 3000$	$300 \leqslant L_K < 500$	$3000 \leqslant L_G < 6000$	三等
高架桥	$1000 \leqslant L < 2000$	$150 \leqslant L_K < 300$	$1000 \leqslant L_G < 3000$	四等
高速、一级公路	$L < 1000$	$L_K < 150$	$L_G < 1000$	一级
二、三、四级公路	—	—	—	二级

　　各级平面控制测量，其最弱点点位中误差均不得大于±5cm，最弱相邻点相对点位中误差均不得大于±3cm，最弱相邻点边长相对中误差不得大于表5-1-2 的规定。

平面控制测量精度要求　　　　　　　　　　　　　表5-1-2

测 量 等 级	最弱相邻点边长相对中误差	测 量 等 级	最弱相邻点边长相对中误差
二等	1/100000	一级	1/20000
三等	1/70000	二级	1/10000
四等	1/35000		

第二节 导线测量原理

导线测量是平面控制测量中的一种方法,主要用于隐蔽地区、带状地区、城建区、地下工程、公路工程、铁路工程和水利工程等。

一般认为在小于 $15km^2$ 的范围内建立的控制网,称为小区域控制网。在这个范围内,不考虑地球曲率的影响,采用直角坐标系统。建立小区域控制网时,尽可能与国家等级的控制点联测,将国家高等级控制点的坐标和高程作为小区域控制网的起算数据。如果附近没有国家等级控制点,或虽有但不便联测时,也可以建立独立控制网。

将测区内相邻控制点连成直线而构成的折线图形,称为导线。构成导线的控制点称为导线点,折线边称为导线边。导线测量就是依次测定各导线边的长度和各转折角,根据起算数据,推算各边的坐标方位角,从而求出各导线点的坐标。

一、导线的布设形式

根据测区的情况和要求,导线有以下三种布设形式:

(1)闭合导线,如图 5-2-1a)所示。从一已知点出发,经过若干个点之后,最后又回到该已知点,构成一个闭合多边形,这种形式称为闭合导线。导线起始方位角和起始坐标可以分别测定或假定。导线附近若有高级控制点(三角点或导线点),应尽量使导线与高级控制点连接,图 5-2-1b)和图 5-2-1c)是导线直接连接和间接连接的形式,其中 β_A、β_C 为连接角,D_{A1} 为连接边。连接可获得起算数据,使之与高级控制点连成统一的整体。闭合导线多用在面积较宽阔的独立地区做测图控制。

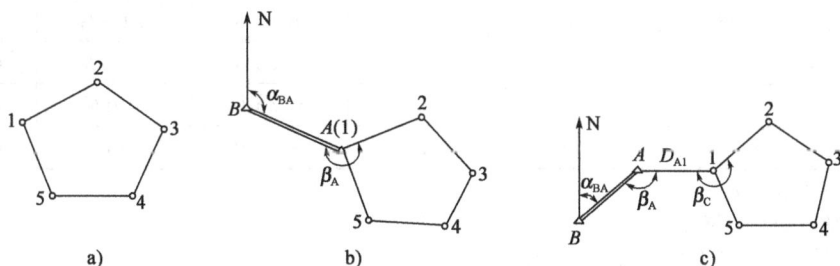

图 5-2-1 闭合导线

(2)附合导线,如图 5-2-2 所示。从一个已知高级控制点出发,最后附合到另一个已知高级控制点上,这种布设形式称为附合导线。附合导线多用于带状地区的控制测量。此外,该导线也广泛用于公路、铁路、水利等工程的勘测与施工中。

(3)支导线,如图 5-2-3 所示,从一个已知控制点出发,既不闭合也不附合于已知控制点上,这种布设形式称为支导线。

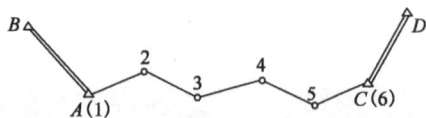

图 5-2-2　附合导线　　　　　　　图 5-2-3　支导线

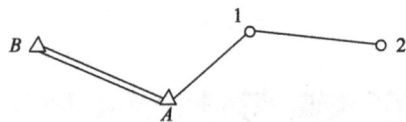

闭合导线和附合导线在外业测量与内业计算中都能校核，它们是布设导线的主要形式。支导线没有校核条件，其差错不易发现，故支导线的点数不宜超过两个，一般仅作为补点使用。此外，根据测区的具体条件，导线还可以布设成具有节点或多个闭合环的导线网，如图 5-2-4 所示。

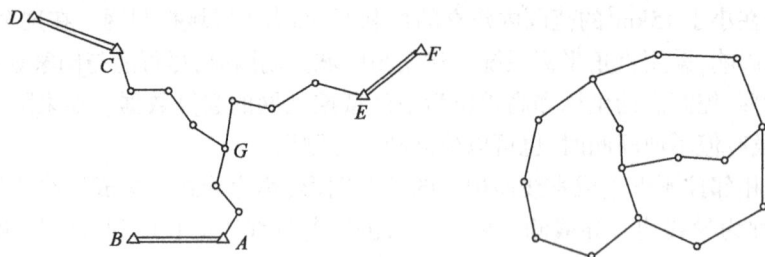

图 5-2-4　具有吊点或多个闭合环的导线网

二、导线的等级

在局部地区的地形测量和一般工程测量中，根据测区范围及精度要求，《公路勘测规范》（JTG C10—2007）规定：公路工程的导线测量等级依次分为三等、四等、一级和二级四个等级。各等级导线测量的主要技术指标应符合表 5-2-1 的要求。

导线测量的主要技术要求　　　　　　　　　　　　　　　表 5-2-1

测量等级	附(闭)合导线长度(km)	导线的边数(个)	每边测距中误差(mm)	单位权中误差(″)	方位角度闭合差(″)	导线全长相对闭合差
三等	≤18	≤9	≤±14	≤±1.8	≤$3.6\sqrt{n}$	≤1/52000
四等	≤12	≤12	≤±10	≤±2.5	≤$5.0\sqrt{n}$	≤1/35000
一级	≤6	≤12	≤±14	≤±5.0	≤$10\sqrt{n}$	≤1/17000
二级	≤3.6	≤12	≤±11	≤±8.0	≤$16\sqrt{n}$	≤1/11000

注：1. 表中 n 为测站数。

　　2. 以测角中误差为单位权中误差。

　　3. 导线网节点间的长度不得大于表中长度的 70%。

导线边长的测量，根据《公路勘测规范》（JTG C10—2007）的规定，一级及以上导线的边长应采用光电测距仪实测，二级导线的边长可采用普通钢尺进行丈量。光电测距的主要技术要求和普通钢尺丈量导线的主要技术要求详见《公路勘测规范》（JTG C10—2007）中相关规定。

三、导线测量的外业工作

外业工作包括：踏勘选点及建立标志、量边和测角。

1.踏勘选点及建立标志

在选点时,首先调查收集测区已有的地形图和控制点的成果资料,一般是先在中比例尺(1:10000~1:100000)的地形图上进行控制网设计。根据测区内已有的国家控制点或测区附近其他工程部门建立的可利用的控制点,确定与其联测的方案及控制网点位置。在布网方案初步确定后,可对控制网进行精度估算,必要时需对初定控制点做调整,然后到野外去踏勘、核对、修改和落实点位。如需测定起始边,应优先考虑起始边位置。如果测区没有以前的地形资料,则需详细踏勘现场,根据已知控制点的分布、地形条件以及测图和施工需要等具体情况,合理拟定导线点的位置。

控制点位置的选定应满足相应工程的基本要求。例如,对于公路工程,应满足《公路勘测规范》(JTG C10—2007)中的规定。公路导线控制网应满足以下平面控制网设计的一般要求和导线测量的布设要求。

(1)平面控制网设计的一般要求。

①路线平面控制网的设计,应首先在地形图上进行控制网点位的选择,在其基础上进行现场踏勘并确定点位。

②对于路线平面控制网,宜首先布设首级控制网,然后再加密路线平面控制网。

③构造物平面控制网可与路线平面控制网同时布设,亦可在路线平面控制网的基础上进行。当分步布设时,在布设路线平面控制网的同时,应考虑沿线桥梁、隧道等构造物测设的需要,在大型构造物的两侧至少应分别布设一对相互通视的首级平面控制点。

④平面控制点相邻点间平均边长应参照表5-2-1中所列平均边长执行。四等及四等以上平面控制网中相邻点之间距离不得小于500m,一、二级平面控制网中相邻点之间距离在平原、微丘区不得小于200m,在山岭、重丘区不得小于100m,最大距离不应大于平均边长的2倍。

⑤路线平面控制点宜沿路线前进方向布设,路线平面控制点到路线中心线的距离应大于50m,且宜小于300m,每一点至少应与一相邻点通视。特大型构造物每一端应埋设2个以上平面控制点。

⑥点位的位置应便于加密、扩展,易于保存、寻找,同时便于测角、量距及地形图测量和中桩放样。

⑦构造物控制网宜布设成四边形,应以构造物一端路线控制网中的一个点为起算点,以该点到另一路线控制点的方向为起始方向,并利用构造物另一端路线控制网中的一个点为检核点。

(2)导线测量的布设要求。

①各级导线应尽量布设成直伸形状。

②点位的布设应满足下列测距边的要求:

测距边应选在地面覆盖物相同的地段,不宜选在烟囱、散热塔、散热池等发热体的上空。测线上不应有树枝、电线等障碍物,测线应离开地面或障碍物1.3m以上。测线应避开高压线等强电磁场的干扰,并宜避开视线后方反射物体。

导线点选定后,应在相应位置建立标志,并按一定顺序编号。标志的制作、尺寸规格、书写及埋设均应符合相应等级的要求。为便于今后查找,还应量出导线点至附近明显地物的距离。现场绘制草图,注明尺寸,称为"点之记"。

2.量边

导线边长一般用检定过的钢尺进行往返丈量。若误差满足要求,取其平均值作为丈量的结果。也可以选用光电测距仪进行量边工作。根据《公路勘测规范》(JTG C10—2007)的规定,两种方法的主要技术指标应符合表 5-2-2 和表 5-2-3 的要求。

普通钢尺丈量导线边长的主要技术要求   表 5-2-2

定向偏差 （mm）	每尺段往返 高差之差（cm）	最小读数 （mm）	三组读数之差 （mm）	同段尺长差 （mm）	外业手簿计算取值（mm）		
					尺长	各项改正	高差
≤5	≤1	1	≤3	≤4	1	1	1

光电测距的主要技术要求   表 5-2-3

导线等级	观测次数		每边测回数		一测回读数间 较差（mm）	单程各测回 较差（mm）	往返较差
	往	返	往	返			
三等	≥1	≥1	≥3	≥3	≤5	≤7	$\leq \sqrt{2}(a+b \cdot D)$
四等	≥1	≥1	≥2	≥2	≤7	≤10	
一级	≥1	—	≥2	—	≤7	≤10	
二级	≥1	—	≥1	—	≤12	≤17	

注:1. 测回是指照准目标 1 次,读数 4 次的过程。

    2. 表中 a 为固定误差,b 为比例误差系数,D 为水平距离(km)。

如果导线边遇障碍,不能直接丈量,可采用间接丈量方法测定其边长。如图 5-2-5 所示,导线边 FG 跨越河流,这时选定一点 P,要求基线 FP 便于丈量,且 $\triangle FGP$ 接近等边三角形。丈量基线长度 b,观测内角 α、β、γ,当内角和与 180° 之差不超过 60″时,则将闭合差反符号平均分配到三角形的三个内角,然后用正弦定律算出导线边长 FG。

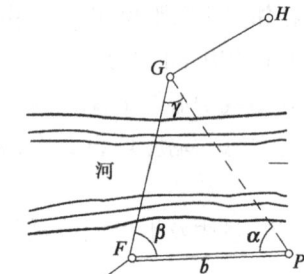

$$FG = b \frac{\sin\alpha}{\sin\gamma} \qquad (5-2-1)$$

图 5-2-5   间接丈量方法示意图

3.测角

导线的水平角即转折角,通常采用全站仪测回法来进行观测。测角时,对于附合导线一般观测左角或右角,在闭合导线中均观测内角。各级导线的测角技术要求参见表 5-2-1。

当导线与高级控制网连接时,以图 5-2-1c)为例,需观测连接角 β_A、β_C 和连接边 D_{A1} 作为传递;当附近无高级控制点独立测区时,应采用罗盘仪观测导线起始边的磁方位角作为导线的方向。

四、导线测量的内业计算

导线测量的目的是要获得每个导线点的平面直角坐标,因此外业工作结束后要进行内业计算。求算各导线点的坐标,需要依次推算各导线边的坐标方位角;由导线边的边长和坐标方位角,计算两相邻导线点的坐标增量,然后推算各点的坐标。

1. 坐标方位角的推算

如图 5-2-6a)所示,α_{12} 为起始方位角,为右角,推算 23 边的坐标方位角为:

$$\alpha_{23} = \alpha_{12} \pm 180° - \beta_2$$

因此,用右角推算方位角的一般公式为:

$$\alpha_{前} = \alpha_{后} - \beta_{右} \pm 180° \tag{5-2-2}$$

式中:$\alpha_{前}$——前一条边的方位角;

$\quad\alpha_{后}$——后一条边的方位角。

同时,图 5-2-6b)中 β_2 为左角,推算方位角的一般式为:

$$\alpha_{前} = \alpha_{后} + \beta_{左} \pm 180° \tag{5-2-3}$$

当推算出的方位角大于 360°时,应减去 360°;若为负值时,应加上 360°。

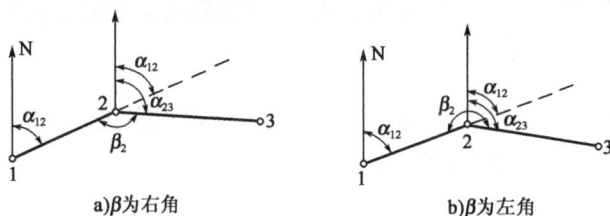

a)β 为右角 b)β 为左角

图 5-2-6 坐标方位角推算示意图

2. 坐标正算

如图 5-2-7 所示,设 A 为已知点,B 为未知点,当 A 点的坐标(X_A, Y_A)、边长D_{AB}均为已知时,则可求得 B 点的坐标(X_B, Y_B)。这种计算称为坐标正算。由图知:

$$\left.\begin{array}{l} X_B = X_A + \Delta X_{AB} \\ Y_B = Y_A + \Delta Y_{AB} \end{array}\right\} \tag{5-2-4}$$

其中:

$$\left.\begin{array}{l} \Delta X_{AB} = D_{AB}\cos\alpha_{AB} \\ \Delta Y_{AB} = D_{AB}\sin\alpha_{AB} \end{array}\right\} \tag{5-2-5}$$

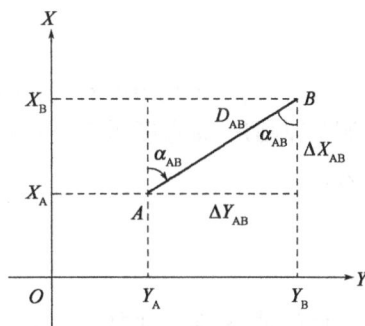

图 5-2-7 坐标正算

所以,式(5-2-4)又可写成:

$$\left.\begin{array}{l} X_B = X_A + D_{AB}\cos\alpha_{AB} \\ Y_B = Y_A + D_{AB}\sin\alpha_{AB} \end{array}\right\} \tag{5-2-6}$$

式中:ΔX_{AB}、ΔY_{AB}——横、纵坐标增量。

坐标方位角和坐标增量均带有方向性,注意下标的书写。当坐标方位角位于第一象限时,坐标增量均为正数;当坐标方位角位于第二象限时,ΔX_{AB} 为负数,ΔY_{AB} 为正数;当坐标方位角位于第三象限时,坐标增量均为负数;当坐标方位角位于第四象限时,ΔX_{AB} 为正数,ΔY_{AB} 为负数。

3. 坐标反算

根据两已知点 $A(X_A,Y_A)$、$B(X_B,Y_B)$ 的坐标，计算该两点间的水平距离 D_{AB} 和坐标方位角 α_{AB} 的工作，称为坐标反算。如图5-2-8所示，可得：

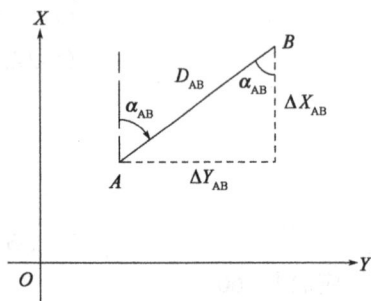

图5-2-8　坐标反算

$$\left.\begin{array}{c}\Delta X_{AB}=X_B-X_A\\\Delta Y_{AB}=Y_B-Y_A\end{array}\right\} \tag{5-2-7}$$

$$D_{AB}=\sqrt{\Delta X_{AB}^2+\Delta Y_{AB}^2} \tag{5-2-8}$$

根据象限角的定义，象限角为锐角，故公式为：

$$\alpha_{AB}=\tan^{-1}\left|\frac{\Delta Y_{AB}}{\Delta X_{AB}}\right| \tag{5-2-9}$$

然后，根据坐标增量的正负，确定 A、B 点坐标方位角所在的象限，再将象限角换算为坐标方位角。

4. 闭合导线测量成果计算

导线坐标计算一般在表5-2-4中进行，也可以用计算程序在计算机上计算。现以闭合四边形导线为例，说明闭合导线坐标计算的步骤。

(1)角度闭合差的计算与调整。

闭合导线实测的 n 个内角总和 $\sum\beta_测$ 不等于其理论值 $(n-2)\times180°$，其差值称为角度闭合差，以 f_β 表示。

$$f_\beta=\sum\beta_测-(n-2)\times180° \tag{5-2-10}$$

各级导线角度闭合差的容许值 $f_{\beta容}$ 可参照表5-2-1所示。例如图根导线：

$$f_{\beta容}=\pm40''\sqrt{n} \tag{5-2-11}$$

若 $f_\beta\leq f_{\beta容}$，则把角度闭合差调整到观测角度中，否则，应分析情况进行重测。角度闭合差的调整原则是，将角度闭合差 f_β 以相反的符号平均分配到各个观测角中，即各个角度的改正数为：

$$v_\beta=-\frac{f_\beta}{n} \tag{5-2-12}$$

计算时，根据角度取位的要求，改正数可凑整到 $1''$、$6''$ 或 $10''$。若不能平均分配，一般情况下，应在短边相邻的角上多分配一点，使各角改正数的总和与反号的闭合差相等，即：

$$\sum v_\beta=-f_\beta \tag{5-2-13}$$

表5-2-4为四边形图根导线的计算实例，$f_\beta=-1'$，将其反号平均分配到各个观测角中，每个角分到 $+15''$。分配的改正数应写在各观测角的上方，然后计算改正后的角值，填入表5-2-4中第3栏。

(2)推算各边的坐标方位角。

根据起始方位角及改正后的转折角，可按式(5-2-14)依次推算各边的坐标方位角，填入

表5-2-4中第4栏。

$$\left.\begin{array}{l} \alpha_{前} = \alpha_{后} - \beta_{右} \pm 180° \\ \alpha_{前} = \alpha_{后} + \beta_{左} \pm 180° \end{array}\right\} \tag{5-2-14}$$

在推算过程中,如果算出的 $\alpha_{前} > 360°$,则应减去 $360°$;如果算出的 $\alpha_{前} < 0°$,则应加上 $360°$。为了检查推算过程中的差错,最后必须推算至起始边的坐标方位角,看其是否与已知值相等,以此作为计算校核。

(3)计算各边的坐标增量。

根据各边的坐标方位角 α 和边长 D,按式(5-2-5)计算各边的坐标增量,将计算结果填入表 5-2-4 中第6、7栏。

(4)坐标增量闭合差的计算与调整。

闭合导线的纵、横坐标增量总和的理论值应为零,即:

$$\left.\begin{array}{l} \sum \Delta x_{理} = 0 \\ \sum \Delta y_{理} = 0 \end{array}\right\} \tag{5-2-15}$$

由于测量误差,改正后的角度仍有残余误差,坐标增量总和的测量计算值 $\sum \Delta x_{测}$ 与 $\sum \Delta y_{测}$ 一般都不为零,其值称为坐标增量闭合差,以 f_x、f_y 表示,如图 5-2-9 所示。即:

$$\left.\begin{array}{l} f_x = \sum \Delta x_{测} \\ f_y = \sum \Delta y_{测} \end{array}\right\} \tag{5-2-16}$$

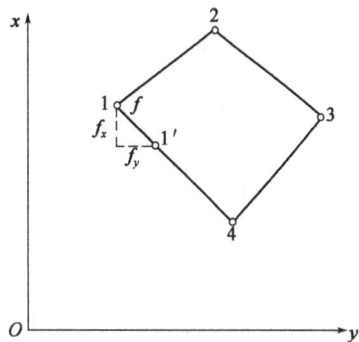

图5-2-9 闭合导线坐标增量闭合差示意图

这说明,实际计算的闭合导线并不闭合,而是存在一个缺口,这个缺口的长度称为导线全长闭合差,以 f 表示。由图 5-2-9 可知:

$$f = \sqrt{f_x^2 + f_y^2} \tag{5-2-17}$$

导线越长,全长闭合差也越大。因此,通常用相对闭合差来衡量导线测量的精度。导线的全长相对闭合差按下式计算:

$$K = \frac{f}{\sum D} = \frac{1}{\sum D/f} \tag{5-2-18}$$

式中:$\sum D$——导线边长的总和。

导线的全长相对闭合差应满足表 5-2-1 的规定。否则,应首先检查外业记录和全部内业计算,必要时到现场检查,重测部分或全部成果。若 K 值符合精度要求,则可将坐标增量闭合差 f_x、f_y 以相反符号,按与边长成正比分配到各边坐标增量中。任一边分配的改正数 $v_{\Delta x_{i,i+1}}$,$v_{\Delta y_{i,i+1}}$ 按下式计算:

表 5-2-4

闭合导线坐标计算

点号	观测角(右角)	改正数	改正后角度	坐标方位角	边长(m)	坐标增量(m)		改正后坐标增量(m)		坐标(m)		备注
						Δx	Δy	Δx	Δy	x	y	
1	2	3	4	5	6	7	8	9	10	11	12	
1										500.00	500.00	
				132°50'00"	129.34	+0.03 / -87.93	-0.02 / 94.85	-87.90	94.83			
2	73°00'12"	+15"	73°00'27"							412.10	594.83	
				239°49'33"	80.18	+0.02 / -40.30	-0.01 / -69.32	-40.28	-69.33			
3	107°48'30"	+15"	107°48'45"							371.82	525.50	
				312°00'48"	105.22	+0.02 / 70.42	-0.01 / -78.18	70.44	-78.19			
4	89°36'30"	+15"	89°36'45"							442.26	447.31	
				42°24'03"	78.16	+0.02 / 57.72	-0.01 / 52.70	57.74	52.69			
1	89°33'48"	+15"	89°34'03"							500.00	500.00	
				132°50'00"								
2												
Σ					392.90	-0.09	+0.05	0.00	0.00			

辅助计算

$\sum \beta_测 = 359°59'$ $f_\beta = -1$ $f_x = -0.09$ $\sum D = 392.90$ $f_y = +0.05$ $f = 0.10$

$f_{\beta容} = \pm 40'' \sqrt{n} = \pm 80''$

$$K = \frac{0.10}{392.90} = \frac{1}{3\ 929} < \frac{1}{2\ 000}$$

$$v_{\Delta x_{i,i+1}} = -\frac{f_x}{\sum D} \times D_{i,i+1} \atop v_{\Delta y_{i,i+1}} = -\frac{f_y}{\sum D} \times D_{i,i+1}} \right\} \tag{5-2-19}$$

改正数应按坐标增量取位的要求凑整到厘米或毫米,并且必须使改正数的总和与反符号闭合差相等,即:

$$\left. \sum v_{\Delta x} = -f_x \atop \sum v_{\Delta y} = -f_y \right\} \tag{5-2-20}$$

将计算出来的改正数填入表 5-2-4 中。

(5)坐标计算。

用改正后的坐标增量,就可以从导线起点的已知坐标依次推算其他导线点的坐标,即:

$$\left. X_i = X_{i-1} + \Delta X_{i-1,i} \atop Y_i = Y_{i-1} + \Delta Y_{i-1,i} \right\} \tag{5-2-21}$$

根据起始点的已知坐标和改正后的坐标增量,按照式(5-2-21)依次计算各点的坐标,填入表 5-2-4 中第 10、11 栏。

如果导线未与高级点连接,则起算点的坐标可自行假定。为了检查坐标推算中的差错,最后还应推算回到起算点的坐标,看其是否和已知值相等,以此作为计算校核。

例 5-1　闭合导线坐标计算见表 5-2-4。

5. 附合导线坐标计算

附合导线的坐标计算与闭合导线的坐标计算基本上相同,但由于附合导线两端与已知点相连,所以在计算角度闭合差和坐标增量闭合差上有所不同。下面介绍它的计算方法。

(1)角度闭合差的计算。

图 5-2-10a)为观测左角时的导线略图,图 5-2-10b)为观测右角时的导线略图,A、B、C、D 均为高级控制点,它们的坐标为已知,起始边 AB 和终止边 CD 的坐标方位角 α_{AB}、α_{CD} 可由坐标反算求得。由起始方位角 α_{AB} 经各转折角推算终止边的方位角 α'_{CD} 与已知值 α_{CD} 不相等,其差值即为附合导线角度闭合差 f_β,即:

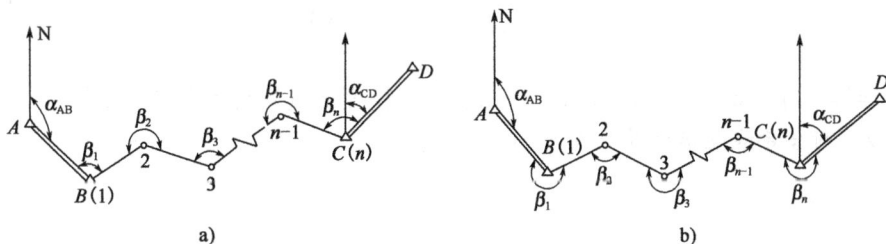

图 5-2-10　角度闭合差的计算

$$f_\beta = \alpha'_{CD} - \alpha_{CD} \tag{5-2-22}$$

参照图 5-2-10,可推算终止边的坐标方位角。

β 为左角时:

$$\alpha'_{12} = \alpha_{AB} + \beta_1 \pm 180°$$

$$\alpha'_{23} = \alpha'_{12} + \beta_2 \pm 180°$$

$$\vdots$$

$$\alpha'_{CD} = \alpha_{AB} + \sum\beta_{左} \pm n \times 180°$$

同理可得 β 为右角时:

$$\alpha'_{CD} = \alpha_{AB} - \sum\beta_{右} \pm n \times 180°$$

代入式(5-2-22)后,角度闭合差为:

$$\left. \begin{array}{l} f_\beta = (\alpha_{AB} - \alpha_{CD}) + \sum\beta_{左} \pm n \times 180° \\ f_\beta = (\alpha_{AB} - \alpha_{CD}) - \sum\beta_{右} \pm n \times 180° \end{array} \right\} \tag{5-2-23}$$

或

在调整角度闭合差时,若观测角为左角,应以与闭合差相反的符号分配角度闭合差;若观测角为右角,则应以与闭合差相同的符号分配角度闭合差。

(2)坐标增量闭合差的计算。

附合导线的起点及终点均是已知的高级控制点,其误差可以忽略不计。附合导线的纵、横坐标增量的总和,在理论上应等于终点与起点的坐标差值,即:

$$\left. \begin{array}{l} \sum \Delta x_{理} = x_{终} - x_{始} \\ \sum \Delta y_{理} = y_{终} - y_{始} \end{array} \right\} \tag{5-2-24}$$

由于量边和测角有误差,因此计算出的坐标增量总和 $\sum \Delta x_{测}$、$\sum \Delta y_{测}$ 与理论值不相等,其差值即为坐标增量闭合差:

$$\left. \begin{array}{l} f_x = \sum \Delta x_{测} - (x_{终} - x_{始}) \\ f_y = \sum \Delta y_{测} - (y_{终} - y_{始}) \end{array} \right\} \tag{5-2-25}$$

附合导线坐标增量闭合差的调整方法以及导线精度衡量均与闭合导线相同。

例 5-2　附合导线坐标计算如表 5-2-5 所示。

表 5-2-5

附合导线坐标计算

点号	观测角(右角)	改正数	改正后角度	坐标方位角	边长 (m)	坐标增量 (m) Δx	坐标增量 (m) Δy	改正后坐标增量 (m) Δx	改正后坐标增量 (m) Δy	坐标 (m) x	坐标 (m) y	备注
1	2	3	4	5	6	7	8	9	10	11	12	
A				157°00′52″								
B	192°14′24″	−6″	192°14′18″	144°46′34″	139.03	+0.03 / −113.57	−0.02 / 80.19	−113.54	80.17	2 299.83	1 303.80	
2	236°48′36″	−6″	236°48′30″	87°58′04″	172.57	+0.04 / 6.12	−0.03 / 172.46	6.16	172.43	2 186.29	1 383.97	
3	170°39′36″	−6″	170°39′30″	97°18′34″	100.07	+0.02 / −12.73	−0.02 / 99.26	−12.71	99.24	2 192.45	1 556.40	
4	180°00′48″	−7″	180°00′41″	97°17′53″	102.48	+0.02 / −13.02	−0.02 / 101.65	−13.00	101.63	2 179.74	1 655.64	
C	230°32′36″	−6″	230°32′30″	46°45′23″						2 166.74	1 757.27	
D												
Σ					514.15	−0.11	+0.09	−133.09	453.47			

辅助计算

$\Sigma\beta_{右} = 1010°16′00″$

$f_\beta = -31″$ $f_x = -0.11$ $f_y = +0.09$ $f = 0.14$

$f_{\beta容} = \pm40″\sqrt{n} = \pm89″$

$\Sigma D = 514.15$

$K = \dfrac{0.14}{514.15} = \dfrac{1}{3\ 672} < \dfrac{1}{2\ 000}$

$\Sigma\Delta x_{测} = -133.20$ $\Sigma\Delta y_{测} = 453.56$

第三节　全站仪导线测量

一、全站仪导线测量原理

目前,公路工程测量广泛使用全站仪,全站仪有测量坐标的功能,通过观测可以直接测量得到坐标值,这是全站仪控制测量与传统测角、量边、平差计算的最大不同。

全站仪可以直接测算出测点的三维坐标,即 $N(x)$, $E(y)$ 和 $Z(h)$ 坐标。如图 5-3-1 所示, B 为测站点, A 为后视点,两点坐标 (N_B,E_B,Z_B) 和 (N_A,E_A,Z_A) 已知,测点 1 为待测坐标。为此,根据坐标反算公式先计算出 BA 边的坐标方位角。

$$\alpha_{BA} = \arctan\left[\,(E_A - E_B)/(N_A - N_B)\,\right] \tag{5-3-1}$$

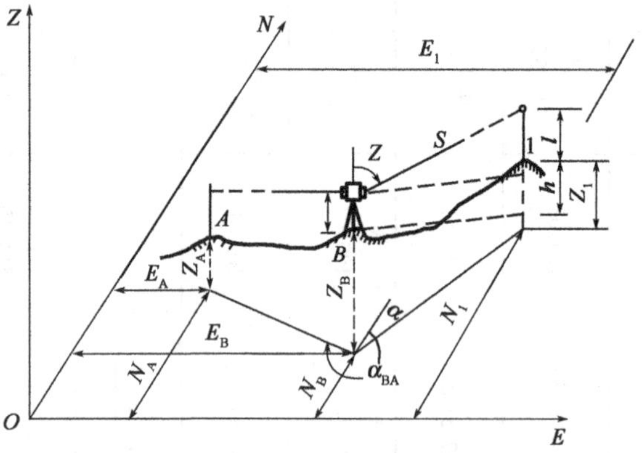

图 5-3-1　坐标测量示意图

这项计算在将测站点和后视点坐标输入全站仪后,仪器能自动计算。在照准后视点后,通过键盘操作,能将水平度盘读数设置为计算出的该方向的坐标方位角,即 N 方向的水平度盘读数为0°。此时仪器的水平度盘读数与坐标方位角值相同。当用仪器照准 1 点后,显示的水平角就是测站至 1 点的坐标方位角值。测出测站至 1 点的距离后,1 点的坐标即可按下列公式算出:

$$\left. \begin{array}{l} N_1 = N_B + S \cdot \sin Z \cdot \cos\alpha \\ E_1 = E_B + S \cdot \sin Z \cdot \sin\alpha \\ Z_1 = Z_B + S \cdot \cos Z + i - l \end{array} \right\} \tag{5-3-2}$$

式中:N_1、E_1、Z_1——测点坐标;

　　N_B、E_B、Z_B——测站点坐标;

　　　　S——测站点至测点斜距;

　　　　Z——棱镜中心的天顶距;

α——测站点至测点方向的坐标方位角；

i——仪器高；

l——目标高（棱镜高）。

二、全站仪导线测量步骤

实际上，全站仪导线测量是由全站仪机内软件计算完成的，通过操作键盘即可直接得到测点坐标。操作步骤如下：

1.测量模式的选择

坐标测量模式下各功能软键见表5-3-1。

全站仪功能软键实际功能一览表　　　　　　　　　　表5-3-1

模　式	页	显　示	软　键	功　能
坐标测量模式	1	测量	F1	启动坐标测量
		模式	F2	设置精测/粗测/跟踪模式
		音响	F3	设置音响模式
		P1↓	F4	下一页（P2）
	2	镜高	F1	输入棱镜高
		仪高	F2	输入仪器高
		测站	F3	设置仪器测站坐标
		P2↓	F4	下一页（P1）

2.设置测站点坐标

在角度测量模式下，可按下述步骤进行操作：

（1）按[↵]键；

（2）按[F4]（P1）键，进入第2页；

（3）按[F3]（测站）键，显示以前的测站坐标；

（4）按[N]，输入 N 坐标，点击[设置]；

（5）按[E]，输入 E 坐标，点击[设置]；

（6）按[H]，输入 H 坐标（高程），点击[设置]，即完成测站点坐标的设置。

3.仪器高和目标高的输入

仪器高是指仪器的横轴至测站点的垂直高度，目标高是指棱镜中心至测点的垂直高度，两者均需用钢尺量得。

确认在角度测量模式下，以输入仪器高为例介绍操作步骤：

（1）按[↵]键；

（2）按[F4]（P1）键，进入第2页；

（3）按[F2]（仪高）键，显示以前的仪器高；

（4）点击[输入]，输入仪器高，再点击[设置]，即完成仪器高的设置。

4. 坐标测量的操作

在进行坐标测量时，通过输入测站点坐标、仪器高和棱镜高，即可直接测定点的坐标。

在确认当前处于角度测量模式下，可按下述步骤完成全部操作过程：

（1）照准已知后视点，设置其坐标方位角，方法与本章第三节中所述角度测量水平度盘读数的设置相同；

（2）照准目标点的棱镜；

（3）按[↙]键，开始坐标测量。

如图 5-3-2 所示附合导线，用全站仪进行观测，观测时先置仪器于 B 点，后视 A 点，观测 2 点坐标，再将仪器置于 2 点，后视 1 点，观测 3 点坐标。如此依次观测，最后得到 C 点的坐标观测值。

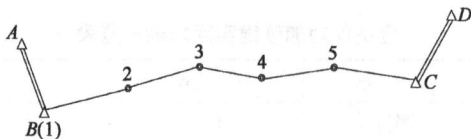

图 5-3-2　附合导线

三、全站仪导线测量数据处理

全站仪由于直接测量点位的坐标，所以数据处理就是对坐标值进行平差处理。如图 5-3-2 所示，设 C 点的坐标观测量为 (x'_C, y'_C)，其已知坐标为 (x_C, y_C)，则纵横坐标闭合差 f_x、f_y 分别为：

$$\left.\begin{array}{l} f_x = x'_C - x_C \\ f_y = y'_C - y_C \end{array}\right\} \tag{5-3-3}$$

同样可算出导线全长闭合差：

$$f = \sqrt{f_x^2 + f_y^2} \tag{5-3-4}$$

导线全长相对闭合差：

$$K = \frac{f}{\sum D} = \frac{1}{\sum D / f} \tag{5-3-5}$$

当导线全长相对闭合差不大于表 5-2-1 规定的容许值时，即可按照下式计算各点坐标改正数：

$$\left.\begin{array}{l} v_{x_i} = -\dfrac{f_x}{\sum D} \times \sum D_i \\ v_{y_i} = -\dfrac{f_y}{\sum D} \times \sum D_i \end{array}\right\} \tag{5-3-6}$$

式中：$\sum D$——导线全长；

$\sum D_i$——第 i 点之前导线边长之和。

改正后的各点坐标为：

$$\left.\begin{array}{l} x_i = x'_i + v_{x_i} \\ y_i = y'_i + v_{y_i} \end{array}\right\} \tag{5-3-7}$$

式中：x'_i、y'_i——第 i 点的坐标观测值。

全站仪导线测量近似平差计算

表 5-3-2

点号	坐标观测值(m)		H	边长 D(m)	坐标改正数(mm)			坐标平差值(m)		H
	x	y			v_x	v_y	v_H	x	y	
A								31242.685	19631.274	
$B(1)$				1573.261				27654.173	16814.216	462.874
2	26861.436	18173.156	467.102	865.360	−5	+4	+6	26861.431	18173.160	467.108
3	27150.098	18988.951	460.912	1238.023	−8	+6	+9	27150.090	18988.957	460.921
4	27286.434	20219.444	451.446	1821.746	−12	+9	+13	27286.422	20219.453	451.459
5	29104.742	20331.319	462.178	507.681	−18	+14	+20	29104.724	20331.333	462.198
$C(6)$	29564.269	20547.130	468.518		−19	+16	+22	29564.250	20547.146	468.540
D				$\sum D = 6006.071$				30666.511	21880.362	
辅助 计算	$f_x = x'_C - x_C = 19mm$ $f_y = y'_C - y_C = -16mm$ $f_H = H'_C - H_C = -22mm$			$f = \sqrt{f_x^2 + f_y^2} = 24mm$ $K = \dfrac{f}{\sum D} = \dfrac{1}{\sum D/f} = 1/250000$				略图		

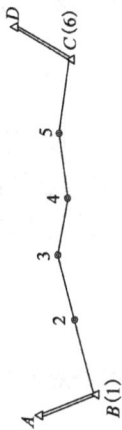

由于全站仪测量可以同时测算导线点的高程与坐标,因此高程的计算可以与坐标计算一并进行。高程闭合差为:

$$f_H = H'_C - H_C \qquad\qquad (5\text{-}3\text{-}8)$$

式中:H'_C——C 点的高程观测值;

　　H_C——C 点已知高程。

各导线点的高程改正数为:

$$v_{H_i} = -\frac{f_H}{\sum D} \times \sum D_i \qquad\qquad (5\text{-}3\text{-}9)$$

改正后的各点高程为:

$$H_i = H'_i + v_{H_i} \qquad\qquad (5\text{-}3\text{-}10)$$

式中:H'_i——第 i 点的高程观测值。

以坐标为观测量的近似平差计算见表 5-3-2。

第四节　交会法定点

在进行平面控制测量时,如果控制点的密度不能满足测图或工程的要求,则需要进行控制点加密,常采用交会法进行单点(或双点)加密。交会法定点分为测角交会和距离交会两种。

一、测角交会

测角交会又分为前方交会、侧方交会和后方交会三种。

如图 5-4-1a)所示,分别在两个已知点 A 和点 B 上安置全站仪,测出图示的水平角 α 和 β,从而根据几何关系求算出 P 点的平面坐标的方法,称为前方交会。侧方交会与前方交会的不同之处是:所测的两个角中有一个是在未知点上测的,如图 5-4-1b)所示,分别在一个已知点(例如 A 点)和待定坐标的控制点 P 上安置全站仪,测出图示的水平角 α 和 γ,从而求算出 P 点的平面坐标的方法,称为侧方交会。如图 5-4-1c)所示,仅在待定坐标的控制点 P 上安置全站仪分别照准三个已知点(图中的 A、B、C 三点)测出图示的水平角 α 和 β,并根据已知点坐标,求算出 P 点的平面坐标的方法,称为后方交会。

本节仅介绍图 5-4-1a)所示的前方交会。

设已知 A 点的坐标为(x_A,y_A),B 点的坐标为(x_B,y_B),分别在 A、B 两点处设站,测出图示水平角 α 和 β,则未知点 P 的坐标可按以下方法进行计算。

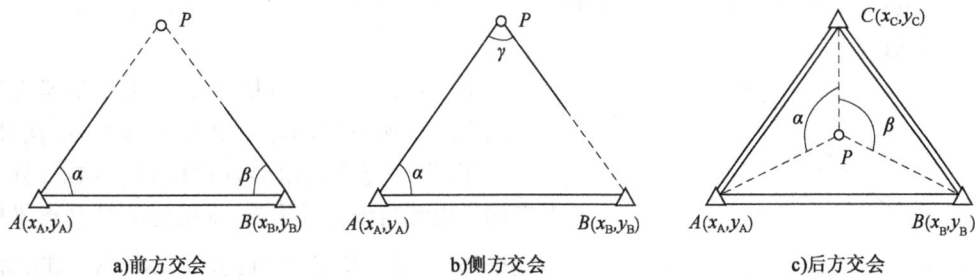

a)前方交会　　　　b)侧方交会　　　　c)后方交会

图 5-4-1　交会定点

1. 按导线推算 P 点的坐标

（1）用坐标反算公式计算 AB 边的坐标方位角 α_{AB} 和边长 D_{AB}：

$$\left.\begin{array}{l} \alpha_{AB} = \arctan \dfrac{y_B - y_A}{x_B - x_A} \\[2mm] D_{AB} = \sqrt{(x_B - x_A)^2 + (y_B - y_A)^2} \end{array}\right\} \tag{5-4-1}$$

（2）计算 AP、BP 边的坐标方位角 α_{AP}、α_{BP} 和边长 D_{AP}、D_{BP}：

$$\left.\begin{array}{l} \alpha_{AP} = \alpha_{AB} - \alpha \\[1mm] \alpha_{BP} = \alpha_{AB} \pm 180^\circ + \beta \\[1mm] D_{AP} = \dfrac{D_{AB}}{\sin\gamma}\sin\beta \\[2mm] D_{BP} = \dfrac{D_{AB}}{\sin\gamma}\sin\alpha \end{array}\right\} \tag{5-4-2}$$

式中，$\gamma = 180^\circ - \alpha - \beta$ 且有 $\alpha_{PA} - \alpha_{PB} = \gamma$（可作检核）。

（3）用坐标正算公式计算 P 点的坐标：

$$\left.\begin{array}{l} x_P = x_A + D_{AP} \cdot \cos\alpha_{AP} \\ y_P = y_A + D_{AP} \cdot \sin\alpha_{AP} \end{array}\right\} \tag{5-4-3}$$

或

$$\left.\begin{array}{l} x_P = x_B + D_{BP} \cdot \cos\alpha_{BP} \\ y_P = y_B + D_{BP} \cdot \sin\alpha_{BP} \end{array}\right\} \tag{5-4-4}$$

由式(5-4-3)和式(5-4-4)计算的 P 点坐标理应相等，可互相校核。由于计算中存在小数位的取舍，可能有微小差异，可取其平均值。

2. 按余切公式（变形的戎格公式）计算 P 点的坐标

略去推导的过程，P 点的坐标计算公式为：

$$\left.\begin{array}{l} x_P = \dfrac{x_A \cdot \cot\beta + x_B \cdot \cot\alpha + (y_B - y_A)}{\cot\alpha + \cot\beta} \\[3mm] y_P = \dfrac{y_A \cdot \cot\beta + y_B \cdot \cot\alpha - (x_B - x_A)}{\cot\alpha + \cot\beta} \end{array}\right\} \tag{5-4-5}$$

在利用式(5-4-5)计算时,三角形的点号 A、B、P 应按逆时针顺序排列,其中 A、B 为已知点,P 为未知点。

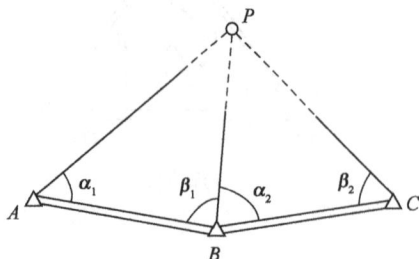

图 5-4-2　三点前方交会

为了校核和提高 P 点精度,前方交会通常在三个已知点上进行观测,如图 5-4-2 所示,测定 α_1、β_1 和 α_2、β_2,然后由两个交会三角形各自按式(5-4-5)计算 P 点坐标。因测角误差的影响,求得的两组 P 点坐标不会完全相同,其点位较差为 $\Delta D = \sqrt{\delta_x^2 + \delta_y^2}$,其中 δ_x、δ_y 分别为两组 x_P、y_P 坐标值之差。当 $\Delta D \leqslant 2 \times 0.1M$(mm)(M 为测图比例尺分母)时,可取两组坐标的平均值作为最后结果。

在实际应用中,具体采用哪一种交会法进行观测,需要根据现场的实际情况而定。为了提高交会的精度,在选用交会法的同时,还要注意交会图形的好坏。一般情况下,当交会角[要加密的控制点与已知点所成的水平角,例如图 5-4-1a)中的 $\angle APB$]接近 90°时,其交会精度最高(在此不做推导)。

二、距离交会

如图 5-4-3 所示,在求算要加密控制点 P 的坐标时,采用测量出图示边长 a 和 b,然后利用几何关系求算出 P 点的平面坐标的方法,称为距离(测边)交会法。与测角交会一样,距离交会也能获得较高的精度。由于全站仪和光电测距仪在公路工程中的普遍应用,这种方法在测图或工程中已被广泛应用。

如图 5-4-3 所示,A、B 为已知点,测得两条边长分别为 a、b,则 P 点的坐标可按下述方法计算。

首先利用坐标反算公式计算 AB 边的坐标方位角 α_{AB} 和边长 s:

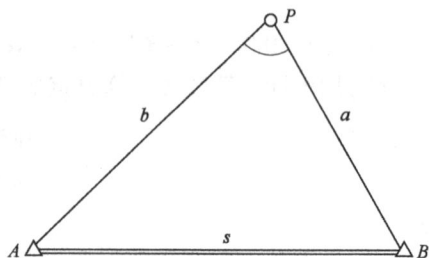

图 5-4-3　距离交会

$$\left.\begin{aligned}\alpha_{AB} &= \arctan \frac{y_B - y_A}{x_B - x_A} \\ s &= \sqrt{(x_B - x_A)^2 + (y_B - y_A)^2}\end{aligned}\right\} \quad (5\text{-}4\text{-}6)$$

根据余弦定理可求出 $\angle PAB$:

$$\angle PAB = \cos^{-1}\left(\frac{s^2 + b^2 - a^2}{2bs}\right)$$

因为

$$\alpha_{AP} = \alpha_{AB} - \angle PAB$$

P 点的坐标可由坐标正算求出:

$$\left.\begin{aligned}x_P &= x_A + b \cdot \cos \alpha_{AP} \\ y_P &= y_A + b \cdot \sin \alpha_{AP}\end{aligned}\right\} \quad (5\text{-}4\text{-}7)$$

以上是两边交会法,工程中为了检核的方便和提高 P 点的精度,通常采用三边交会法,如图 5-4-4 所示。三边交会观测三条边,分两组计算 P 点坐标并进行核对,最后取其平均值。

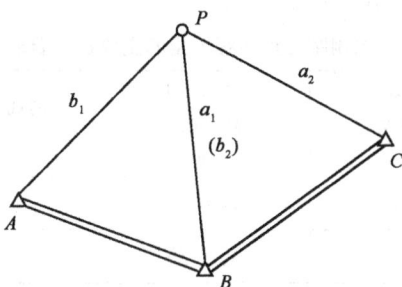

图 5-4-4　三边交会

第五节　三角高程测量

在丘陵地区或山区,由于地面高低起伏较大,或当水准点位于较高建筑物上,用水准测量作高程控制时困难大且速度慢,甚至无法施测,这时可考虑采用三角高程测量。目前大多采用全站仪进行三角高程测量。

1.三角高程测量的原理

三角高程测量是根据地面上两点间的水平距离 D 和测得的竖直角 α 来计算两点间的高差 h。如图 5-5-1 所示,已知 A 点高程为 H_A,现欲求 B 点高程 H_B。在 A 点安置全站仪,同时量测出 A 点至全站仪横轴的高度 i,称为仪器高。在 B 点立觇标,其高度为 l,称为觇高程。

用望远镜的十字丝交点照准觇标顶端,测出竖直角 α。另外,若已知(或测出)A、B 两点间的水平距离 D_{AB},则可求得 AB 两点间的高差 h_{AB}:

$$h_{AB} = D_{AB} \cdot \tan\alpha + i - l \qquad (5\text{-}5\text{-}1)$$

由此得到 B 点的高程为:

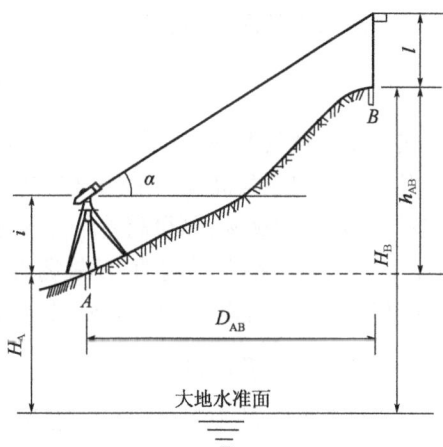

图 5-5-1　三角高程测量

$$H_B = H_A + h_{AB} = H_A + D_{AB} \cdot \tan\alpha + i - l \qquad (5\text{-}5\text{-}2)$$

具体应用上述公式时,要注意竖直角的正负号,当竖直角 α 为仰角时取正号,当竖直角 α 为俯角时取负号。

2.三角高程测量的等级及技术要求

对于光电测距三角高程控制测量,一般分为两级,即四等和五等三角高程测量,它们可作为测区的首级控制。光电测距三角高程测量的主要技术要求和观测的主要技术要求应符合表5-5-1和表5-5-2的规定。对仪器和反射棱镜高度应使用仪器配置的测尺和专用测杆于测前、测后各测量1次,两次较差不得大于2mm。

光电测距三角高程测量的主要技术要求　　　　　表5-5-1

等　　级	测回内同向观测高差较差（mm）	同向测回间高差较差（mm）	对向观测高差较差（mm）	附合或环线闭合差（mm）
四等	≤8 $\sqrt{D}$	≤10 $\sqrt{D}$	≤40 $\sqrt{D}$	≤20 $\sqrt{\sum D}$
五等	≤8 $\sqrt{D}$	≤15 $\sqrt{D}$	≤60 $\sqrt{D}$	≤30 $\sqrt{\sum D}$

注:D 为测距边长度,以 km 为单位。

光电测距三角高程测量观测的主要技术要求　　　　　表5-5-2

等级	仪器	测距边测回数	边长（mm）	垂直角测回数（中丝法）	指标差较差（"）	垂直角较差（"）
四等	DJ$_2$	往返均≥2	≤600	≥4	≤5	≤5
五等	DJ$_2$	≥2	≤600	≥2	≤10	≤10

3. 地球曲率和大气折光的影响(球气两差改正)

在三角高程测量时,一般情况下,需要考虑地球曲率和大气折光对所测高差的影响,即要进行地球曲率和大气折光的改正,简称球气两差改正。

球气两差在单向三角高程测量中必须进行改正,即式(5-5-1)应写为:

$$h_{AB} = D_{AB}\tan\alpha + i - l + f \qquad (5\text{-}5\text{-}3)$$

式中,f 是球气两差改正数,具体计算方法可参考有关资料。

但对于双向三角高程测量(又称对向观测或直反觇观测,即先在已知高程的 A 点安置仪器,在另一 B 点立觇标,测得高差h_{AB},称为直觇;然后再在 B 点安置仪器,A 点立觇标,测得高差h_{BA},称为反觇)来说,若将直、反觇测得的高差值取平均值,可以抵消球气两差的影响,所以三角高程测量一般都采用对向观测,且宜在较短的时间内完成。

4. 三角高程测量的施测方法

三角高程测量的观测与计算应按下述步骤进行:

(1)安置仪器于测站上,量出仪器高 i,将觇标立于测点上,量出觇高程 l,读数至毫米(mm)。

(2)采用测回法观测竖直角 α,取平均值作为最后结果。

(3)采用对向观测,方法同前两步。

(4)应用式(5-5-1)和式(5-5-2)计算高差及高程。

以上计算与观测均应满足表5-5-1、表5-5-2 的要求。

本章小结

(1)在全国范围内建立的控制网称为国家控制网。国家平面控制网由专门的测量机构完成,主要用于全国各种测绘和工程建设以及施工的基本控制。国家平面控制网按其精度分成一、二、三、四等。其中,一等网精度最高,逐级降低;而控制点的密度则是一等网最小,逐级增大。

(2)平面控制测量是指在整个测区范围内,选定若干个具有控制作用的点(称为控制点),组成一定的几何图形(称为控制网),通过外业测量,并根据外业测量数据进行计算,来获得控制点平面位置的工作。

(3)导线测量是进行平面控制测量的一种方法。根据测区的情况和要求,导线可以布设成闭合导线、附合导线和支导线几种形式。导线测量的外业工作主要是选点、测角和量(测)距。

(4)导线测量的内业计算是求算各导线点的坐标,因此需要依次推算各导线边的坐标方位角;由导线边的边长和坐标方位角,计算两相邻导线点的坐标增量,然后推算各点的坐标。

闭合导线坐标计算步骤是:

①计算角度闭合差f_β并进行调整;

②推算各边的坐标方位角;

③计算各边的坐标增量 Δx、Δy;

④计算纵、横坐标增量闭合差f_x、f_y和导线全长闭合差f_D及相对误差 K,并进行增量闭合差调整;

⑤计算各导线点的坐标X_i,Y_i。

附合导线坐标计算步骤与闭合导线相同,只是角度闭合差f_β和横、纵坐标增量闭合差f_x、f_y的计算公式不同而已。

(5)全站仪由光电测距仪、电子经纬仪和数据处理系统组成。使用全站仪可以完成测角、量边、坐标测量等操作。全站仪由于直接测量点位的坐标,所以其数据处理就是对坐标值进行平差处理。

课后习题

(1)国家平面控制网的作用是什么?

(2)什么叫导线、导线点、导线边、转折角?

(3)导线的形式主要有哪几种?各在什么情况下采用?

(4)导线测量的目的是什么?其外业工作如何进行?

(5)随着测绘技术的发展,目前测绘领域建立平面控制网的首选方法是什么?

(6)如何计算闭合导线和附合导线的角度闭合差?

(7)如何根据导线各边的坐标方位角确定坐标增量的正负号?

(8)何谓导线坐标增量闭合差?何谓导线全长相对闭合差?坐标增量闭合差是根据什么原则进行分配的?

(9)闭合导线与附合导线的内业计算有何异同点?

(10)什么是坐标正算?什么是坐标反算?坐标反算时坐标方位角如何确定?

(11)如题表5-1所示,已知坐标方位角及边长,试计算各边的坐标增量 Δx、Δy。

坐标方位角及边长记录表   题表5-1

边　号	坐标方位角(°　′　″)	边长(m)
AB	81　45　37	346.512
BC	94　33　59	523.805
CD	267　21　44	527.024

(12)如题表5-2所示,已知 P_1 至 P_4 各点坐标,试计算 P_1P_2 和 P_3P_4 的坐标方位角和边长。

坐标方位角及边长记录表   题表5-2

点　号	x(m)	y(m)	点　号	x(m)	y(m)
P_1	9821.071	4293.387	P_3	9187.419	2642.792
P_2	9590.933	4043.074	P_4	9310.541	2931.040

(13)某闭合导线,其横坐标增量总和为 $-0.35\mathrm{m}$,纵坐标增量总和为 $+0.46\mathrm{m}$,如果导线总长度为 1216.39m,试计算导线全长相对闭合差和每 100m 边长的坐标增量改正数。

(14)题图5-1为闭合导线,已知 $\alpha_{12} = 143°07'15''$,$P_1$ 点坐标 $x_{\mathrm{P1}} = 539.740\mathrm{m}$,$y_{\mathrm{P1}} = 6484.080\mathrm{m}$,观测数据如题表5-3所列,求闭合导线各点坐标。

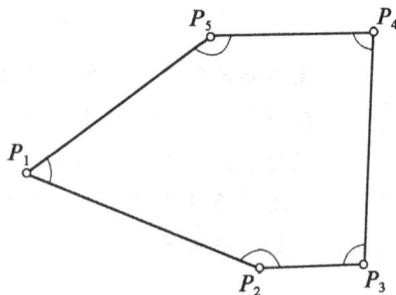

题图 5-1

闭合导线各点坐标观测数据记录表　　题表 5-3

点　号	角值(° ′ ″)	边长(m)
P_1	60　33　15	
		155.55
P_2	156　00　45	
		25.77
P_3	88　58　40	
		123.68
P_4	95　23　00	
		76.57
P_5	139　05　00	
		111.09
P_1		

(15) 题图 5-2 为附合导线, 观测数据如题表 5-4 所列, 求附合导线各点坐标。

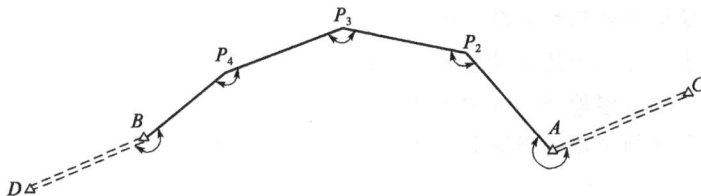

题图　5-2

闭合导线各点坐标观测数据记录表　　题表 5-4

点　号	角值(° ′ ″)	边长(m)
C		
A	291　07　50	
		388.06
P_2	174　45　20	
		283.38
P_3	143　47　40	
		59.89
P_4	128　53　00	
		161.93
B	222　53　30	
D		

第六章
CHAPTER SIX
大比例尺地形图的测绘

📖 **学习目标**

(1)掌握地形图的基础知识；
(2)了解地形图的符号表示方法；
(3)了解数字地形图的内外业工作方法；
(4)掌握地形图的识读与应用。

第一节　地形图的基础知识

在测量工作中,通常将地球表面天然和人工形成的各种固定物称为地物,将地球表面高低起伏的形态称为地貌。地物和地貌二者合称为地形。地形图的测绘就是将地球表面某区域内的地物和地貌按正射投影的方法和一定的比例尺,用规定的图式符号测绘到图纸上。这种表示地物和地貌平面位置和高程的图称为地形图。地形图的测绘应遵循"从整体到局部""先控制后碎部"的原则,先根据测图的目的及测区的具体情况,建立平面及高程控制网,然后在控制点基础上进行地物和地貌的碎部测量。碎部测量是利用全站仪等测量仪器及 GNSS 以相应的方法,测绘地物轮廓点和地面起伏点的平面位置和高程,并将其绘制在图纸上的工作。为了便于测图和用图,需要用各种符号将实地上的地物和地貌表示在图上,这些符号为地形图图式。地形图图式由国家测绘机关统一颁布,地形图图式中的符号有三种:地物符号、地貌符号、注记符号,它们是测图和用图的重要依据。在地形图上可以获取地貌、地物、居民点、水系、交通、通信、管线、农林等多方面的自然地理和社会政治经济信息。因此,地形图是进行建筑工程规划、设计和施工的重要依据。

一、地形图的比例尺

地图制图就是把地面上的线段按某一比率缩小到地图平面上,这个缩小比率就是地图比

例尺。因此,地形图的比例尺可定义为:地形图上某线段的长度与实地对应线段的投影长度之比,即:

$$\frac{1}{M} = \frac{l}{L} \quad \text{或} \quad 1 : M \tag{6-1-1}$$

式中:M——地形图比例尺分母;

l——地形图上某线段的长度;

L——实地相应的投影长度。

从式(6-1-1)可知,地形图比例尺分母 M 越大,则地图的比例尺就越小;反之,M 越小,则比例尺就越大,地图能表示地形变化的状况越详细,精度越高。地形图比例尺也可以写成 1∶500、1∶1000 等。

利用式(6-1-1)可进行地形图上的线段与实地对应线段投影长度之间的换算,还可以求出地图上某区域面积与实地对应区域的投影面积之比的关系式,即:

$$\frac{1}{M^2} = \frac{f}{F} \tag{6-1-2}$$

式中:f——地图上某区域的面积;

F——实地对应区域的投影面积。

我国把地形图按比例尺的大小,划分为大、中、小三种比例尺地形图。一般把 1∶5000 ～ 1∶500 比例尺的地形图,称为大比例尺地形图;把 1∶100000 ～ 1∶10000 比例尺的地形图,称为中比例尺地形图;把小于 1∶100000 比例尺的地形图,称为小比例尺地形图。地形图比例尺大小的选用,可根据地形图能反映图面的内容和需要进行规划设计的要求而定。目前在公路、铁路、水利及城市规划设计等工程建设上,普遍使用大比例尺地形图。

图上内容的显示程度与地形图比例尺的大小有很大关系。因此,必须了解各种比例尺地图所能达到的最大精度。显然,地图所能达到的最大精度取决于人眼的分辨能力和绘图与印刷的能力。由于人眼的分辨能力在一般情况下能分辨出的两点间的最小距离约为 0.1mm,因此,某种比例尺地形图上 0.1mm 所对应的实地投影长度,称为这种比例尺地形图的最大精度,或称该地形图比例尺精度,见表 6-1-1。例如,在测图和用图时要求在地形图上能反映出地面上 10cm 的细节,则所选用的测图比例尺应不小于 1∶1000。

比 例 尺 精 度　　　　　　　　　　表 6-1-1

比例尺	1∶500	1∶1000	1∶2000	1∶5000	1∶10000
比例尺精度(m)	0.05	0.1	0.2	0.5	1.0

二、地形图符号表示方法

1.地物的表示方法

地物符号分为依比例尺符号、半依比例尺符号与不依比例尺符号。如地面上的房屋、桥梁、旱田等地物可以依比例尺缩小,其长度和宽度能依比例尺表示的地物符号,称为依比例尺符号。某些地物的轮廓较小,如三角点、导线点、水准点、水井等依比例尺缩小后,其长度和宽度不能依比例尺表示的地物符号,称为不依比例尺符号。对一些呈线状延伸的地物,如铁路、公路、管线、围墙、篱笆等,其长度能依比例缩绘,但其宽度则不能依比例表示的符号称为半依比例尺符号。

在不同比例尺的地形图上表示地面上同一地物,由于测图比例尺的不同,所使用的符号也会变化。如一个直径为6m的水塔和路宽为2.5m的小路,在1∶1000的图上可用依比例尺符号表示,但在1∶5000的图上只能用不依比例尺符号或半依比例尺符号表示。

为了表明地物的种类和特征,除用相应的地物符号表示外,还需配合一定的文字和数字加以说明,这些均称为注记符号。如地名、路名、单位名、房屋的结构和层数、河流名称、水流方向以及等高线的高程和散点的高程等。表6-1-2所列为《国家基本比例尺地图图式　第1部分:1∶500　1∶1000　1∶2000　地形图图式》(GB/T 20257.1—2017)中部分常用地物和地貌符号。

常用地物和地貌符号

表6-1-2

编号	符 号 名 称	符 号 式 样	编号	符 号 名 称	符 号 式 样
1	三角点 a.土堆上的 　张湾岭、黄土岗—— 　点名 156.718、203.623—— 高程 5.0——比高	3.0 △ $\dfrac{张湾岭}{156.718}$ a　5.0 △ $\dfrac{黄土岗}{203.623}$	4	埋石图根点 a.土堆上的 　12、16——点号 275.46、175.64—— 高程 2.5——比高 不埋石图根点 　19——点号 84.47——高程	2.0 ⌗ $\dfrac{12}{275.46}$ a　2.5 ⌗ $\dfrac{16}{175.64}$ 2.0 ▫ $\dfrac{19}{84.47}$
2	小三角点 a.土堆上的 　摩天岭、张庄—— 　点名 294.91、156.71—— 高程 4.0——比高	3.0 ▽ $\dfrac{摩天岭}{294.91}$ a　4.0 ▽ $\dfrac{张庄}{156.71}$	5	水准点 Ⅱ——等级 京石5——点名点号 32.805——高程	2.0 ⊗ $\dfrac{Ⅱ京石5}{32.805}$
3	导线点 a.土堆上的 I16、I23——等级、 　点号 84.46、94.40—— 高程 2.4——比高	2.0 ⊙ $\dfrac{I16}{84.46}$ a　2.4 ⊙ $\dfrac{I23}{94.40}$	6	卫星定位等级点 B——等级 14——点号 495.263——高程	3.0 △ $\dfrac{B14}{495.263}$

续上表

编号	符号名称	符号式样	编号	符号名称	符号式样
7	沟堑 a.已加固的 b.未加固的 2.6——比高		11	水塔 a.依比例尺的 b.不依比例尺的	
8	涵洞 a.依比例尺的 b.半依比例尺的		12	烟囱及烟道 a.烟囱 b.烟道 c.架空烟道	
9	单幢房屋 a.一般房屋 b.裙楼 　b1.楼层分割线 c.有地下室的房屋 d.简易房屋 e.突出房屋 f.艺术建筑 　混、钢——房屋结构 　2、3、8、28——房 　屋层数 　(65.2)——建筑 　高度 　-1——地下房屋 　层数		13	旗杆	
10	窑洞 a.地面上的 　a1.依比例尺的 　a2.不依比例尺的 　a3.房屋式的窑洞 b.地面下的 　b1.依比例尺的 　b2.不依比例尺的		14	气象台(站)、测风塔	

续上表

编号	符 号 名 称	符 号 式 样	编号	符 号 名 称	符 号 式 样
15	围墙 a.依比例尺的 b.不依比例尺的	a ─── 10.0 ─── b ── 10.0 ── 0.5 ─ 0.3	20	高速公路 a.隔离带 b.临时停车点 c.建筑中的	a 0.4 / 0.2 / 0.4 ① (G5) b c ──── 0.4 3.0 25.0
16	栅栏、栏杆	○─10.0─○─1.0─○──	21	国道 a.一级公路 a1.隔离设施 a2.隔离带 b.二至四级公路 c.建筑中的 ①、②——技术等级代码 （G305）、（G301）——国道代码及编号	a 0.3 / 0.15 a1 a2 ① (G305) 0.3 b ② G301 0.3 c 3.0 20.0 0.3
17	篱笆	┃─10.0─┃─1.0─↓ 0.5	22	专用公路 a.有路肩的 b.无路肩的 ②——技术等级代码 （Z301）——专用公路代码及编号 c.建筑中的	a ②(Z301) 0.3 / 0.3 b ②(Z301) 0.3 / 0.3 c 2.0 10.0
18	活树篱笆	•○•○─6.0─○─1.0─○•○• 0.6	23	县道、乡道及村道 a.有路肩的 b.无路肩的 ⑨——技术等级代码 （X301）——县道代码及编号 c.建筑中的	a ⑨(X301) 0.3 / 0.3 b ⑨(X301) 0.2 / 0.2 c 0.2 / 0.2 1.0 10.0
19	台阶	0.6 1.0 1.0	24	隧道 a.依比例尺的出入口 b.不依比例尺的出入口	a b 1.0 45°

续上表

编号	符 号 名 称	符 号 式 样	编号	符 号 名 称	符 号 式 样
25	路堤 a.已加固的 b.未加固的	a ... b ...	33	内部道路	1.0 ... 1.0
26	电杆	1.0 ○	34	路堑 a.已加固的 b.未加固的	a ... b ...
27	电线架	...	35	高压输电线 架空的 a.电杆 35——电压(kV)	a 4.0 35
28	旱地	1.3 2.5 ⊥⊥ 10.0 ⊥⊥ 10.0	36	配电线 架空的 a.电杆	a 8.0
29	经济作物地	1.0 2.5 10.0 10.0	37	稻田 a.田埂	0.2 a 2.5 10.0 10.0
30	行树 a.乔木行树 b.灌木行树	a ... b	38	菜地	10.0 10.0
31	地铁 a.地面下的 b.地面上的 c.高架的 d.地铁站出入口 　d1.依比例尺的 　d2.不依比例尺的	1.0 a 8.0 b c 2.0 2.0 d d1 ◉ d2 ◎	39	幼林、苗圃	1.0 幼 10.0 10.0
32	高架路 a.高架快速路 b.高架路 c.引道	a 0.4 c b	40	花圃、花坛	1.5 1.5 10.0 10.0

2.地貌的表示方法

地貌是指地球表面高低起伏、凹凸不平的自然形态。地球表面的形态、地貌一般可归纳为五种基本形状(图6-1-1)。

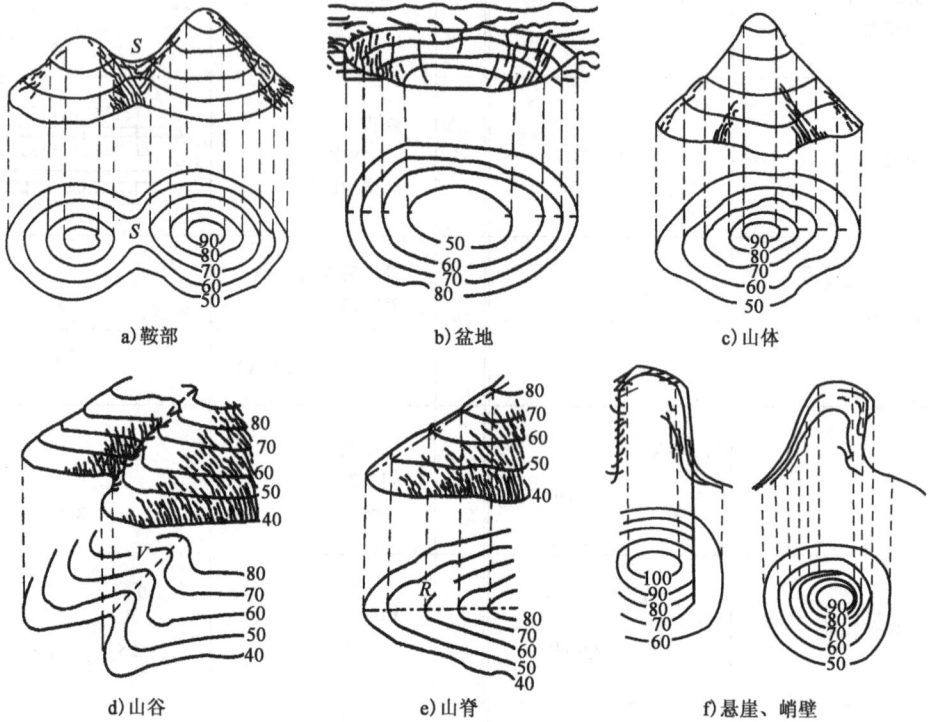

图6-1-1　地貌基本形态及其等高线

（1）山：较四周显著凸起的高地称为山，大者叫山岳，小者(山高低于200m)叫山丘；山的最高点叫山顶，尖的山顶叫山峰。山的侧面叫山坡(斜坡)。山坡的倾斜度在20°~45°的叫陡坡，几乎成竖直形态的叫峭壁(陡壁)；下部凹入的峭壁叫悬崖；山坡与平地相交处叫山脚。

（2）山脊：山的凸棱由山顶延伸至山脚者叫山脊，山脊最高的棱线称为山脊线(或分水线)。

（3）山谷：两山脊之间的凹部称为山谷。山谷两侧称为谷坡；两谷坡相交部分叫谷底；谷底最低点连线称为山谷线(又称合水线)；谷地与平地相交处称为谷口。

（4）鞍部：两个山顶之间的低洼山脊处，形状像马鞍形，称为鞍部。

（5）盆地(洼地)：四周高中间低的地形叫盆地。最低处称为盆底。盆地没有泄水道，水都停滞在盆地中最低处。湖泊实际上是汇集有水的盆地。

地球表面的形状虽千差万别，但实际上都可看作是一个个不规则的曲面。这些曲面是由不同方向和不同倾斜的平面所组成，两相邻斜面相交处即为棱线，山脊和山谷都是棱线，也称为地貌特征线(地性线)，如果将这些棱线端点的高程和平面位置测出，则棱线的方向和坡度也即确定。

在地面坡度变化的地方，比较显著的有：山顶点、盆地中心点、鞍部最低点、谷口点、山脚点、坡度变换点等,都称为地貌特征点。这些特征点和特征线构成地貌的骨骼。在地貌测绘中,立尺点就应选择在这些特征点上。特征点主要是由地球本身内部矛盾运动(内力和外力作用)的结果而形成的,因此,地球表面的自然形态多数是有一定规律性的,认识了这种规律性,然后采用恰当的符号,即可将它表示在图纸上。

在大比例尺地形图上最常用的表示地面高低起伏变化的方法是等高线法,所以等高线是常见的地貌符号。但对梯田、峭壁、冲沟等特殊的地貌,不便用等高线表示时,可根据地形图图式绘制相应的符号。

三、等高线

在地形图上,显示地貌的最直观的方法是等高线。等高线能真实反映出地貌形态和地面的高低起伏。

1. 等高线的概念

在图 6-1-2 中,有一高地被等距离的水准面所截,在各水准面上得到相应的截交线,将这些截交线沿垂直方向投影到同一个水平面 H 上便得到一组表示该高地起伏情况的闭合曲线,即等高线。所以等高线就是地面上高程相等的相邻各点连成的闭合曲线,也就是水准面与地面相交的曲线。

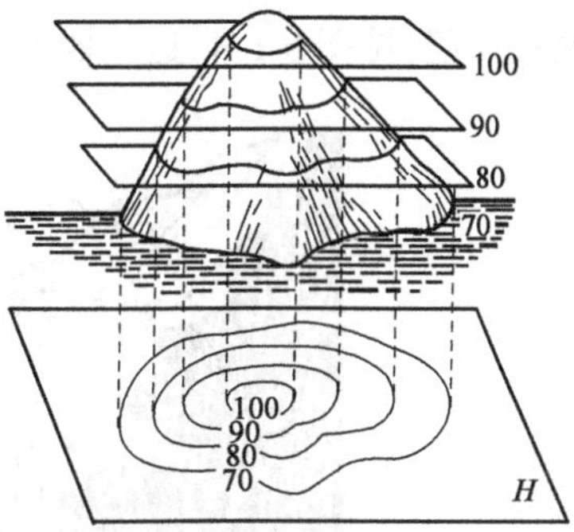

2. 等高距和等高线平距

从上述介绍中可知,等高线是一定高度的水准面与地面相交的截线。水准面的高度不同,等高线表示地面的高程也不同。因此,两条相邻等高线之间的高差称为等高距。相邻两等高线之间的水平距离称为等高线平距。等高距越小,图

图 6-1-2 等高线

上等高线越密集,地貌显示就越详细;等高距越大,图上等高线越稀疏,地貌显示就越粗略。但在同一幅地形图内,只能有一种基本等高距,一般按表 6-1-3 确定。

地形图基本等高距　　表 6-1-3

地 形 类 别	不同比例尺的基本等高距(m)			
	1:500	1:1 000	1:2 000	1:5 000
平原	0.5	0.5	1.0	1.0
微丘	0.5	1.0	2.0	2.0
重丘	1.0	1.0	2.0	5.0
山岭	1.0	2.0	2.0	5.0

3. 等高线的分类

为了更好地表示地貌的特征,便于识图用图,地形图上主要采用下列三种等高线:
(1)首曲线(又称基本等高线),即按基本等高距测绘的等高线。

(2)计曲线(又称加粗等高线),即每隔四条首曲线加粗描绘一条等高线,其目的是方便计算高程。

(3)间曲线(又称半距等高线),是按1/2基本等高距测绘的等高线,以便显示首曲线不能显示的地貌特征。在平地,当首曲线间距过稀时,可加测间曲线,间曲线可不闭合,但一般应对称。图6-1-3表示首曲线、计曲线、间曲线的情况。

4.等高线的规律和特性

等高线的规律和特性可归纳为以下几点:

(1)同一条等高线上的各点高程相等。

(2)每条等高线必为闭合曲线,如果不在同一幅图内闭合,也会跨越一个或多个图幅闭合。

(3)不同高程的等高线一般不能相交。但是一些特殊地貌,如悬崖、陡壁、陡坎的等高线会重叠在一起,见图6-1-4,这些地貌必须加用陡壁、陡坎符号表示。

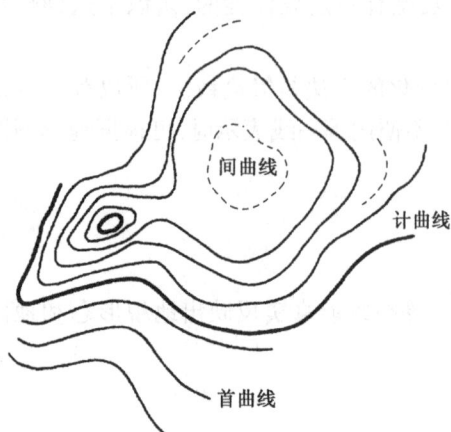

图6-1-3　等高线类型

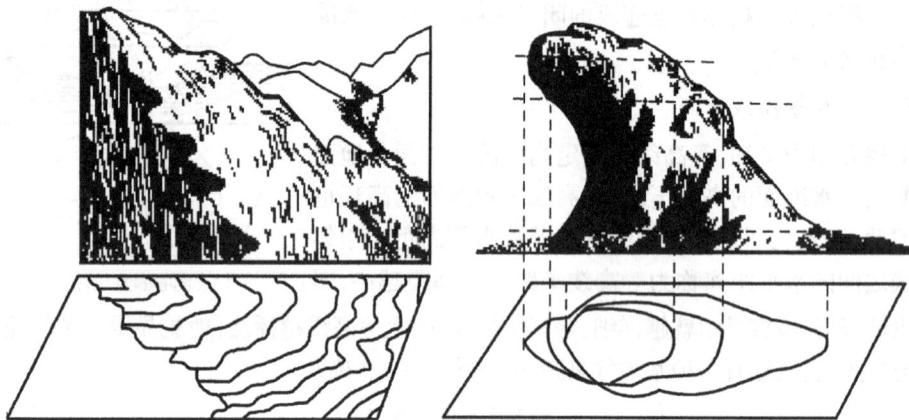

图6-1-4　等高线相交特殊情况

(4)等高线与地性线正交。即山脊线(分水线)、山谷线(集水线)均与等高线成正交。

(5)等高线间平距的大小与地面坡度的大小成反比。在同一幅地形图上,平距越大,地面坡度越小;反之,平距越小,地面坡度越大。

(6)等高线跨越河流时,不能直穿而过,要绕经上游通过。

四、地形图分幅与编号

为了便于测绘、使用和保管地形图,需要将大面积的地形图进行分幅,并将分幅的地形图进行系统编号。为此我国对每一种基本比例尺地形图的图廓大小都做了规定,对每一幅地形图给出了相应的号码标志,这就是地形图的分幅与编号。地形图分幅有两种方法:对于中、小比例尺地形图,按经纬线方向采用梯形分幅法;对于大比例尺地形图,则按坐标格网划分的方法采用矩形分幅法。这里仅介绍矩形分幅法。

大比例尺地形图矩形分幅法是以 1∶5000 比例尺地形图为基础按统一的直角坐标格网划分为正方形图幅,对于 1∶5000 比例尺的地形图采用纵、横 40cm × 40cm 的图幅,对于 1∶2000、1∶1000、1∶500 比例尺地形图则采用纵、横 50cm × 50cm 的图幅,如表 6-1-4 所示。

不同比例尺按正方形分幅的图幅规格与面积大小   表 6-1-4

比　例　尺	图幅大小 （cm × cm）	图幅实际面积 （km²）	一幅 1:5000 图中包含 该比例尺图幅数(幅)
1:5000	40 × 40	4	1
1:2000	50 × 50	1	4
1:1000	50 × 50	0.25	16
1:500	50 × 50	0.0625	64

图幅的编号一般采用坐标编号法,即由图幅西南角纵坐标 x 和横坐标 y 组成编号。编号时,比例尺为 1∶5000 的地形图,坐标值取至 1km,而 1∶1000、1∶2000 地形图取至 0.1km,1∶500 地形图取至 0.01km。例如,某幅 1∶5000 地形图的西南角坐标为 $x = 83000$m（83km）,$y = 15000$m（15km）,则其编号为 83-15（图 6-1-5）。

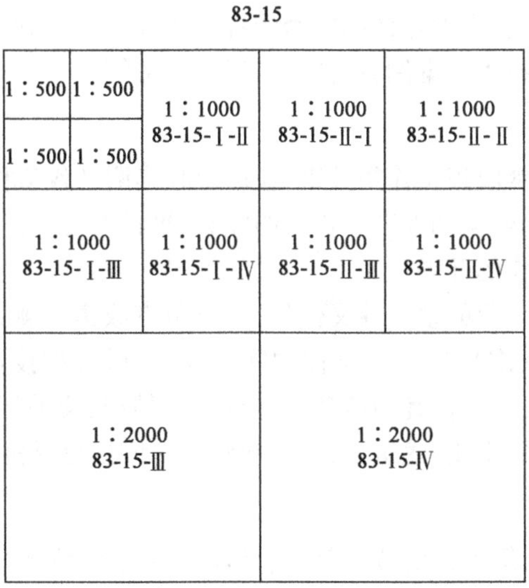

图 6-1-5　1∶5000 基本图号法的分幅编号

如图 6-1-5 所示,以 1∶5000 地形图作为基础,将一幅 1∶5000 的地形图作四等分,便得到 4 幅 1∶2000 比例尺的地形图,分别以罗马数字 Ⅰ、Ⅱ、Ⅲ、Ⅳ 表示;而 1∶2000 比例尺图幅的编号可在 1∶5000 图编号后加上各自的罗马数字代号 Ⅰ、Ⅱ、Ⅲ、Ⅳ;对于 1∶1000、1∶500 比例尺图幅的编号可依此类推。

第二节　数字地形图测绘

在过去相当长一段时期里,工程测量实践中大比例尺地形图测绘的主要方法是用平板仪和经纬仪来进行的。其实质是将外业测得的观测值用图解的方法转化为图,这一转化过程几乎都是在野外实现的,劳动强度较大,质量管理难而且精度低,变更、修改也极不方便,难以适应工程建设日益提高的测量要求。

随着电子技术和计算机技术日新月异的发展及其在测绘领域的广泛应用,20 世纪 80 年代出现了电子速测仪、电子数据终端,并逐步形成了野外数据采集系统,将其与内业计算机辅助制图系统结合,形成了一套从野外数据采集到内业制图全过程的、实现数字化和自动化的测量制图系统,通常称之为数字化测图。广义的数字化测图主要包括全野外数字测图(或称地面数字测图、内外一体化测图)、地图数字化成图、摄影测量和遥感数字测图。狭义的数字测图指全野外数字测图。在此仅介绍全野外数字测图技术。

一、数字化测图的准备工作

在进行数字化测图之前,要做好详细周密的准备工作。数字化测图前期的准备工作主要包括收集资料、测区踏勘、技术方案制订、仪器和工具准备等。

1. 收集资料

数字化测图前期的资料收集工作很关键,应广泛收集测区各项相关资料,并对资料进行综合分析和研究,作为设计的依据和参考。资料的完整、准确与否,直接关系到能否正确制订技术设计方案及其他后续工作的开展。

除收集测绘活动相关专业的政策性文件外,还应重点收集与测区有关的各种比例尺地形图和其他有关图纸(如交通图),以及已有控制网的成果资料(如技术总结、控制点网图、点之记、成果表和平差资料等)。另外,还应收集测区内社会情况、交通运输、物资供应、风俗习惯、行政区划、气象、植被、水系、土质、建筑物、居民地及特殊地貌等资料。

2. 测区踏勘

测区踏勘的目的是:了解测区的位置范围、行政区划;了解测区自然地理条件、交通运输状况、气象条件等;了解测区已有测量控制点的实际位置和保存情况,核对旧有的标石和点之记是否与实地一致;根据地物、地貌及隐蔽情况,以及旧有控制点的密度和分布情况,初步考虑地形控制网(图根控制网)的布设方案和采取的必要措施;了解测区一些特殊地物及其表示方法,同时还要了解地形困难类别。

3. 技术方案制订

技术设计是一项技术性和政策性很强的工作,设计时应遵循以下原则:设计技术方案应先考虑整体而后局部,且考虑远期发展;要满足用户的要求,重视社会效益;要从测区的实际情况出发,考虑作业单位的人员素质和装备情况,选择最佳作业方案;广泛收集、认真分析及充分利用已有的测绘成果和资料;尽量采用新技术、新方法和新工艺;当测图面积相当大,需要的时间较长时,可根据用图单位的规划,将测区划分为几个小区,分别进行技术设计;当测图任务较少时,技术设计的详略可视具体情况而定。

技术设计主要包括任务概述、控制测量设计、数字测图设计、质量保证及安全措施、工作计划安排和上交资料清单等。

4. 仪器和工具准备

进行数字化测图前,应准备好测绘仪器,仪器设备必须经过测绘计量单位鉴定合格后方可投入使用。除了准备仪器外,还应准备图板、皮尺、记录手簿、木桩、钢钉、油漆、斧子等工具。

二、数字化测图的外业工作

在进行数字化测图时,外业工作是尤为重要的组成部分。外业工作质量的好坏直接决定最终成果的优劣。和传统的测图一样,数字化测图的外业工作包括控制测量和碎部测量。

1. 图根控制测量

图根控制测量主要是在测区高级控制点密度满足不了大比例尺数字测图需求时,适当加密布设控制点。当前,数字化测图工作主要是大比例尺数字地形图和各种专题图的测绘,因此控制测量部分主要是进行图根控制测量。图根控制测量主要包括平面控制测量和高程控制测量。平面控制测量确定图根点的平面坐标,高程控制测量确定图根点的高程。

图根平面控制和高程控制测量,既可同时进行,也可分别施测。图根点相对于邻近等级控制点的点位中误差不应大于图上 0.1mm,高程中误差不应大于基本等高距的 1/10。对于较小测区,图根控制可作为首级控制。表 6-2-1 是一般地区解析图根点的数量要求。

一般地区解析图根点的数量要求   表 6-2-1

测图比例尺	图幅尺寸（cm）	解析图根点数量(个)		
		全站仪测图	GNSS-RTK 测图	平板测图
1:500	50×50	2	1	8
1:1000	50×50	3	1～2	12
1:2000	50×50	4	2	15
1:5000	40×40	6	3	30

目前,图根控制测量主要是利用全站仪、GNSS 和水准仪等进行施测,其布设形式和具体施测过程随工程需要的精度及使用的仪器而定。

(1)全站仪图根控制测量。

利用全站仪进行图根控制测量,对于图根点的布设,可采用图根导线、图根三角和交会定点等方法。由于导线的形式灵活,受地形等环境条件的影响较小,一般采用导线测量法,也可以采用一步测量法。

如图 6-2-1 所示,一步测量法是指在图根导线选点、埋桩以后,将图根导线测量与碎部测量同时作业,在测定导线后,提取各条导线测量数据进行导线平差计算,而后可按新坐标对碎部点进行坐标重算。目前,许多测图软件都支持这种作业方法。

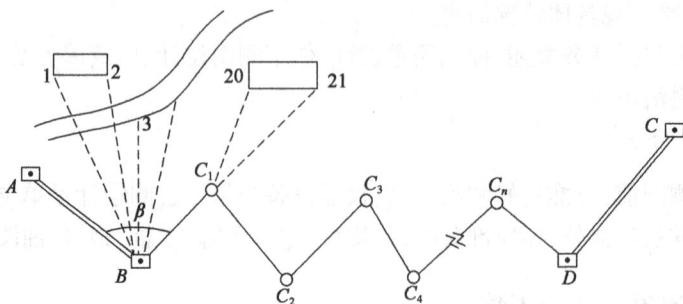

图 6-2-1　一步测量法示意图

(2)GNSS 控制测量。

在相对大面积的测图工程中,选择运用 GNSS 进行控制测量更为合适。与常规方法相比,应用 GNSS 进行控制测量有许多优点:可以得到高精度的测量结果;点位选择要求灵活,不需要各点之间互相通视;作业效率高,几乎不受天气影响,可以全天候作业;观测数据自动记录等。

2.碎部测量

在测定的控制点基础上,可以根据实际选择不同的测量方法进行碎部点数据采集,目前常用的是全站仪测量法和 GNSS-RTK 测量法。

不论是用全站仪还是用 GNSS-RTK 进行碎部点采集,除采集点位信息(即测点坐标)外,还应采集该测点的属性信息及连接信息,以便计算机生成图形文件,进行图形处理。需要注意的是,不同的数字测图软件在数据采集方法、数据记录格式、图形文件格式和图形编辑功能等方面会有所不同。测站点属性和连接信息可以通过草图记录。

1)工作草图

工作草图是内业绘图的依据,尤其是采用测记法进行野外数据采集时,工作草图是绘图的必需品,是成果图质量的保证。

工作草图的主要内容有地物的相对位置、地貌的地性线、点名、丈量距离记录、地理名称和说明注记等。测量开始之前,绘草图人员首先应对测站周围的地形、地物分布情况进行概览,及时按近似比例勾绘一份含主要地物、地貌的工作草图,便于开始观测后及时在草图上标明所测碎部点的位置及编号。随采集数据一并进行草图绘制,最好在每到一测站时,整体观察一下周围地物,尽量保证一张草图把一测站所测地物表示完全,对地物密集处标上标记,另起一页放大表示。在有电子记录手簿时,电子手簿点号一定要和手簿记录的点号一致。工作草图如图 6-2-2 所示。

2)数据采集

(1)全站仪数据采集。

全站仪数据采集是根据极坐标测量的方法,通过测定出已知点与地面上任意一待定点之间的相对关系(角度、距离、高差),利用全站仪内部自带的计算程序计算出待定点的三维坐标(X,Y,H)。

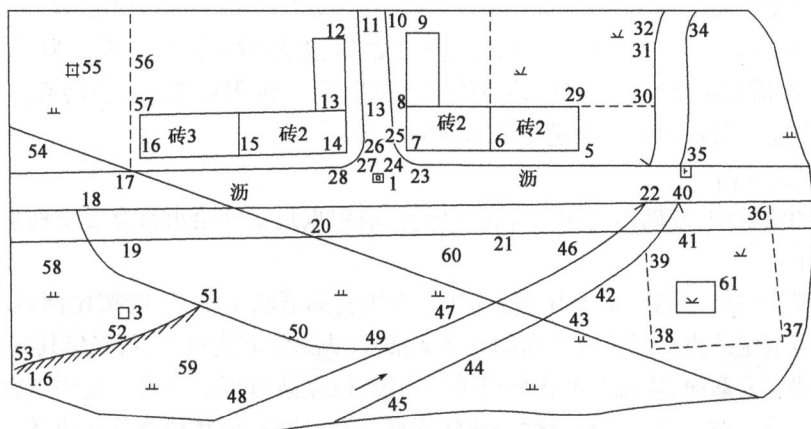

图 6-2-2　工作草图

在使用全站仪采集碎部点点位信息时，因受外界条件影响，不可能直接采集到全部碎部点点位信息，且对所有碎部点直接采集的工作量大、效率低，因此必须采用"测、算结合"的方法（在野外进行数据采集时，利用全站仪通过极坐标方法采集部分"基本碎部点"，结合勘丈的方法测出一部分碎部点，再运用共线、对称、平行、垂直等几何关系最终测定出所需要的所有碎部点）测定碎部点的点位信息，以便提高作业效率。

全站仪数据采集的主要步骤为：

①全站仪初始设置。测量前，将所选测量模式（免棱镜、放射片、棱镜，当使用棱镜模式时需确定所用棱镜的棱镜常数）以及量取的仪器高度、目标高度等参数输入全站仪。

②建立项目。全站仪存储数据时，一般将测量数据存储在自己的项目中，以便后续数据处理。

③建站。建站又称设站，就是使所采集的碎部点坐标归于所采用的坐标系中，即全站仪所测点是由以测站点为依据的相对关系所得。在进行坐标测量时，必须建站。

④坐标测量。在建站的基础上，开始对待测点坐标进行测量。

⑤存储。将采集的碎部点信息（点号、坐标、代码、原始数据）存储在全站仪内存中。

（2）GNSS-RTK 数据采集。

因 GNSS-RTK 测量具有快捷、方便、精度高等优点，已被广泛用于碎部点数据采集工作中。在大比例尺数字测图工作中，采用 GNSS-RTK 技术进行碎部点数据采集，可不布设各级控制点，仅依据一定数量的基准控制点，不要求点间通视（但在影响 GNSS 卫星信号接收的遮蔽地带，还应采用常规的测绘方法进行细部测量），在待测的碎部点上停留几秒钟，能实时测定点的位置，并能达到厘米级精度。

GNSS-RTK 数据采集的主要步骤为：

①架设基准站。将基准站 GNSS 接收机安置在视野开阔、地势较高的地方，第一次启动基准站时，需通过手簿对启动参数进行设置，如差分格式等，并设置数据链，以后作业如不改变配置可直接打开基准站主机。

②架设移动站。确认基准站发射成功后，即可开始移动站的架设。移动站架设好后，需通过手簿对移动站进行设置才能达到固定解的状态。

③配置手簿。对新建工程,需进行工程参数设置,如坐标系、中央子午线等。

④求转换参数。由于 GNSS 接收机直接输出的数据是经纬度坐标,因此为了满足不同用户的测量需求,需要把经纬度坐标转换为施工测量坐标,这就需要进行参数转换。

⑤坐标测量。开始对待测点进行坐标测量。

3)碎部点的确定

在地形图测绘中,准确确定和取舍典型地物、地貌点是正确绘出符合要求地形图的关键。具体规定如下:

①点状要素(独立地物)能按比例表示时,应按实际形状采集,不能按比例表示时应精确测定其定位点或定线点。对于有方向的点状要素,应先采集其定位点,再采集其方向点(线)。

②采集线状要素时,应视其变化情况进行测量,较复杂时可适当增加地物点密度,以保证曲线的准确拟合。对于具有多种属性的线状要素(线状地物、面状地物公共边、线状地物与面状地物边界线的重合部分),应只采集一次,但应处理好要素之间的关系。

③水系及其附属物应按实际形状采集。对于河流,应测记水流方向;对于水渠,应测记渠顶边和渠底高程;对于堤、坝,应测记顶部及坡脚高程;对于泉、井,应测记泉的出水口及井台高程,并标记井台至水面深度。

④对于各类建筑物、构筑物及其主要附属设施,均应采集。对于房屋,以墙基为准采集;对于居民区,可视测图比例尺大小或需要适当综合;对于建筑物、构筑物轮廓凸凹在图上小于 0.5mm 时,可予以综合。

⑤对于公路与其他双线道路,应按实际宽度依比例尺采集。采集时,应同时采集范围内的绿地或隔离带,并正确表示各级道路之间的通过关系。

⑥地上管线的转角点应实测,管线直线部分的支架线杆和附属设施密集时,可适当取舍。

⑦地貌一般以等高线表示,特征明显的地貌不能用等高线表示时,应以符号表示。高程点一般选择在明显地物点或地形特征点,山顶、鞍部、凹地山脊、谷底及倾斜变换处,应测记高程点,所采集高程点密度应符合表 6-2-2 中的规定。

地 形 点 间 距   表 6-2-2

比例尺	1:500	1:1000	1:2000
地形点平均间距(m)	15	30	60

⑧斜坡、陡坎,其比高小于 1/2 基本等高距或在图上长度小于 5mm 时可舍去。当斜坡、陡坎较密时,可适当取舍。

三、数字化测图的内业工作

数字测图内业是相对于数字测图外业而言的,简单地说,就是将野外采集的碎部点数据信息在室内传输到计算机上并进行处理和编辑的过程。数字化测图内业工作与传统白纸测图的模拟法成图相比具有显著的优点,如成图周期短、图件规范程度高、成图精度高、分幅接边方便、易于修改和更新等。

由于数字化测图的内业处理要根据外业测量的地形信息进行图形编辑、地物属性注记,如果外业采集的地形信息不全面,内业处理就较困难,因此数字测图内业工作对外业记录依赖性较强,并且数字化测图内业完成后,一般要输出到图纸上,到野外检查、核对。数字化测图内业包括数据传输、数据格式转换、图形编辑与整饰等。

目前我国开发的数字测图软件主要有武汉瑞得、南方 CASS、清华山维、威远图 SV300、GTC2000 等。目前在工程领域应用比较广泛的是南方 CASS 软件,因此本教材以南方 CASS 软件为例介绍数字化测图内业处理流程,如图 6-2-3 所示。

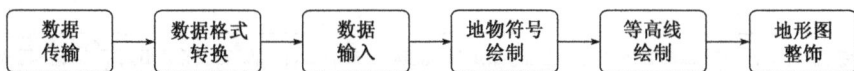

```
数据        数据格式        数据        地物符号        等高线        地形图
传输   →    转换    →    输入   →    绘制    →    绘制    →    整饰
```

图 6-2-3 数字化测图内业处理流程

1. 数据传输

数据传输主要是指将采集到的数据按一定的格式传输到内业处理的计算机中。全站仪的数据通信主要是利用全站仪的输出接口或内存卡,将全站仪内存中的数据文件传送到计算机中;GNSS-RTK 的数据通信是电子手簿与计算机之间进行的数据交换。

2. 数据格式转换

数据格式转换是将数据按一定的格式形成一个文件供内业处理时使用。该文件用来存放从仪器传输过来的坐标数据,也称为坐标数据文件。用户可按需要对坐标数据文件自行命名,坐标数据文件是 CASS 最基础的数据文件,其扩展名是“.dat”。该文件数据格式为:

1 点点名,1 点编码,1 点 Y(东)坐标,1 点 X(北)坐标,1 点高程

……

N 点点名,N 点编码,N 点 Y(东)坐标,N 点 X(北)坐标,N 点高程

该数据文件可以通过记事本的格式打开查看,如图 6-2-4 所示,其中文件中每一行表示一个点,点名、编码和坐标之间用逗号隔开,当编码为空时,其后的逗号也不能省略。逗号不能在全角方式下输入,否则在读取数据文件时,系统会提示数据文件格式不对。

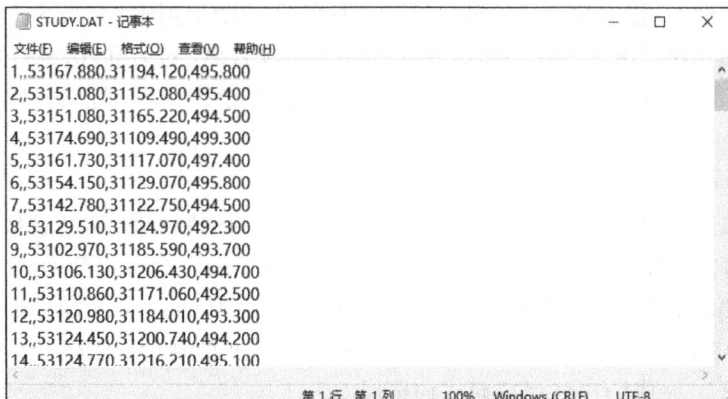

```
STUDY.DAT - 记事本                                          —   □   ×
文件(F)  编辑(E)  格式(O)  查看(V)  帮助(H)
1,,53167.880,31194.120,495.800
2,,53151.080,31152.080,495.400
3,,53151.080,31165.220,494.500
4,,53174.690,31109.490,499.300
5,,53161.730,31117.070,497.400
6,,53154.150,31129.070,495.800
7,,53142.780,31122.750,494.500
8,,53129.510,31124.970,492.300
9,,53102.970,31185.590,493.700
10,,53106.130,31206.430,494.700
11,,53110.860,31171.060,492.500
12,,53120.980,31184.010,493.300
13,,53124.450,31200.740,494.200
14,,53124.770,31216.210,495.100

                 第 1 行,第 1 列    100%   Windows (CRLF)   UTF-8
```

图 6-2-4 CASS 数据文件

3.图形编辑

（1）定显示区。

定显示区的作用是根据输入坐标数据文件的数据大小定义屏幕显示区域的大小，以保证所有碎部点都能显示在屏幕上。在"绘图处理"菜单下单击"定显示区"，弹出"输入坐标数据文件名"对话框，如图6-2-5所示，指定打开文件的路径，并单击"打开"，完成"定显示区"操作。命令区显示坐标范围信息。

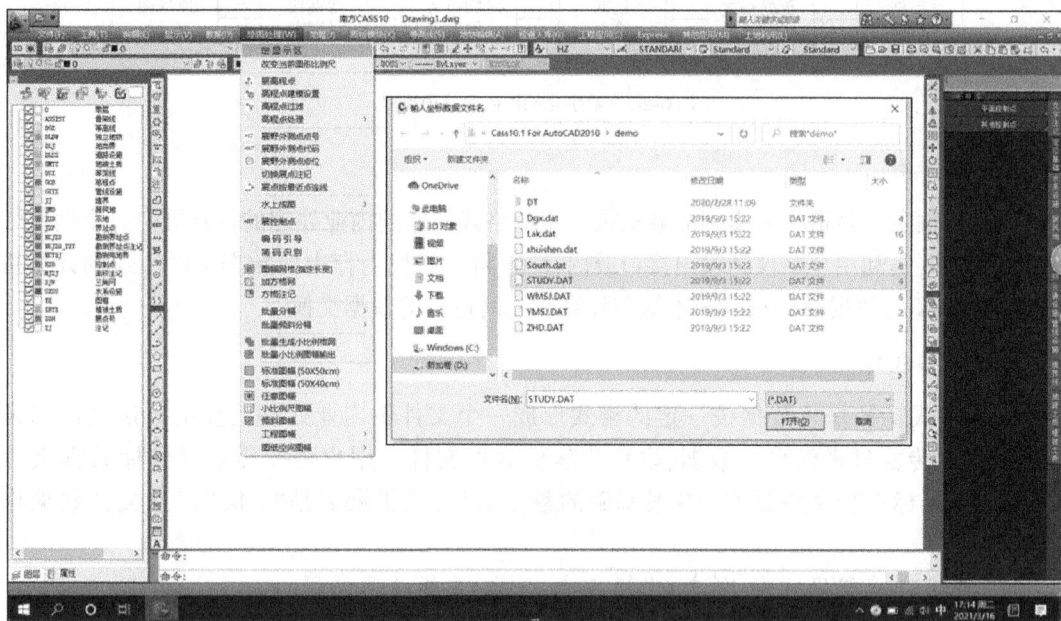

图6-2-5　输入坐标数据文件名

（2）展野外测点点号。

展点是将坐标数据文件中的各个碎部点点位及点号显示在计算机屏幕上。在"绘图处理"菜单下单击"展野外测点点号"，命令提示行显示"绘图比例尺 <1:500>"，如果需要绘制其他比例尺的地形图，输入比例尺分母数值后按回车键。默认绘图比例尺为1:500，直接回车即默认当前绘图比例尺为1:500。弹出"输入坐标数据文件名"对话框，指定打开文件的路径，并单击"打开"，完成"展野外测点点号"的操作。此时在绘图区上展出野外测点的点号，如图6-2-6所示。

（3）选择点号定位模式。

点号定位法成图时，点位的获取是通过点号，而不是利用"捕捉"功能直接在屏幕上捕捉所展的点。选择点号定位模式是为了后期绘图更加方便、快捷，也可以变换为坐标定位模式。点击绘图区右侧的地物绘制工具栏列表中"坐标定位"，在弹出的下拉菜单中选择"点号定位"后，弹出如图6-2-7所示的"选择点号对应的坐标点数据文件名"对话框，指定打开文件的路径，并单击"打开"，完成"点号定位"模式的选择。

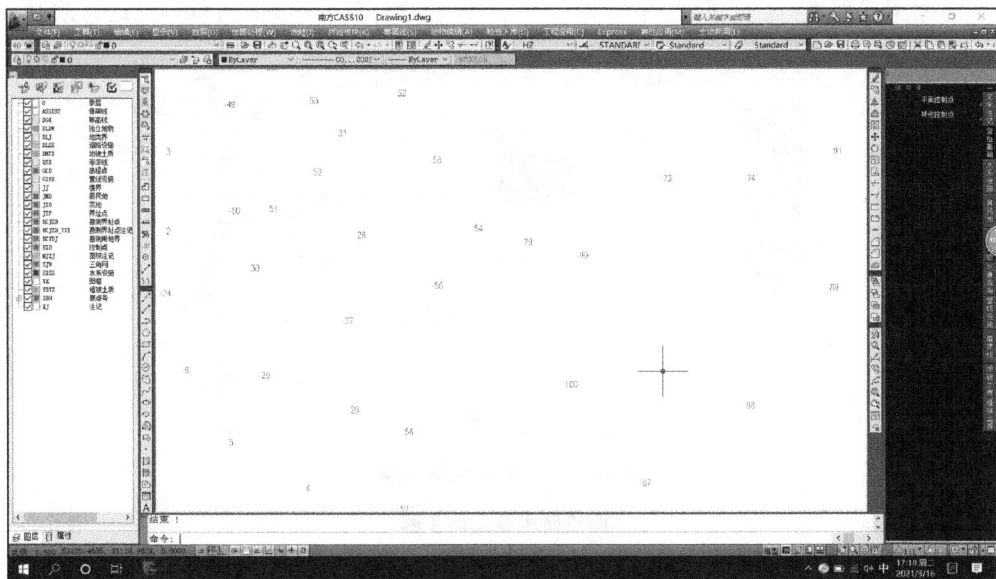

图 6-2-6　展野外测点点号

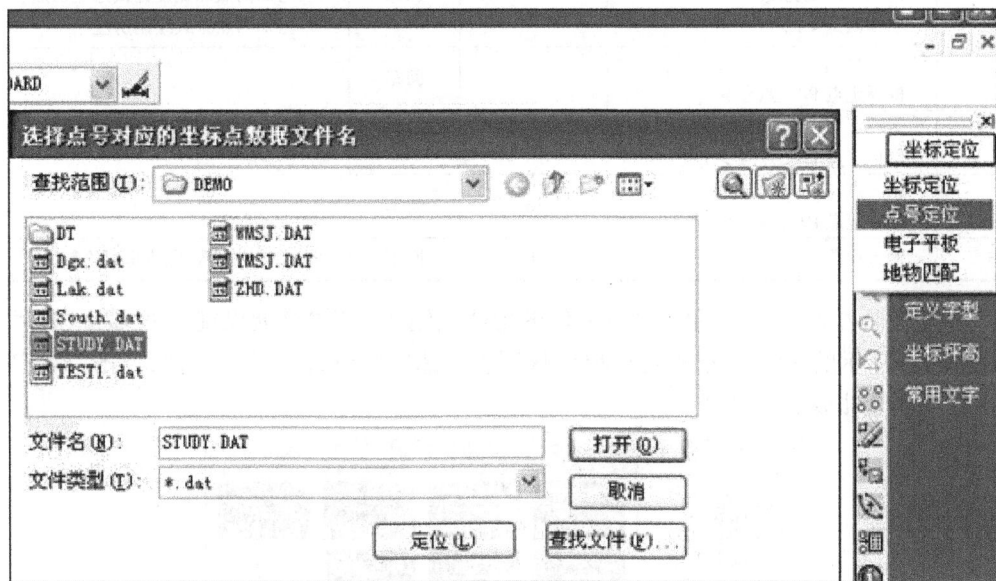

图 6-2-7　选择点号对应的坐标点数据文件名

（4）地物符号绘制。

CASS 软件将所有地物要素分为控制点、水系设施、居民地、交通设施等，所有的地形图图式符号都是按照图层来管理的，每一个菜单对应一个图层。绘图时，根据野外作业时绘制的工作草图，首先选择右侧菜单中对应的选项，然后从该选项弹出的界面中选择相应的地形图图式符号，点击后根据提示进行绘制。下面结合 CASS 安装目录内实例 STUDY.dat 文件进行举例说明。

①绘制四点砖房屋。单击地物绘制工具栏"居民地"中"一般房屋"，弹出图 6-2-8 所示的

在一般房屋图式列表,选中"四点砖房屋",点击"确定"后,按表6-2-3所示步骤进行绘制。

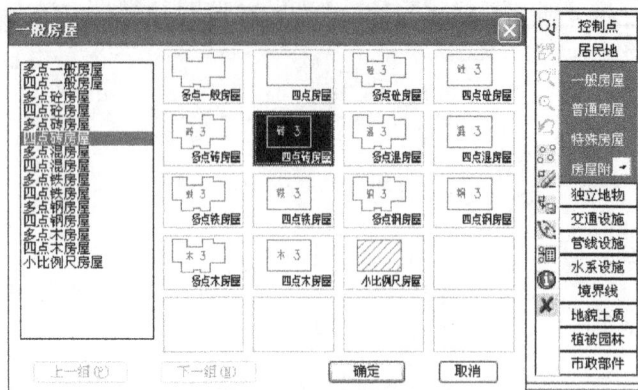

图6-2-8　一般房屋图式列表

四点砖房屋绘制步骤　　　　　　　　　　　　　　　　　　表6-2-3

步骤	命令行提示信息	输入字符	操作键	说　　明
1	已知三点/ 已知两点及宽度/ 已知四点 <1>	1	回车	以已知三点方式绘制房屋; 以已知两点和宽度方式绘制房屋; 以已知四点方式绘制房屋
2	第一点 鼠标定点 P/ <点号>	3	回车	
3	第二点 鼠标定点 P/ <点号>	39	回车	依次输入房屋的3个已知测点
4	第三点 鼠标定点 P/ <点号>	16	回车	
5	输入层数 <1>	2	回车	输入砖房层数,完成房屋绘制

②绘制平行县道、乡道。单击软件右侧的地物绘制工具栏"交通设施"中"城际公路",弹出如图6-2-9所示的城际公路图式选择框,从列表中选中"平行的县道乡道",点击"确定"后,按表6-2-4所示步骤进行绘制。

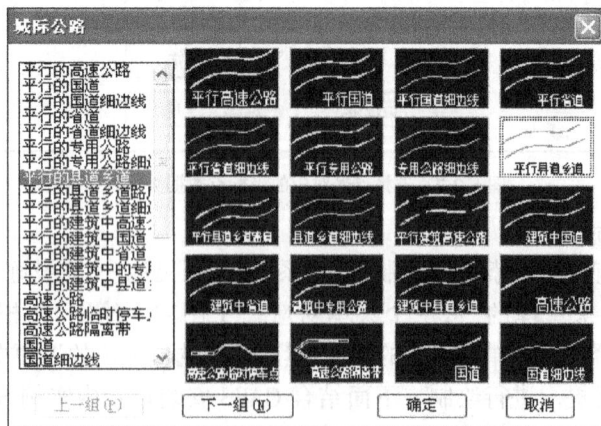

图6-2-9　城际公路图式列表

平行县道乡道绘制步骤 表 6-2-4

步骤	命令行提示信息	输入字符	操作键	说　明
1	第一点:鼠标定点 P/＜点号＞	92	回车	使用折线依次连接道路一侧的测点点号
2	曲线 Q/边长交会 B/跟踪 T/区间跟踪 N/垂直距离 Z/平行线 X/两边距离 L/点 P/＜点号＞	45	回车	
3		46	回车	
4	曲线 Q/边长交会 B/跟踪 T/区间跟踪 N/垂直距离 Z/平行线 X/两边距离 L/隔一点 J/微导线 A/延伸 E/插点 I/回退 U/换向 H/点 P/＜点号＞	13	回车	
5		47	回车	
6		48	回车	
7			回车	结束道路一侧的测点连接
8	拟合线＜N＞?	Y	回车	Y-拟合为光滑曲线;N-不拟合为光滑曲线
9	1.边点式/2.边宽式/(按 ESC 键退出)	1	回车	1-要求输入道路另一侧测点;2-要求输入道路宽度
10	对面一点:鼠标定点 P/＜点号＞	19	回车	输入道路另一侧测点,确定路宽,完成道路绘制

(5)等高线绘制。

在地形图中,等高线是表示地貌起伏的一种重要手段。在数字化自动成图系统中,等高线由计算机自动勾绘。首先由离散点和一套对地表提供连续的算法构建数字地面模型(DTM),即规则的矩形格网和不规则的三角形格网(TIN),然后在矩形格网或不规则的三角形格网上跟踪等高线通过点,最后利用适当的光滑函数对等高线通过点进行光滑处理,从而形成光滑的等高线。

①展高程点。

在菜单"绘图处理"中单击"展高程点",弹出"输入坐标数据文件名"对话框,指定打开文件的路径,点击"确定"。命令区提示:注记高程点的距离(米),直接按回车键(表示不对高程点注记进行取舍,全部展出来)。

②建立数字地面模型(DTM)。

数字地面模型(DTM)是以数字形式按一定的结构组织在一起,表示实际地形特征的空间分布,是地形属性特征的数字描述。在菜单"等高线"中单击"建立 DTM",弹出"建立 DTM"对话框,如图 6-2-10 所示,然后"选择建立 DTM 的方式""坐标数据文件名""结果显示"及"是否考虑陡坎、地性线"等项目。

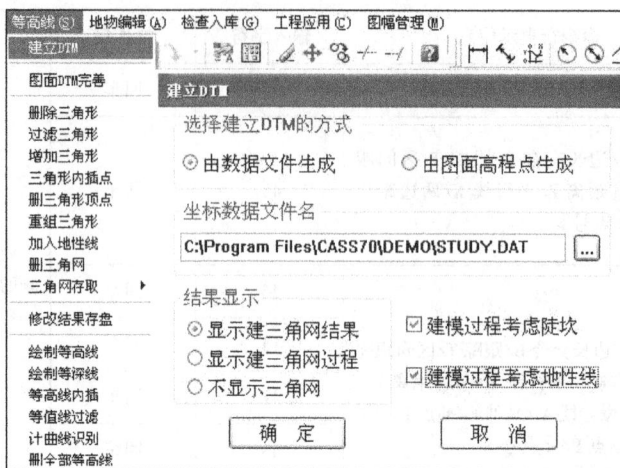

图 6-2-10　建立 DTM

由于地形条件的限制,一般情况下利用外业采集的碎部点很难一次性生成理想的等高线,另外还因现实地貌的多样性和复杂性,自动构成的数字地面模型与实际地貌不一致,这时可以通过修改三角网来修改这些局部不合理的地方。

③绘制等高线。

在菜单"等高线"中单击"绘制等高线",弹出"绘制等高线"对话框,如图 6-2-11 所示,设置等高距和拟合方式,单击"确定",由 DTM 模型自动勾绘出对应的等高线。

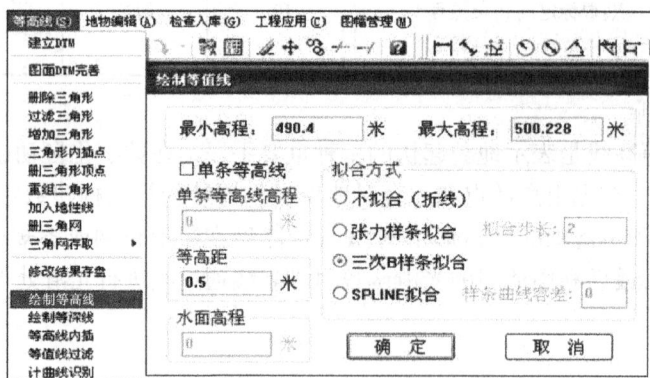

图 6-2-11　绘制等高线

④等高线修剪。

完成等高线绘制后,将建立 DTM 时生成的三角形格网删除,进行等高线注记、示坡线注记等,需要处理好等高线与地物之间的关系,这时就要对等高线进行修剪,如对道路、居民地等进行局部修改,如图 6-2-12 所示。

(6)地形图整饰。

地形图整饰包括文字注记、绘制图框等内容。数字图测绘时,地物、地貌除用一定的符号表示外,还需要加以文字注记,如用文字注明地名、河流、道路材料等。在绘制图框时,应先设置图框参数,如坐标系、高程系等,图框的大小不仅有标准的,还有任意大小的,甚至还有斜图框,只要输入所需的参数,指定插入点,即可完成。

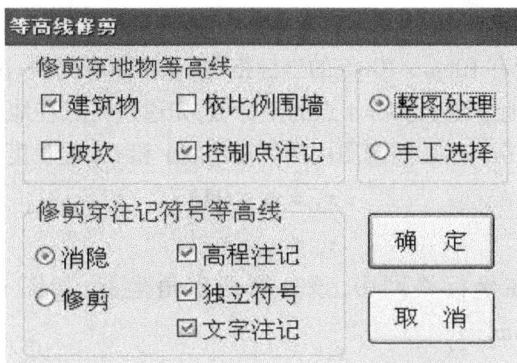

图 6-2-12 等高线修剪

第三节 地形图的识读与应用

一、地形图的识读

地形图是包含丰富的自然地理、人文地理和社会经济信息的载体。在地形图上可以获取地貌、地物、居民点、水系、交通、通信、管线、农林等多方面的自然地理和社会政治经济信息,因此,地形图是进行建筑工程规划、设计和施工的重要依据。正确地识读地形图,是建筑工程技术人员必须具备的基本技能。

1.地形图图外注记识读

根据地形图图廓外的注记,可全面了解地形的基本情况。例如,由地形图的比例尺可以知道该地形图反映地物、地貌的详略;根据测图日期的注记可以知道地形图的新旧,从而判断地物、地貌的变化程度;从图廓坐标可以掌握图幅的范围;通过接合图表可以了解与相邻图幅的关系。了解地形图所使用的《地形图图式》版别,对地物、地貌的识读非常重要。了解地形图的坐标系统、高程系统、等高距、测图方法等,对正确用图也有很重要的作用。

2.地物识读

识读地物前,要熟悉一些常用地物符号,了解地物符号和注记的确切含义。根据地物符号,了解图内主要地物的分布情况,如村庄名称、公路走向、河流分布、地面植被、农田等。

3.地貌识读

识读地貌前,要正确理解等高线的特性,根据等高线,了解图内的地貌情况。首先要知道等高距,然后根据等高线的疏密判断地面坡度及地势走向。

二、地形图的应用

1. 在图上确定点的坐标

大比例尺地形图上绘有 10cm×10cm 的坐标格网,并在图廓的西、南边上注有纵、横坐标值,如图 6-3-1 所示。若欲在地形图上求得 A 点的坐标值,先通过 A 点在地形图的坐标格网上作平行于坐标格网的平行线 mn、OP,然后按测图比例尺量出 mA 和 OA 的长度,则 A 点的平面坐标为:

$$x_A = x_0 + OA \brace y_A = y_0 + mA$$
(6-3-1)

式中:x_0、y_0——A 点所在坐标格网中,该方格西南角坐标,如图 6-3-1 所示,$x_0 = 2100m$,

$y_0 = 1300m$。

2. 在图上确定点的高程

地形图上点的高程可根据等高线或高程注记点来确定。如图 6-3-2 所示,如果 A 点恰好位于图上某一条等高线上,则 A 点的高程与该等高线高程相同。若图中 B 点位于两等高线之间,则可通过 B 点画一条垂直于相邻两等高线的线段 mn,则 B 点的高程为:

$$H_B = H_m + \frac{mB}{mn}h$$
(6-3-2)

式中:H_m——通过 m 点的等高线上的高程;

h——等高距。

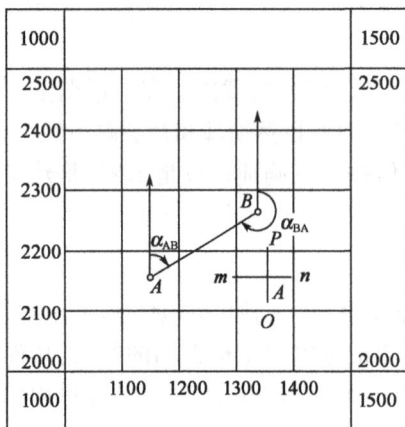

图 6-3-1   在图上确定点的坐标

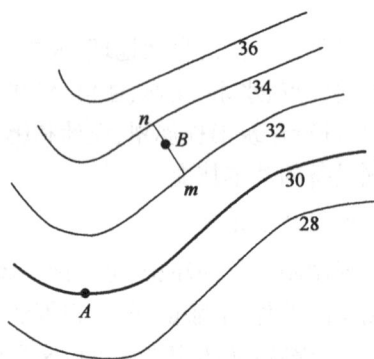

图 6-3-2   在图上确定点的高程

由此可见,在地形图上很容易确定 A 点的空间坐标(x_A, y_A, H_A)。

3. 在图上确定直线的距离、方向及坡度

如图 6-3-3 所示,欲求地形图上 A、B 两点的距离,先用式(6-3-1)求出 A、B 两点的坐标,则 A、B 两点的距离为:

$$D_{AB} = \sqrt{(x_B - x_A)^2 + (y_B - y_A)^2}$$
(6-3-3)

A、B 两点直线的方位角为:

$$\alpha_{AB} = \arctan \frac{y_B - y_A}{x_B - x_A} = \arctan \frac{\Delta y_{AB}}{\Delta x_{AB}} \qquad (6\text{-}3\text{-}4)$$

A、B 两点直线的坡度为：

$$i = \frac{H_B - H_A}{D_{AB}} \qquad (6\text{-}3\text{-}5)$$

式中：H_A、H_B——A、B 两点的高程，计算见式(6-3-2)；

$\qquad D_{AB}$——A、B 两点间距离，计算见式(6-3-3)。

4. 在图上确定指定坡度的路线

在路线初步设计阶段，一般先在地形图上根据设计要求的坡度选择路线的可能走向，如图 6-3-3 所示。地形图比例尺为 1:1000，等高距为 1m，要求从 A 地到 B 地选择坡度不超过 4% 的路线。为此，先根据 4% 坡度求出相邻两等高线间的最小平距 $d =$ $h/i = 1/0.04 = 25(\text{m})$（式中 h 为等高距），即 1:1000 地形图上 2.5cm，将两脚规张成 2.5cm，以 A 为圆心，以 2.5cm 为半径作弧与 81m 等高线交于 1 点，再以 1 点为圆心作弧与 82m 等高线交于 2 点，依次定出 3、4…各点，直到 B 地附近，即得坡度不大于 4% 的路线。在该地形图上，用同样的方法，还可以确定出另一条路线 A、$1'$、$2'$…$6'$，可以作为比较方案。

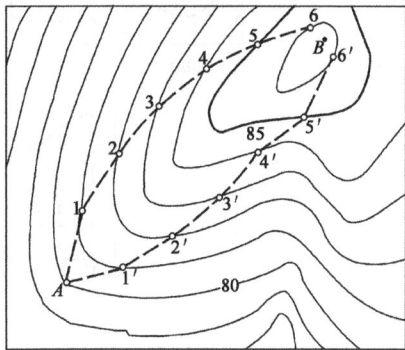

图 6-3-3　在图上确定指定坡度的路线

5. 绘制确定方向的纵断面图

根据地形图可以绘制沿任一方向的断面图。这种图能直观显示某一方向的地势起伏形态和坡度陡缓，它在许多地面工程设计与施工中，都是重要的资料。绘制断面图的方法如下：

(1)规定断面图的水平比例尺和垂直比例尺。通常水平比例尺与地形图比例尺一致，而垂直比例尺需要扩大，一般要比水平比例尺扩大 5~20 倍，因为在多数情况下，地面高差大小相对于断面长度来说，还是微小的。为了更好地显示沿线的地形起伏，如图 6-3-4 所示，水平比例尺为 1:50000，垂直比例尺为 1:5000。

(2)按图上 AB 线的长度绘一条水平线，如图 6-3-4 中的 ab 线，作为基线(因断面图与地形图水平比例尺相同，所以 ab 线长度等于 AB)，并确定基线所代表的高程，基线高程一般略低于图上最低高程。图 6-3-4 中河流最低处高程约为 170m，基线高程定为 160m。

(3)作基线的平行线，平行线的间隔按垂直比例尺和等高距计算。如图 6-3-4 中等高距 10m，垂直比例尺 1:5000，则平行线间隔为 2mm，并在平行线一边注明其所代表的高程，如 160m、180m 等。

(4)在地形图上沿断面线 AB 量出 A—1、1—2…各段距离，并把它们标注在断面基线 ab 上，得 $1'2'$…各段距离，通过这些点作基线的垂线，垂线的端点按各点的高程确定。图 6-3-4 中 1 点的高程为 250m，则断面图上过 $1'$ 点的垂线端点在代表 250m 的平行线上。

(5)将各垂线的端点连接起来，即得到表示实地断面方向的断面图。绘制断面图时，若使用毫米方格，则更方便。

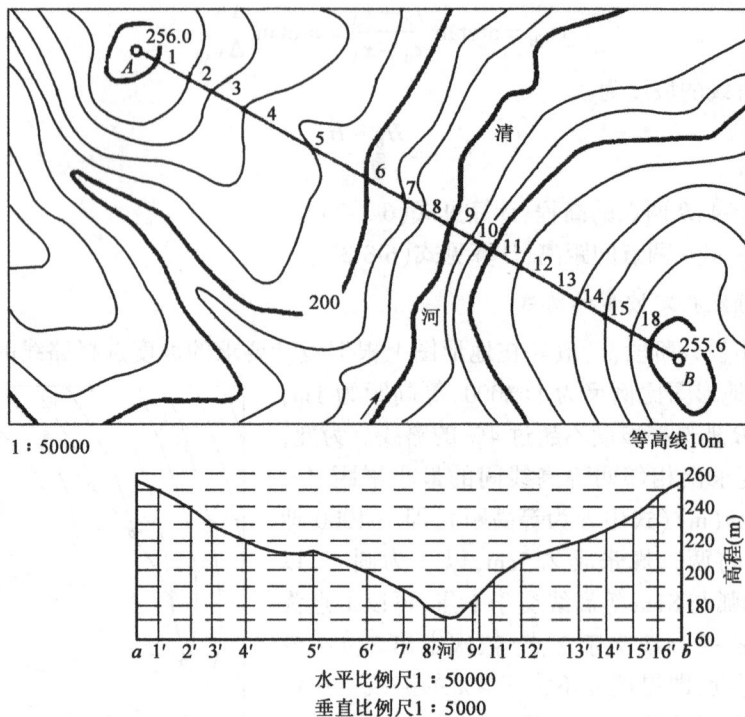

图 6-3-4　绘制确定方向的纵断面图

6.确定汇水面积

当道路跨越河流或河谷时,需要修建桥梁或涵洞。桥梁或涵洞的孔径大小,取决于河流或河谷的水流量,水的流量大小取决于汇水面积的大小。汇水面积是指汇集某一区域水流量的面积。汇水面积可由地形图上山脊线的界线求得,如图6-3-5所示,用虚线连接的山脊线所包围的面积,就是过桥(或涵洞)M断面的汇水面积。

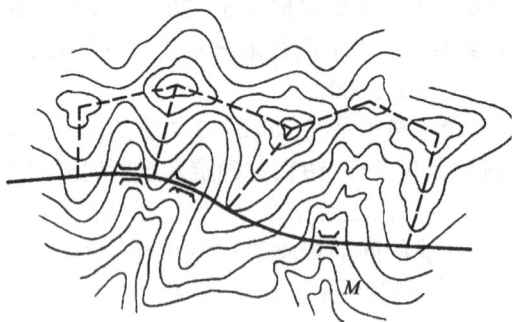

图 6-3-5　确定汇水面积

本章小结

(1)地形图的比例尺为地形图上某线段的长度与实地对应线段的投影长度之比,某种比例尺地形图上0.1mm所对应的实地投影长度,称为这种比例尺地形图的最大精度,或称该地形图比例尺精度。

（2）地形图图式中的符号有三种：地物符号、地貌符号、注记符号，它们是测图和用图的重要依据。在地形图上，显示地貌的最直观的方法是等高线。中、小比例尺地形图按经纬线方向采用梯形分幅法，大比例尺地形图按坐标格网划分的方法采用矩形分幅法。

（3）大比例尺地形图的测绘在测图前要准备好图纸、绘制坐标网格、展绘测图控制点。测图中碎部点的正确选择，是保证成图质量和提高测图效率的关键。

（4）数字化测图是近年来发展起来的一种全新的测绘地形图方法。与传统的测图方法相比，该法具有自动化程度高、精度高、使用方便等特点。数字化测图步骤包含测图准备工作、测站设置与检验、碎部点信息采集与地形图的输出与处理。

（5）在地形图上可以确定点的坐标、高程，确定直线的距离、方向、坡度，在图上指定坡度的路线，绘制确定方向的纵断面图，确定汇水面积等。

课后习题

（1）简述地形图比例尺、比例尺精度的定义，及两者之间的关系。

（2）简述正方形图幅的分幅与编号方法。

（3）地物的符号有哪几种？简述依比例尺符号、不依比例尺符号和半依比例尺符号的定义。

（4）简述等高线定义、等高线特性、山脊线和山谷线定义。

（5）简述等高距、等高线平距和地面坡度定义，及它们之间的关系。

（6）已知在 1∶1000 地形图上，设等高距为 1m，现量得某相邻两条等高线上 A、B 两点间的图上距离为 0.01m，请计算 A、B 两点的地面坡度。

（7）已知在比例尺为 1∶2000、等高距为 2m 的地形图上，要求从 A 到 B 以 5% 的坡度选定一条最短的路线，请计算相邻两条等高线之间的最小平距。

（8）在比例尺为 1∶5000 的地形图上，求得两点的图上长度为 18mm，高程 $H_A = 4183m$，$H_B = 4165m$，如何计算 AB 直线的坡度？

（9）地形测量中，已知比例尺精度为 b，测图比例尺为 1∶M，简述比例尺精度与测图比例尺大小的关系。

（10）地形图的比例尺用分子为 1 的分数形式表示时，分母、比例尺和地形之间有何关系？

（11）现有比例尺为 1∶2000 的地形图，计算其比例尺精度。

（12）就地貌形态而言，可归纳为哪几种典型的地貌？其等高线有何特点？

（13）地形测图前有哪些准备工作？

（14）如何有效合理地选择地物和地貌的特征点？

（15）简述碎部测量的定义及原理、全站仪测绘法测绘地形图的操作步骤。

（16）如何进行地形图的检查、拼接和整饰？

（17）简述数字化测图的定义，主要工作内容及数字测图与传统测图方法的异同。

（18）简述数字地形图的数据采集方式及数字化测图步骤。

（19）简述坡度定义以及在地形图上确定直线的距离、方向、坡度的方法。

第七章

CHAPTER SEVEN

公路中线测量

📖 学习目标

(1) 能正确叙述中线测量的主要工作内容；

(2) 通过现场实地放线,会确定路线交点、转点的位置；

(3) 会进行路线右角的观测与转角的计算,能根据地形变化和桩距要求设置公路里程桩；

(4) 会进行圆曲线测设要素、主点桩里程计算,会使用常规仪器、全站仪采用切线支距法、偏角法、坐标法进行圆曲线的详细测设；

(5) 会进行虚交曲线测设要素、主点桩里程计算,会使用切基线法、圆外基线法进行虚交曲线的详细测设；

(6) 能叙述缓和曲线的基本概念,会进行有缓和曲线的平曲线主点桩、加桩曲线要素计算和主点桩测设；

(7) 会进行无缓和曲线的复曲线、有缓和曲线的复曲线的几何要素、里程桩计算及其主点桩、任意加桩的测设。

公路是一种承受行车荷载的线形带状结构物,设计时须把公路的线形分解为平面、纵断面和横断面分别进行三视图投影处理。公路中心线在水平面上的投影称为公路路线的平面。沿着中心线竖直剖切公路,再把这竖直的曲面展开成直面,这就是公路路线的纵断面。中心线上任意一点处公路的法向切面称为公路路线的横断面。公路路线的平面、纵断面和横断面是公路的几何组成部分。

由于其位置受社会经济、自然地理和技术条件等因素的制约,公路从起点到终点在平面上的线形不可能是一条直线,而是由许多直线段和曲线段(包括圆曲线和缓和曲线)组合而成。对平面线形而言,一般可分为直线、圆曲线及缓和曲线。

公路中线测量是公路平面设计的外业工作,其主要任务就是通过对公路的交点、转点、转角、直线和平曲线的测设,沿线测定路线的里程长度并设置里程桩,最终将公路中心线的平面位置标定在地面上,供设计与施工之用。

第一节　路线交点和转点的测设

一、交点的测设

公路路线的转折点称为交点,用"JD"表示,如图7-1-1所示。目前工程上常用的公路定线方法一般有纸上定线和实地定线。对于一般低等级和地形等条件简单的公路,通常采用一次定测的方法直接定线,在现场直接确定交点的位置。对于公路等级较高的公路或地形、地物复杂的路线,必须先在大比例(一般1:1000和1:2000)带状地形图上进行纸上定线,然后再把纸上定好的路线方案通过现场放线敷设到实地上。对于实地放线,一般可采用下述方法标定交点位置。

1. 穿线交点法

如图7-1-1所示,JD$_2$~JD$_4$为公路路线的交点,D$_2$~D$_8$为测图时的导线点。穿线交点法就是利用测图时实地和地形图上已有的导线点与纸上定线后的地形图上已有路线交点之间的对应关系,把路线交点的位置在实地上标定下来。

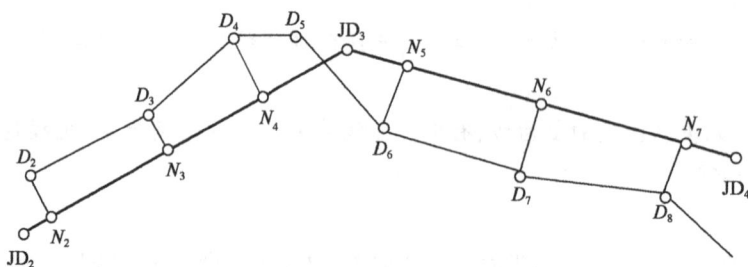

图7-1-1　穿线交点法

(1)准备放线数据。

首先在地形图上从测图导线点 D_2、D_3、D_4…出发作导线边的垂线,它们与路线设计中线(即路线导线)交于 N_2、N_3、N_4等点。在图上量取各垂线的长度 l_1、l_2、l_3…,直角和垂线长度就是放线所需要的数据。

(2)放临时点。

如图7-1-1所示,在实地导线点 D_2、D_3、D_4…上分别用支距法设置直角并按相应的垂线长度 l_1、l_2、l_3…量距,即可标出 N_1、N_2、N_3等临时性点。为了便于检查与核对,在相邻交点间的直线上至少要放3个以上的点。如果垂线长度较短,可以用方向架设置直角,如果垂线长度较大,宜用全站仪极坐标法放线。

（3）穿线。

由于图解数据和测量误差的影响，在图上同一直线上的各点放到地面后，一般都不能准确位于同一直线上。这时可根据实地情况，采用目估或全站仪法穿线，通过比较和选择定出一条尽可能多地穿过或靠近临时点的直线，并在这一条直线上打下两个方向桩，如图 7-1-2 所示的 A、B 和 C、D，随即取消临时点，这一步工作称为穿线。

（4）交点。

在地面上测设好 AB、CD 直线后，即可测设交点。具体方法：将全站仪安置于 B 点，照准 A 点，倒转望远镜，在视线方向上、接近交点 JD 的概略位置前后打下两桩（称为骑马桩）。采用正倒镜分中法在这两桩上定出 a、b 两点，并钉以小钉，拉上细线。将全站仪搬至 C 点，后视 D 点，同法定出 c、d 点，拉上细线。在两条细线相交处打下木桩，并钉以小钉，得到交点 JD。

2.拨角放线法

这种方法是先在地形图上量出纸上定线的交点坐标，反算相邻交点间的直线长度、坐标方位角及路线转角，然后在野外实地将仪器置于路线中线起点或已确定的交点上，拨出转角，测设直线长度，依次定出各交点位置。

（1）准备放线数据。

在室内，根据纸上定线的交点纵横坐标值，用坐标反算的方法计算相邻交点间的距离和方位角，并根据方位角之差算出交点处的转角。放线的起算数据（β_1，S_1）可根据测图导线点的坐标值和第一个待放交点的坐标值反算求得。如图 7-1-3 所示，测图导线点（N_1，N_2）作为放线的起算点，其坐标值是已知的，交点 JD_1、JD_2、JD_3…为待放点，其坐标值已在纸上定线时确定。通过坐标反算可推算其放线数据为 β_1、S_1、β_2、S_2、β_3、S_3…

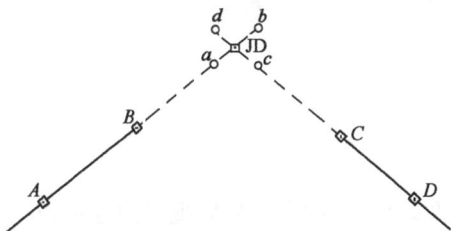

图 7-1-2　交点的钉设

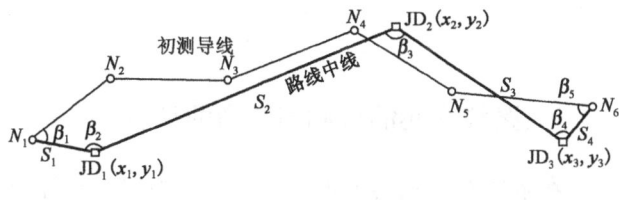

图 7-1-3　拨角放线法

（2）实地放点。

在导线点 N_1 安置全站仪，后视 N_2，拨角 β_1 并量距 S_1 得交点 JD_1；将全站仪移至 JD_1，后视 N_1，拨角 β_2 并量距 S_2 得交点 JD_2；按同样的方法可定出其他各交点 JD_3、JD_4…

这种方法工作效率高，适用于测量导线点较少的线路，缺点是拨角放线的次数越多，误差累积也越大，故每隔一定距离（一般每隔 3~5 个交点）应将测设的中线与测图导线联测，以检查拨角放线的质量。当闭合差超限时，应检查原因予以纠正；当闭合差符合精度要求时，则按具体情况进行调整，使交点位置符合纸上定线的要求。

3. 坐标放样法

路线交点坐标值在地形图上确定以后，利用测图导线按全站仪坐标放样法进行放样。这种方法外业工作更快，而且由于利用测图导线放点，故无误差累积现象。

二、转点的测设

在相邻交点间距离较远或不通视的情况下，需在其连线上测设一些供放线、交点、测角、量距时照准之用的点，这样的点称为转点。其测设方法如下。

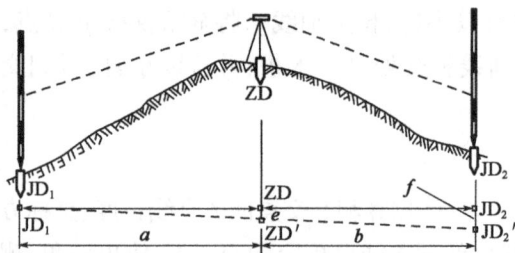

图 7-1-4　转点的测设

如图 7-1-4 所示，JD$_1$、JD$_2$ 为相邻不通视的交点，ZD′ 为初定转点，现欲在不移动交点的条件下精确定出转点 ZD。具体方法是：首先将全站仪安置于 ZD′，后视 JD$_1$，用正倒镜分中法得 JD$_2'$，用视距法测定前后交点与 ZD′ 的视距分别为 a、b。如果 JD$_2'$ 与 JD$_2$ 的偏差为 f，则 ZD′ 应横移的距离 e 可用下式计算：

$$e = \frac{a}{a+b} \times f \qquad (7\text{-}1\text{-}1)$$

按计算值 e 移动 ZD′ 定出 ZD，然后将仪器移至 ZD，检查 ZD 是否位于两交点的连线上，如果偏差在容许范围内，则 ZD 可作为 JD$_1$ 与 JD$_2$ 间的转点。

第二节　路线转角的测定和里程桩的设置

一、路线右角的观测与转角的计算

在路线转折处，为了测设曲线，需要测定其转角。所谓转角，是指交点处后视线的延长线与前视线的夹角，以 α 表示。如图 7-2-1 所示，转角有左右之分，位于延长线右侧的，为右转角，以 $\alpha_右(\alpha_y)$ 表示，位于延长线左侧的，为左转角，以 $\alpha_左(\alpha_z)$ 表示。在路线测量中，转角通常通过观测路线右角 β 后经计算求得。

1. 路线右角的观测

如图 7-2-1 所示，按路线的前进方向，以路线为界，在路线右侧的水平角称为右角，以 β 表示。路线右角的测定，应采用测回法观测一个测回，两个半测回所测角值相差的限差视公路等级而定，高速公路、一级公路限差为 ±20″ 以内，二级及二级以下的公路限差为 ±60″ 以内，如果限差在容许范围内，可取两个半测回的平均值作为

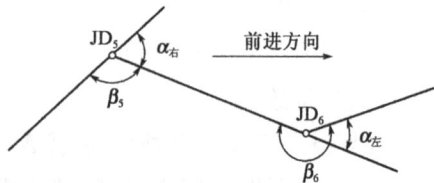

图 7-2-1　转角的测定

最后结果。

2. 转角的计算

在路线右角 β 测定以后,路线交点的转角 α 即可按下式计算:

当 $\beta < 180°$,α 为右转角　　　　$\left.\begin{array}{l}\alpha_{右} = 180° - \beta\\ \alpha_{左} = \beta - 180°\end{array}\right\}$　　(7-2-1)

当 $\beta > 180°$,α 为左转角

3. 分角线方向的标定

由于测设曲线的需要,在路线右角 β 测定后,应保持水平度盘位置不变,在路线设置曲线的一侧定出分角线方向,以供敷设平曲线中点 QZ 之用。如图 7-2-2 所示,在测定右角 β 后,仪器处于盘右照准前视的状态,设此时后视方向的水平度盘读数为 a,前视方向的读数为 b,则分角线方向值 c(即照准分角线方向时水平度盘读数)应为:

$$c = b + \frac{\beta}{2} \qquad (7-2-2)$$

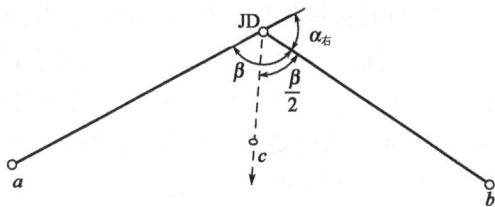

图 7-2-2　分角线的测设

转动仪器的照准部,在读数窗找到 $(b+\beta/2)$ 这一读数,此时望远镜方向即为分角线方向,在此方向上钉桩即标定分角线方向。

因为 $\beta = a - b$,故:

$$c = \frac{a+b}{2} \qquad (7-2-3)$$

上式表明,分角线的方向无论是在路线右侧还是左侧,均可按式(7-2-3)进行计算。当转动照准部使水平度盘读数为 c 时,望远镜所指方向有时会在相反的方向,这时需倒转望远镜,在设置曲线一侧定出分角线方向即可。

为了保证测角的精度,测量中还需进行路线角度闭合差的校核。当路线导线与高级控制点连接时,可按附合导线的计算方法计算角度闭合差,如在限差内,则可进行闭合差的调整。当路线无法与高级控制点联测时,一般来说应在每天作业开始与收工时,至少测一次磁方位角,以便与推算的磁方位角进行核对。

此外,在角度观测后,还要用视距测量的方法测定两交点(或转点)间的距离,以校核中线丈量距离的结果。

二、里程桩的设置

在路线交点、转点及转角测定后,即可进行道路中线测量,经过实地量距设置里程桩,以标定公路中心线的具体位置。公路中线里程桩亦称中桩,桩面上写有桩号,表示该桩至路线起点的水平距离。如某桩点距路线起点的里程为 1362.08m,则桩号记为 K1 +362.08。

里程桩除包括路线起终点桩、交点桩、转点桩、百米桩、公里桩、平曲线控制桩(如直缓或直圆、缓圆、曲中、圆缓、缓直或圆直、公切点等)、桥涵或隧道轴线控制桩、断链桩外,还应按桩距要求、地形变化和设计需要,钉设加桩。加桩一般按下列情况设置。

(1)地形加桩。路线范围内纵向与横向地形有显著变化处,应钉设地形加桩。

(2)地物加桩。路线与水渠、管道、电信线、电力线等交叉点或拆迁建筑物点,有耕地及经济作物干扰地段的起、终点,应钉设地物加桩。

(3)交叉加桩。路线与原有公路、铁路、便道交叉处,应钉设路线交叉加桩。

(4)桥隧加桩。小桥涵中心及大中桥、隧道的两端,应钉设桥涵隧道加桩(当桥涵加桩由有关组确定时,中桩组只需负责标上里程)。

(5)地质加桩。路线在土质变化处及地质不良地段的起、终点处,应钉设地质加桩。

(6)断链加桩。由于局部改线或事后发现距离错误等,致使路线的里程不连续,桩号与路线的实际里程不一致,为说明该情况而设置的加桩。

(7)行政区域加桩。在省、地(市)、县级行政区划分界处应加桩。

里程桩的设置在中线丈量的基础上进行,一般边丈量边设置。丈量一般使用钢尺,低等级公路可用皮尺。测设曲线时,应先测定曲线控制桩,再测设其他桩。里程桩的设置应按照规定满足其桩距及精度要求。直线上的桩距一般为20m,地形平坦时不应大于50m;曲线上加桩的桩距一般为直线上的1/2,具体应按《公路勘测细则》(JTG/T C10—2007)有关规定执行。

钉桩时,对中线起控制作用的路线起(终)点桩、交点桩、转点桩、公里桩、大中桥位桩以及隧道起(终)点桩等均应采用方桩。方桩桩顶露出地面约2cm,桩顶上钉一小钉表示点位。在距方桩20cm左右处设置指示桩,上面书写桩的名称和桩号。钉指示桩时要注意字面应朝向方桩,直线上的指示桩应打在路线的同一侧,曲线上则应打在曲线的外侧。除控制桩之外,其他的桩一般采用板桩,直接打在点位上,一半露出地面,以便书写桩号,有字的一面要面向路线的起点方向。

第三节　圆曲线测设

圆曲线又称单曲线,由一定半径的圆弧构成,它是路线弯道中最基本的平曲线形式。圆曲线的测设方法也遵循"先控制后碎部"的原则进行。一般先定出曲线上起控制作用的曲线主点;然后在主点的基础上进行详细测设,加密曲线上的细部点,完整地标出曲线的平面位置。

一、圆曲线的主点测设

如图7-3-1所示,设在交点JD处相邻两直线边与半径为R的圆曲线相切,其切点ZY和YZ称为曲线的起点和终点,分角线与曲线的相交点QZ称为曲线中点,它们统称为圆曲线主点,其位置根据曲线要素确定。

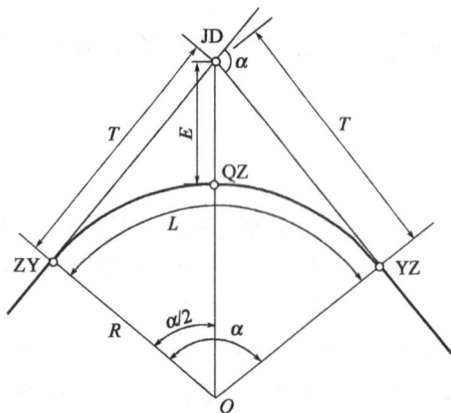

图7-3-1　圆曲线要素计算图

1. 圆曲线要素计算

如图 7-3-1 所示，设交点 JD 的转角为 α，圆曲线的半径为 R，则圆曲线要素可按下列公式计算：

$$\left.\begin{array}{lr}
\text{切线长} & T = R\tan\dfrac{\alpha}{2} \\[3mm]
\text{曲线长} & L = R\alpha\dfrac{\pi}{180} \\[3mm]
\text{外距} & E = R\left(\sec\dfrac{\alpha}{2} - 1\right) \\[3mm]
\text{超距} & D = 2T - L
\end{array}\right\} \tag{7-3-1}$$

2. 圆曲线主点桩号计算

交点 JD 的里程桩号是由中线丈量中得到的，根据交点 JD 的里程桩号和圆曲线要素，即可推算出圆曲线上各主点里程桩号。由图 7-3-1 可知：

$$\left.\begin{array}{l}
\text{ZY（直圆）桩号} = \text{JD 桩号} - T \\[3mm]
\text{YZ（圆直）桩号} = \text{ZY 桩号} + L \\[3mm]
\text{QZ（曲中）桩号} = \text{YZ 桩号} - \dfrac{L}{2} \\[3mm]
\text{JD（交点）桩号} = \text{QZ 桩号} + \dfrac{D}{2}\text{（校核）}
\end{array}\right\} \tag{7-3-2}$$

3. 主点桩的测设

如图 7-3-1 所示，主点桩的测设方法如下：

(1)在交点 JD 处沿两边切线方向分别量取 T，得平曲线起点 ZY 和终点 YZ 的位置。

(2)在交点 JD 处沿分角线方向量取 E，得平曲线中点 QZ 的位置。

例 7-1　设某交点 JD 里程为 K2+968.43，圆曲线半径 $R=200\text{m}$，测得其偏角 $\alpha=34°12'$，计算圆曲线各要素和各主点桩号里程。

解：(1)计算各曲线要素。

$T = 200 \times \tan17°06' = 61.53(\text{m})$

$L = 0.017453 \times 200 \times 34°12' = 119.38(\text{m})$

$E = 200(\sec17°06' - 1) = 9.25(\text{m})$

$D = 2 \times 61.53 - 119.38 = 3.68(\text{m})$

(2)计算各主点的桩号。

$$\begin{array}{lr}
\text{JD} & \text{K2}+968.43 \\
-)\,T & 61.53 \\
\hline
\text{ZY} & \text{K2}+906.90 \\
+)\,L & 119.38 \\
\hline
\text{YZ} & \text{K3}+026.28 \\
-)\,L/2 & 59.69 \\
\hline
\text{QZ} & \text{K2}+966.59 \\
+)\,D/2 & 1.84 \\
\hline
\text{JD} & \text{K2}+968.43 \quad\text{（计算无误）}
\end{array}$$

(3)主点桩的测设。

①在交点 JD 处沿两边切线方向分别量取 $T = 61.53\mathrm{m}$ 得平曲线起点 ZY 和终点 YZ 的主点桩位置。

②在交点 JD 处沿分角线方向量取 $E = 9.25\mathrm{m}$ 得平曲线中点 QZ 的主点桩位置。

二、圆曲线切线支距法测设

在圆曲线测设时,为了控制曲线的线形,应按一定的桩距要求对圆曲线进行详细测设。按桩距在曲线上设桩时,通常有两种方法:一种是整桩距法,就是从曲线起点开始按某一固定的桩距进行设桩,桩号一般不为整桩号;另一种是整桩号法,即从曲线起点向曲线上设第一个桩时,将桩号凑成整数,其他桩号按桩距要求设置,这样设置的桩均为整桩号。在中线测量中,一般均采用整桩号法。

切线支距法是以圆曲线起点 ZY(或终点 YZ)为坐标原点,以切线方向为 x 轴,过原点的半径方向为 y 轴,建立直角坐标系。按曲线上各点的坐标 x,y 设置曲线。

如图 7-3-2 所示,设 P_i 为圆曲线上欲测设的点位,该点至 ZY 点或 YZ 点的弧长为 l_i,则 P_i 的坐标可按下式计算:

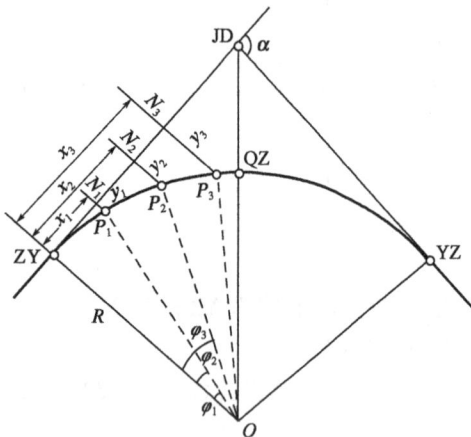

图 7-3-2 切线支距法计算图

$$\left.\begin{array}{l} x_i = R\sin\varphi_i \\ y_i = R(1 - \cos\varphi_i) \end{array}\right\} \quad (7\text{-}3\text{-}3)$$

式中:R——圆曲线半径;

φ_i——弧长 l_i 所对应的圆心角,$\varphi_i = \dfrac{l_i}{R} \cdot \dfrac{180°}{\pi}$;

l_i——圆曲线上任意一点 P_i 与曲线起点(或终点)的里程桩号之差。

在用切线支距法测设曲线时,为了避免支距过长,一般由 ZY、YZ 点分别向 QZ 点施测。其测设步骤如下:

(1)从 ZY(或 YZ)点开始用钢尺或皮尺沿切线方向量取 P_i 的横坐标 x_i,得一点垂足 N_i。

(2)在各垂足 N_i 点上用方向架定出垂直方向,从 N_i 点沿此方向量取纵坐标 y_i,即可定出待测点 P_i。

在圆曲线上各桩点设置完毕以后,应量测相邻桩之间的距离,与相应的桩号之差作比较,且考虑弦弧差的影响。若较差均在限差之内,则曲线测设合格;否则应查明原因,予以纠正。

切线支距法的优点是方法简便、各点位置独立、无测点累积误差,但测设的点位精度偏低,一般较适用于平坦开阔地区,在山区地形复杂地段使用不便。

例 7-2 仍以例 7-1 的结果采用切线支距法并按整桩号设桩,试计算各桩坐标。

解:按例 7-1 已计算出的主点里程,列出详细测设的里程桩号,计算结果见表 7-3-1。

切线支距法坐标计算表   表7-3-1

桩 号	桩点至曲线起(终)点的弧线长(m)	$x = R\sin\varphi$ (m)	$y = R(1 - \cos\varphi)$ (m)
ZY K2 +906.90	0	0	0
+920	13.10	13.09	0.43
+940	33.10	32.95	2.73
+960	53.10	52.48	7.01
QZ K2 +966.59	59.69	58.81	8.84
+980	46.28	45.87	5.33
K3 +000	26.28	26.20	1.72
+020	6.28	6.28	0.10
YZ K3 +026.280	0	0	0

三、圆曲线偏角法测设

圆曲线偏角法测设是以圆曲线起点 ZY(或终点 YZ)至曲线上任一点 P_i 的弦线与切线 T 之间的偏角 Δ_i(即弦切角)和弦长 C_i 来确定 P_i 点的位置。

如图7-3-3所示,偏角 Δ_i 和弦长 C_i 的计算公式为:

$$\Delta_i = \frac{l_i}{R} \cdot \frac{180°}{2\pi} \qquad (7\text{-}3\text{-}4)$$

$$C_i = 2R\sin\frac{\varphi_i}{2} \qquad (7\text{-}3\text{-}5)$$

式中符号意义同前。

例 7-3 仍以例 7-1 为例,采用偏角法按整桩号设桩,计算各桩的偏角和弦长。

解:设曲线由 ZY 点向 YZ 点测设,计算见表7-3-2。

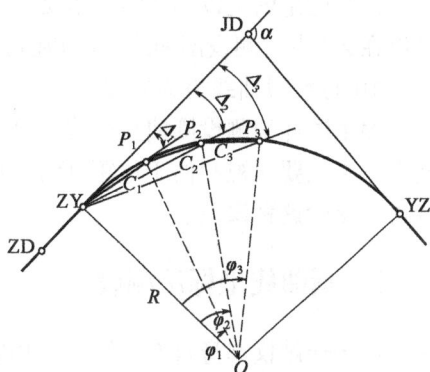

图7-3-3 偏角法计算图

偏角法测设圆曲线计算表   表7-3-2

桩 号	桩点至ZY点的弧长 (m)	偏角值 (° ′ ″)	桩点至曲线起点(ZY)的弦长(m)	相邻两桩点间的弦长 (m)
ZY K2 +906.90	0	0 00 00	0	0
+920	13.1	1 52 35	13.10	13.10
+940	33.10	4 44 28	33.06	19.99
+960	53.10	7 36 22	52.94	19.99
QZ K2 +966.59	59.69	8 33 00	59.47	6.59
+980	73.10	10 28 15	72.69	13.41
K3 +000	93.10	13 20 08	92.26	19.99
+020	113.10	16 12 01	111.60	19.99
YZ K3 +026.28	119.38	17 06 00	117.62	6.28

测设方法:用偏角法测设圆曲线的细部点,因测设距离的方法不同,分为长弦偏角法和短弦偏角法两种。前者测设测站至细部点的距离(长弦),适合使用全站仪;后者测设相邻细部点之间的距离(短弦),适合用全站仪加钢尺。

偏角法详细测设圆曲线的方法和步骤(仍以例7-3为例)如下:

(1)将全站仪安置在起点ZY点上,对中整平后照准交点JD,并将水平度盘配置在$0°00'00''$。

(2)水平转动照准部,使水平度盘读数为桩号K2+920的偏角值$\Delta_1 = 1°52'35''$,从ZY点开始,沿望远镜视线方向量取弦长$C_1 = 13.10$m,定出P_1点,即为K2+920的桩位。

(3)再水平转动照准部,使水平度盘读数为桩号K2+940的偏角值$\Delta_2 = 4°44'28''$,从ZY点开始,沿望远镜视线方向量取长弦$C_2 = 33.06$m,定出P_2点;或从P_1点量取短弦(即桩号K2+920~K2+940之间的弦长)19.99m,与水平度盘读数为偏角Δ_2时的望远镜视线方向相交而定出P_2点。依此类推,测设P_3、P_4……直至YZ点。

(4)当测设至圆曲线终点YZ点位时,水平转动照准部,使度盘读数为$\Delta/2 = 17°06'00''$,此时在望远镜视线方向上量取长弦$C = 117.62$m,或从K3+020桩位量取短弦$C = 6.28$m,定出一点。此点与YZ桩位的闭合差应符合要求。

以上讨论的是以圆曲线起点ZY向圆曲线终点YZ测设的方法。实际测设中,偏角法不仅可以在ZY点上测设圆曲线,而且还可以在YZ或QZ点上测设,但一般从曲线两端(ZY或YZ点)向中点测设曲线更为方便。

偏角法详细测设圆曲线的优点是准确度较高,精度易于掌握,适用于地形较复杂地区,但缺点是必须要通视和便于量距,而且有累积误差,但从曲线两端向中点或自中点向两端测设曲线可以减少这种误差。

四、圆曲线坐标法测设

由于全站仪本身具有三维坐标功能,因此利用坐标法进行圆曲线的详细测设,最适合用全站仪进行测量。

用坐标法测设应首先计算圆曲线主点和其他中桩点的坐标,然后根据测站点和后视点的坐标用全站仪测设已知坐标的圆曲线主点和其他中桩点。

1.圆曲线主点坐标计算

如图7-3-3所示,若已知ZD点和JD点的坐标分别为(x_1, y_1)和(x_2, y_2),则可按公式$\alpha_{12} = \arctan \dfrac{y_2 - y_1}{x_2 - x_1}$计算出第一条切线(图7-3-3中的ZY—JD方向线)的方位角;再由路线的转角(或右角)推算出第二条切线(图7-3-3中的JD—YZ方向线)和分角线的方位角。

根据交点坐标、切线方位角和切线长,计算出圆曲线起点ZY和终点YZ的坐标;根据交点坐标、分角线方位角和外距计算出曲线中点QZ的坐标。

2.圆曲线其他中桩点坐标计算

由已计算出的第一条切线的方位角和各待测设桩号的偏角,计算出曲线起点ZY至各桩点方向线的方位角,再由ZY点到各桩号的弦长计算出各待测设桩点的坐标。

3.按坐标法进行平曲线测设

当圆曲线主点和其他中桩点的坐标确定以后,可按以下两种方法进行平曲线测设。

方法一:测设平曲线时,全站仪可以安置在任意一个已知坐标的点上,根据设置测站的坐标和待测设桩点的坐标,计算测站点到待测设桩点的方位角和平距,用全站仪测设桩点,具体测设方法不再赘述。

方法二:按第一种方法测设平曲线时,有时可能遇到障碍物阻挡仪器视线而无法施测的情况,此时为了测设方便,可先在待测设平曲线附近选择一视野开阔、便于安置仪器的 A 点,测定 A 点的坐标(x_A,y_A),然后再按坐标法进行平曲线测设(图7-3-4),具体按下述方法进行。

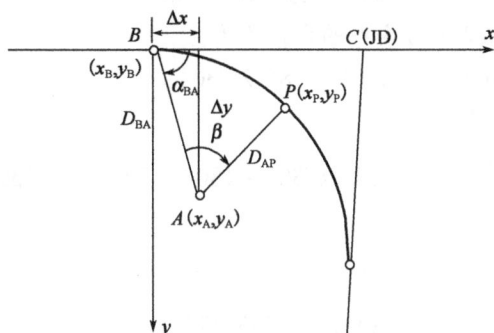

图7-3-4 用极坐标法测定置仪点

(1)按极坐标法测定 A 点的坐标(x_A,y_A)。

如图7-3-4所示,将仪器安置于已知曲线的起点(或终点)$B(x_B,y_B)$ 上,测定 BC 方向与 BA 方向的夹角 α_{AB}(即直线 BC 在设定坐标系中的方位角)及 BA 的距离 D_{BA},则 A 点的坐标为:

$$\left.\begin{array}{l} x_A = x_B + \Delta x = x_B + D_{BA} \cdot \cos\alpha_{BA} \\ y_A = y_B + \Delta y = y_B + D_{BA} \cdot \sin\alpha_{BA} \end{array}\right\} \tag{7-3-6}$$

(2)按坐标法测设各待测中桩点。

按坐标法进行测设是利用全站仪的坐标测量功能,只需输入有关点的坐标值即可,即根据设置测站的坐标、后视点的坐标和待测设各桩点的坐标,可测设各待测桩点,如图7-3-4所示。测设的具体步骤如下:

①在已知点 A 安置全站仪,后视已知点 B,选择设置测量模式;

②输入置仪点和后视点的坐标 $B(x_B,y_B)$、$A(x_A,y_A)$,完成定向工作;

③键入待放点坐标 $P(x_P,y_P)$;

④转动照准部使水平角为 $0°00'00''$,完成待放点 P 的定向工作;

⑤在对讲机指挥下,持棱镜者置反射镜于 P 点方向上,并前、后移动棱镜,使全站仪面板显示 $0.00m$ 时,即为 P 点的精确点位;

⑥重复③～⑤步,可放出其他中桩位。但当改变置仪点的位置后,要重复①～⑤步进行测设。

在实际采用坐标测设中桩的过程中,可以根据施测地区的具体地形情况,将路线分为若干段,采用数台仪器同时进行测设,也不会造成"断链"。

该法的优点是仪器可以安置在任何已知点上进行测设，如已知坐标的控制点、交点、转点等。其测设速度快、精度高。目前该法在公路勘测中已被广泛应用。

例7-4 如图7-3-4所示，仍以例7-1的结果采用坐标法并按整桩号设桩。设已知ZD的坐标为$x_1 = 6795.454\,\text{m}$，$y_1 = 5565.901\,\text{m}$；JD的坐标为$x_2 = 6848.320\,\text{m}$，$y_2 = 5634.240\,\text{m}$，试计算圆曲线主点及其他各中桩的坐标（保留两位小数）。

解：(1)圆曲线主点坐标的计算。

第一条切线，即ZY—JD的方向线的方位角为：

$$\alpha_1 = \arctan\frac{y_2 - y_1}{x_2 - x_1} = \arctan\frac{5634.240 - 5565.901}{6848.320 - 6795.454} = 52°16'30''$$

第二条切线，即JD—YZ的方向线的方位角为：

$$\alpha_2 = \alpha_1 + \alpha = 52°16'30'' + 34°12' = 86°28'30''$$

分角线方向的方位角为：

$$\alpha_3 = \alpha_1 + 180° - \frac{180° - \alpha}{2} = 52°16'30'' + 180° - 72°54' = 159°22'30''$$

圆曲线主点坐标计算：

ZY点：$x_{ZY} = x_2 + T\cos(\alpha_1 + 180°) = 6810.67\,(\text{m})$

$\qquad y_{ZY} = y_2 + T\sin(\alpha_1 + 180°) = 5585.57\,(\text{m})$

YZ点：$x_{YZ} = x_2 + T\cos\alpha_2 = 6852.10\,(\text{m})$

$\qquad y_{YZ} = y_2 + T\sin\alpha_2 = 5695.65\,(\text{m})$

QZ点：$x_{QZ} = x_2 + E\cos\alpha_3 = 6839.66\,(\text{m})$

$\qquad y_{QZ} = y_2 + E\sin\alpha_3 = 5637.50\,(\text{m})$

(2)圆曲线其他各中桩坐标的计算。

计算方法类似于上题中的主点坐标计算，现只举少数桩号说明其算法。

如中桩K2+920：

$$x_{+920} = x_{ZY} + c_{+920} \cdot \cos\alpha_{+920}$$
$$= 6810.67 + 13.10 \times \cos54°09'05''$$
$$= 6818.34\,(\text{m})$$

$$y_{+920} = y_{ZY} + c_{+920} \cdot \sin\alpha_{+920}$$
$$= 5585.57 + 13.10 \times \sin54°09'05''$$
$$= 5596.19\,(\text{m})$$

中桩K2+980：

$$x_{+980} = x_{ZY} + c_{+980} \cdot \cos\alpha_{+980}$$
$$= 6810.67 + 72.69 \times \cos62°44'45''$$
$$= 6843.96\,(\text{m})$$

$$y_{+980} = y_{ZY} + c_{+980} \cdot \sin\alpha_{+980}$$
$$= 5585.57 + 13.10 \times \sin62°44'45''$$
$$= 5650.19\,(\text{m})$$

计算结果见表7-3-3。

细 部 坐 标 计 算

表 7-3-3

桩　号	偏角值 (° ′ ″)			方位角 (° ′ ″)			长弦 (m)	坐标(m)	
								x	y
ZY：K2+906.90	0	00	00	52	16	30	—	6810.67	5585.57
+920	1	52	35	54	09	05	13.10	6818.34	5596.19
+940	4	44	28	57	00	58	33.06	6828.67	5613.30
+960	7	36	22	59	52	52	52.94	6837.24	5631.36
QZ：K2+966.59	8	33	00	60	49	30	59.47	6839.66	5637.50
+980	10	28	15	62	44	45	72.69	6843.96	5650.19
K3+000	13	20	08	65	36	38	92.26	6848.77	5669.60
+020	16	12	01	68	28	31	111.60	6851.62	5689.39
YZ：K2+026.28	17	06	00	69	22	30	117.62	6852.10	5695.65

(3)按坐标法进行平曲线测设。

当圆曲线主点和其他中桩点的坐标确定以后,可利用全站仪按以上任何一种方法进行平曲线测设,具体在此不再赘述。

第四节　虚交曲线测设

在中线测量时,当地形复杂或受地物障碍等限制,两直线的交点无法设置或不通视,或虽能设点但量距困难等,可采用虚交点法进行测设。虚交测设的方法一般有切基线法、圆外基线法等。

一、切基线法测设

切基线法计算简单,且容易控制中线的通过位置,是解决虚交问题的常用方法。如图 7-4-1 所示,采用此法时,一般应先选择曲线中部适宜通过的点位 GQ 点,然后通过 GQ 点作 AB 线交前后导线于 JD_A 与 JD_B,得出双交点 JD_A 及 JD_B,然后用全站仪测出 α_A 和 α_B,用钢尺丈量出 AB 长度,最后按相同半径共切于 GQ 点关系计算曲线半径值。

1. 曲线要素计算

$$R = \frac{\overline{AB}}{\tan\frac{\alpha_A}{2} + \tan\frac{\alpha_B}{2}} \tag{7-4-1}$$

$$\left.\begin{array}{l} T_A = R\tan\frac{\alpha_A}{2} \\[2mm] T_B = R\tan\frac{\alpha_B}{2} \end{array}\right\} \tag{7-4-2}$$

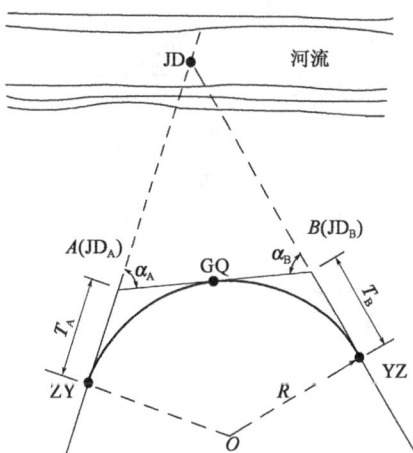

图 7-4-1　切基线法

$$L_{yA} = R\alpha_A \frac{\pi}{180°}$$
$$L_{yB} = R\alpha_B \frac{\pi}{180°}$$

(7-4-3)

$$L = L_{yA} + L_{yB}$$

(7-4-4)

式中：L_{yA}——ZY ~ GQ 的曲线长；

L_{yB}——GQ ~ YZ 的曲线长。

2. 桩号推算

交点 A 桩号：

$$JD_A$$
$$- T_A$$

圆曲线起点桩号：

$$ZY$$
$$+ L_{yA}$$

曲线与基线切点桩号：

$$GQ$$
$$+ L_{yB}$$

圆曲线终点桩号：

$$YZ$$
$$- L + T_A$$

交点 A 桩号：

$$JD_A(校核)$$

3. 测设方法

(1) 从 JD_A 沿前一交点方向量取 T_A，得 ZY 点；

(2) 从 JD_B 沿后一交点方向量取 T_B，得 YZ 点；

(3) 从 JD_A 沿 JD_B 方向量取 T_A，得 GQ 点；

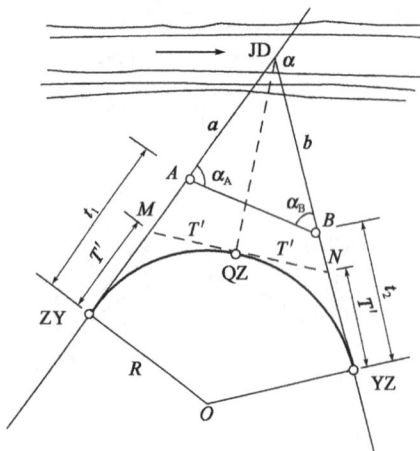

图 7-4-2 圆外基线法测设

(4) 分别用切线支距法或偏角法等方法从 ZY、YZ 点详细测设曲线，方法同前单圆曲线详细测设。

二、圆外基线法测设

如图 7-4-2 所示，因路线的交点 JD 无法设置，在两切线方向上视地形选择辅助点 A 和 B，从而构成圆外基线 AB。用全站仪测出 α_A 和 α_B，用钢尺丈量出 AB 长度，最后拟定圆曲线半径 R。

1. 曲线要素计算

由图 7-4-2 可知，根据转角 $\alpha = \alpha_A + \alpha_B$ 和选定的半径 R，即可算出切线长 T 和曲线长 L。再由 a、b、T，计

算辅助点 A、B 至曲线起点 ZY 和终点 YZ 的距离 t_1 和 t_2。

$$\left.\begin{array}{l} a = AB\dfrac{\sin\alpha_B}{\sin\alpha} \\[2mm] b = AB\dfrac{\sin\alpha_A}{\sin\alpha} \end{array}\right\} \tag{7-4-5}$$

$$T = R\tan\dfrac{\alpha}{2} \tag{7-4-6}$$

$$L = \dfrac{\pi}{180°}R\alpha \tag{7-4-7}$$

$$\left.\begin{array}{l} t_1 = T - a \\[1mm] t_2 = T - b \end{array}\right\} \tag{7-4-8}$$

2. 桩号推算

交点 A 桩号：$\qquad\qquad\qquad$ JD$_A$

$\qquad\qquad\qquad\qquad\qquad\dfrac{-t_1}{}$

圆曲线起点桩号：$\qquad\qquad$ ZY

$\qquad\qquad\qquad\qquad\qquad\dfrac{+L/2}{}$

圆曲线中点桩号：$\qquad\qquad$ QZ

$\qquad\qquad\qquad\qquad\qquad\dfrac{+L/2}{}$

圆曲线终点桩号：$\qquad\qquad$ YZ

$\qquad\qquad\qquad\qquad\qquad\dfrac{-L+t_1}{}$

交点 A 桩号：$\qquad\qquad\qquad$ JD$_A$（校核）

3. 测设方法

(1) 从 JD$_A$ 沿前一交点方向量取 t_1，得 ZY 点；

(2) 由 JD$_B$ 沿后一交点方向量取 t_2，得 YZ 点；

(3) 分别从 ZY、YZ 点沿 JD$_A$、JD$_B$ 方向量取 $T'\left(T' = R\tan\dfrac{\alpha}{4}\right)$，得 M、N 两点，取 MN 的中点即为圆曲线 QZ 点；

(4) 从 ZY ~ YZ 点的详细测设曲线，与前述圆曲线详细测设方法相同。

第五节　缓和曲线的测设

　　汽车在公路上行驶时，当汽车从直线驶入圆曲线时，通过驾驶员转动转向盘，从而使前轮逐渐发生转向，其行驶轨迹是一条曲率连续变化的曲线。同时汽车在直线上的离心力为零，而在圆曲线上的离心力为一定值，直线与圆曲线直接相连，离心力发生突变，对行车安全不利，也影响行车的稳定性和舒适性。尤其是汽车高速行驶时，这种现象更为明显。为了使路线的平面线形更加符合汽车的行驶轨迹、离心力逐渐变化、确保行车的安全和舒适，需要在直线与圆曲线之间或大圆曲线与小圆曲线之间，插入一段曲率均匀变化的过渡性线形，这一曲线称为缓和曲线。缓和曲线是道路平面线形要素之一。

缓和曲线的形式可采用回旋线、三次抛物线及双扭线等。目前我国公路设计中，以回旋线作为缓和曲线。

一、有缓和曲线的平曲线主点桩的测设

1. 缓和曲线计算公式

（1）基本方程。

如图 7-5-1 所示，回旋线是曲率半径随曲线长度的增大而反比地均匀减小的曲线，即在回旋线上任一点的曲率半径 ρ 与曲线的长度 S 成反比，以公式表示为：

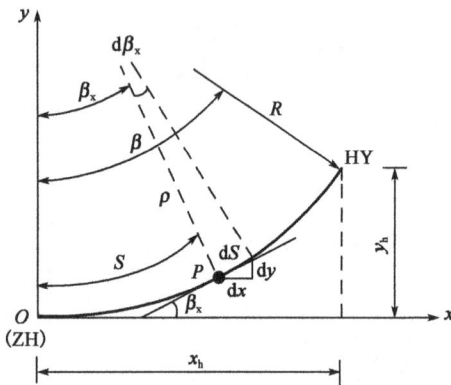

图 7-5-1 缓和曲线

$$\rho = \frac{C}{S} \quad \text{或} \quad \rho S = C \quad (7\text{-}5\text{-}1)$$

式中：ρ——回旋线上某点的曲率半径（m）；

S——回旋线上某点到原点的曲线长（m）；

C——常数。

为了使公式（7-5-1）两边的量纲统一，引入回旋线参数 A，令 $A^2 = C$，A 表征回旋线曲率变化的缓急程度。则回旋线基本公式为：

$$\rho S = A^2$$

在缓和曲线终点即 HY 点（或 YH 点）的曲率半径等于圆曲线半径，即 $\rho = R$，该点的曲线长度即是缓和曲线的全长 l_h，即 $S = l_h$，则得：

$$l_h = \frac{A^2}{R} \quad (7\text{-}5\text{-}2)$$

（2）缓和曲线的切线角 β_x。

如图 7-5-1 所示，回旋线上任一点 P 的切线与 x 轴（起点 ZH 或 HZ 切线）的夹角称为切线角，用 β 表示，该角值与 P 点至曲线起点长度 S 所对应的中心角相等。在缓和曲线上任意一点 P 处取一微分弧段 dS，则：

$$d\beta_x = \frac{dS}{\rho}$$

$$\beta_x = \int d\beta_x = \int \frac{dS}{\rho}$$

将 $\rho = \dfrac{A^2}{S}$ 代入并积分得：

$$\beta_x = \frac{SdS}{A^2} = \frac{S^2}{2A^2} = \frac{S^2}{2Rl_h} \qquad (7\text{-}5\text{-}3)$$

在 l_h 终点处，$S = l_h$，$\rho = R$，代入上式，则得：

$$\beta_h = \frac{l_h}{2R} \qquad (7\text{-}5\text{-}4)$$

（3）缓和曲线直角坐标。

在图 7-5-1 中，在任意一点 P 处取一微分弧段 dS，其所对应的中心角为 $d\beta_x$，则：

$$\left. \begin{array}{l} dx = dS \cdot \cos\beta_x \\ dy = dS \cdot \sin\beta_x \end{array} \right\} \qquad (7\text{-}5\text{-}5)$$

将 $\sin\beta_x$ 及 $\cos\beta_x$ 用函数幂级数展开，积分后略去高次项并化简得：

$$\left. \begin{array}{l} y = \dfrac{S^3}{6Rl_h} - \dfrac{S^7}{336R^3 l_h^3} \\[2mm] x = S - \dfrac{S^5}{40R^2 l_h^2} \end{array} \right\} \qquad (7\text{-}5\text{-}6)$$

当 $S = l_h$ 时，则缓和曲线终点的坐标为：

$$\left. \begin{array}{l} Y_h = \dfrac{l_h^2}{6R} - \dfrac{l_h^4}{336R^3} \\[2mm] X_h = l_h - \dfrac{l_h^3}{40R^2} \end{array} \right\} \qquad (7\text{-}5\text{-}7)$$

2. 主点桩的测设

（1）主曲线的内移值 p 及切线增长值 q。

为了能在直线与圆曲线之间插入缓和曲线，必须将原有圆曲线向内移动一定的距离 p。圆曲线向内移动有两种方法：一种是圆心不变，使圆曲线半径减小，从而使圆曲线向内移动；另一种是半径不变，而圆心沿分角线方向内移，使圆曲线向内移动。由于后者是不平行移动，圆曲线上的各点的内移值不相等，测设工作麻烦，因此常采用第一种方法。

采用圆心不动的平行移动方法，可以看成是平曲线在未设置缓和曲线时，圆曲线的半径为 $R+p$，而该平曲线要插入缓和曲线，向内移动距离 p 后，圆曲线半径正好减小一个 p 值，即为 R。如图 7-5-2 所示。

由图 7-5-2 可知，将 $\sin\beta_x$ 及 $\cos\beta_x$ 用函数幂级数展开可得：

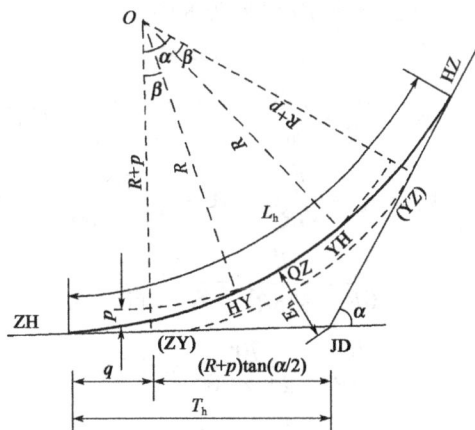

图 7-5-2　平曲线要素

$$\begin{aligned} p &= X_h + R\cos\beta_h - R \\ &= X_h - R(1 - \cos\beta_h) = \frac{l_h^2}{24R} \qquad (7\text{-}5\text{-}8) \end{aligned}$$

$$q = X_h - R\sin\beta_h = \frac{l_h}{2} - \frac{l_h^3}{240R^2} \qquad (7\text{-}5\text{-}9)$$

(2)有缓和曲线的单圆曲线要素计算。

由图7-5-2可知:

切线长　　　　　$T_h = (R + p)\tan\dfrac{\alpha}{2} + q$

曲线长　　　　　$L_h = R(\alpha - 2\beta)\dfrac{\pi}{180} + 2l_h$　　　　　　　　　(7-5-10)

外距　　　　　　$E_h = (R + p)\sec\dfrac{\alpha}{2} - R = R\left(\sec\dfrac{\alpha}{2} - 1\right) + p\sec\dfrac{\alpha}{2}$

超距　　　　　　$D_h = 2T_h - L_h$

(3)曲线主点桩号计算。

桩号　　　　　　　　　ZH = JD(桩号) $- T_h$

桩号　　　　　　　　　HY = ZH(桩号) $+ l_h$

桩号　　　　　　　　　YH = HY(桩号) $+ L_y$

桩号　　　　　　　　　HZ = YH(桩号) $+ l_h$　　　　　　　(7-5-11)

桩号　　　　　　　　　QZ = HZ(桩号) $- L_h/2$

桩号　　　　　　　　　JD = QZ(桩号) $+ D_h/2$

(4)曲线主点桩测设。

如图7-5-2所示,带有缓和曲线的单圆曲线基本桩有 ZH、HY、QZ、YH、HZ 五个,其测设和桩号计算方法与单圆曲线基本相同。ZH、HZ 两点由切线长 T_h 来确定;QZ 由外距 E_h 来确定;HY、YH 两点由坐标 X_h、Y_h 来确定。

例 7-5　已知某二级公路的路线转角 $\alpha = 29°23'24''$,圆曲线半径 $R = 260$m,缓和曲线长度 $l_h = 70$m,交点 JD 桩号为 K16 + 721.26,试计算平曲线要素和主点桩号,并设置主点桩。

解:(1)计算缓和曲线常数。

$$\beta = \frac{l_h}{2R} \times \frac{180}{\pi} = \frac{70 \times 180}{2 \times 260 \times \pi} = 7°42'46''$$

$$X_h = l_h - \frac{l_h^3}{40R^2} = 70 - \frac{70^3}{40 \times 260^2} = 69.87(\text{m})$$

$$Y_h = \frac{l_h^2}{6R} - \frac{l_h^4}{336R^3} = \frac{70^2}{6 \times 260} - \frac{70^4}{336 \times 260^3} = 3.14(\text{m})$$

$$p = \frac{l_h^2}{24R} = \frac{70^2}{24 \times 260} = 0.78(\text{m})$$

$$q = \frac{l_h}{2} - \frac{l_h^3}{240R^2} = \frac{35}{2} - \frac{70^3}{240 \times 260^2} = 34.98(\text{m})$$

(2)平曲线要素计算。

切线长:$T_h = (R + p)\tan\dfrac{\alpha}{2} + q = (260 + 0.78)\tan\dfrac{29°23'24''}{2} + 34.98 = 103.37(\text{m})$

曲线长度:$L_h = \alpha R\dfrac{\pi}{180} + l_h = 29°23'24'' \times 260 \times \dfrac{\pi}{180} + 70 = 203.36(\text{m})$

外距：$E_h = (R + p)\sec\dfrac{\alpha}{2} - R = (260 + 0.78)\sec\dfrac{29°23'24''}{2} - 260 = 39.30(\text{m})$

圆曲线长度：$L_y = L_h - 2l_h = 203.36 - 140 = 63.36(\text{m})$

曲切差：$D_h = 2T_h - L_h = 2 \times 103.37 - 203.36 = 3.38(\text{m})$

（3）基本桩桩号计算。

JD	K16 +721.26	
$-)\ T_h$	103.37	
ZH	+617.89	
$+\ l_h$	70.00	
HY	+687.89	
$+)\ L_y$	63.36	
YH	+751.25	
$+\ l_h$	70.00	
HZ	+821.25	
$-)\ L_h/2$	101.68	
QZ	+719.57	
$+\ D_h/2$	1.69	
JD	K16 +721.26（计算无误）	

（4）实地敷设基本桩位置的步骤。

①在交点 JD 处沿两切线方向分别量取 $T_h = 103.37\text{m}$，得平曲线起点 ZH、终点 HZ 的位置；

②在 JD 沿分角线方向量取 $E_h = 39.30\text{m}$，得平曲线终点 QZ 位置；

③分别以 ZH（或 HZ）为坐标原点，沿切线方向分别以坐标 $X_h = 69.87\text{m}$ 和 $Y_h = 3.14\text{m}$ 用切线支距法定出 HY（或 YH）的位置。

二、有缓和曲线的单圆曲线切线支距法测设

这种方法与单圆曲线的测设基本相同，它是以切线为 X 轴，以 ZH 或 HZ 为坐标原点，通过原点并垂直 X 轴方向的直线为 Y 轴，计算曲线上任意点的坐标(x, y)，就可以测设平曲线。

1. 缓和曲线上任意点的测设

如图 7-5-3 所示，缓和曲线上任意点的坐标值按下式计算：

$$
\left.
\begin{aligned}
x &= l - \frac{l^5}{40R^2\,l_h^3} \\
y &= \frac{l^3}{6Rl_h} - \frac{l^7}{336R^3\,l_h^3}
\end{aligned}
\right\}
\tag{7-5-12}
$$

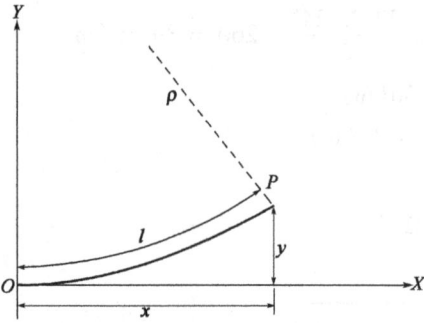

图 7-5-3 缓和曲线任意点 P 的坐标

注：O 点为 ZH 或 HZ，即缓和曲线起点作为坐标原点。

测设方法：

(1)从 ZH(HZ)点沿 JD 方向量取 x_1，得 N_1 点；

(2)在 N_1 点的垂向上，向曲线的偏转方向量取 y_1，得 P_1 点点位；

(3)重复以上步骤测设到缓和曲线终点。

例 7-6 设 $R = 100\text{m}$，$l_h = 35\text{m}$，ZH 的桩号为 K5 + 112.45，用缓和曲线切线支距法测设曲线。

解：通过计算得：$X_h = 34.89\text{m}$，$Y_h = 2.04\text{m}$，$T_d = 23.37\text{m}$。

其中，X_h 和 Y_h 为缓和曲线终点的坐标值，T_d 为缓和曲线终点 HY、YH 的切线与 T_h 的交点至缓和曲线起点 ZH、HZ 的距离。

通过计算得各桩的纵、横距值如表 7-5-1 所示。

各桩纵、横距值计算表 表 7-5-1

桩　　号	l	x	y
ZH　K5 + 112.45	0	0.000	0.00
+ 117.45	5	5.00	0.01
+ 123.45	11	11.00	0.06
+ 130.45	18	18.00	0.28
+ 137.45	25	24.98	0.74
+ 142.45	30	29.98	1.28
HY　+ 147.45	35	34.89	2.04

施测步骤：

如图 7-5-4 所示，自 ZH 沿切线量取 23.37m 得 Q 点，再自 Q 点向前量 11.52m（即 34.89 – 23.37）作支距为 2.04m，得 HY 点，然后以 ZH 为原点，根据各桩点的 x，y 值定出缓和曲线上各桩点的相应位置。也可采用弦长与 y 值相交法定出各桩点的相应位置。HY 点与 Q 点相连，即为缓和曲线与主曲线在 HY 处的切线。同理可以测设 HZ 点方向的缓和曲线任意点。

2.主圆曲线上任意点的测设

(1)以 ZH(或 HZ)为原点的切线支距法。

如图 7-5-5a)所示，计算公式：

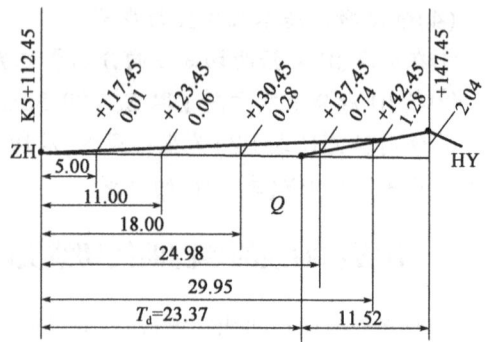

图 7-5-4　缓和曲线任意点的测设方法

$$\left.\begin{array}{l} x = x' + q = R\sin\varphi + q \\ y = y' + p = R(1 - \cos\varphi) + p \end{array}\right\} \tag{7-5-13}$$

$$\varphi = \frac{l - l_h/2}{R} \cdot \frac{180}{\pi} \qquad (7\text{-}5\text{-}14)$$

式中：l——主圆曲线上任意一点到 ZH(HZ) 点的弧长。

测设方法同前述切线支距法。

(2) 以 HY(或 YH)定出切线支距法。

如图 7-5-5b)所示，以 HY(或 YH)点为原点，切线方向为 x 轴，法线方向为 y 轴，建立直角坐标系。

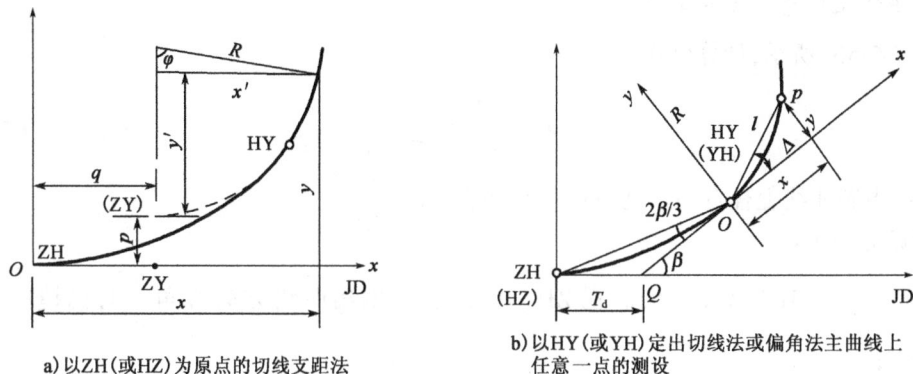

a) 以 ZH(或 HZ)为原点的切线支距法

b) 以 HY(或 YH)定出切线法或偏角法主曲线上任意一点的测设

图 7-5-5　切线支距法示意图

计算公式：

$$\left.\begin{array}{l} x = R\sin\varphi \\ y = R(1 - \cos\varphi) \end{array}\right\} \qquad (7\text{-}5\text{-}15)$$

$$\varphi = \frac{l}{R} \cdot \frac{180°}{\pi} \qquad (7\text{-}5\text{-}16)$$

式中：l——主圆曲线上任意一点到 HY(YH) 点的弧长。

$$T_d = \frac{2}{3}l_h + \frac{l_h^3}{360R^2}$$

$$QO = T_k = \frac{1}{3}l_h + \frac{l_h^3}{126R^2}$$

测设方法：

从 ZH(HZ)点沿切线方向量取 T_d 得到 Q 点，并用 T_k 校核；再以 Q 点与 HY(YH)为 x 方向，从 HY(YH)量取 x，垂直方向上量取 y，可测设曲线。

三、有缓和曲线的单圆曲线偏角法测设

1. 在缓和曲线上任意一点的测设

用偏角法测设缓和曲线，首先应计算缓和曲线上任意一点 P_i 的偏角值 Δ，如图 7-5-6 所示。

$$\Delta = \frac{l^2}{6Rl_h} \times \frac{180°}{\pi} \qquad (7\text{-}5\text{-}17)$$

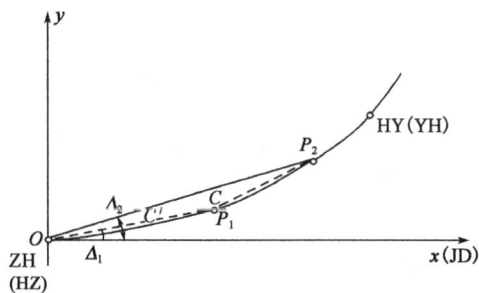

图 7-5-6　偏角法测设缓和曲线示意图

$$C \approx l' \tag{7-5-18}$$

式中：l——缓和曲线上任意一点到缓和曲线起点的弧长；

　　　　l'——缓和曲线上任意一点到相邻点的弧长；

　　　　C——缓和曲线上任意一点到相邻点的弦长。

用式(7-5-17)即可计算缓和曲线起点至缓和曲线上任意一点的偏角值，有了偏角值和每一段弦长（近似地等于弧长），即可在 ZH 或 HZ 点安置全站仪，按偏角法测设单圆曲线的方法对缓和曲线进行测设。

2. 主曲线上任意一点的测设

如图 7-5-5b) 所示，计算公式为：

$$\Delta_i = \frac{l}{2R} \cdot \frac{180}{\pi} \tag{7-5-19}$$

式中：l——主圆曲线上任意一点到 HY(YH) 的弧长。

其测设方法为：

(1) 置仪器于 HY(YH) 点，后视 ZH(HZ) 点，向偏离曲线方向拨角 $\frac{2}{3}\beta$，倒镜配度盘为 $0°00'00''$；

(2) 拨角 Δ_1，从 HY(YH) 量取 C_1（C_1 计算公式同单圆曲线）与视线交会出中桩点位 P_1；

(3) 按以上步骤测设到 QZ 点。

四、有缓和曲线的单圆曲线坐标法测设

如图 7-5-7 所示，用全站仪测设带有缓和曲线段的平曲线，其中线桩点的测设坐标计算方法如下。

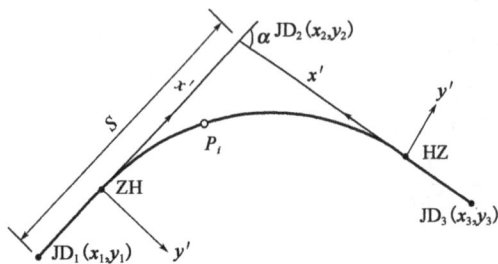

图 7-5-7　全站仪坐标法

交点桩 JD_1、JD_2、JD_3 及其坐标 (x_1, y_1)、(x_2, y_2)、(x_3, y_3) 已在图上量出或在实地已经测定，路线导线的坐标方位角和边长可用坐标反算公式求得，即：

象限角：

$$R_{12} = \arctan \left| \frac{y_2 - y_1}{x_2 - x_1} \right| = \arctan \left| \frac{\Delta y_{12}}{\Delta x_{12}} \right| \tag{7-5-20}$$

$$R_{23} = \arctan \left| \frac{y_3 - y_2}{x_3 - x_2} \right| = \arctan \left| \frac{\Delta y_{23}}{\Delta x_{23}} \right| \tag{7-5-21}$$

根据 Δx、Δy 的正负，把象限角 R_{12}、R_{23} 换算成坐标方位角 α_{12}、α_{23}。

转角

$$\alpha = \alpha_{23} - \alpha_{12} \tag{7-5-22}$$

边长

$$S = \sqrt{(x_2 - x_1)^2 + (y_2 - y_1)^2} \tag{7-5-23}$$

在选定圆曲线半径 R 和缓和曲线长度 l_h 后根据各桩点 P_i 的里程桩号，即可算出相应的坐标值 (x_i,y_i)。

（1）计算在路线坐标系中的主点坐标。

如图 7-5-7 所示：

$$x_{ZH} = x_2 + \Delta x_{JD2,ZH} = x_2 + T_h\cos(\alpha_{12}+180°) \tag{7-5-24}$$

$$y_{ZH} = y_2 + \Delta y_{JD2,ZH} = y_2 + T_h\sin(\alpha_{12}+180°) \tag{7-5-25}$$

$$x_{HZ} = x_2 + \Delta x_{JD2,HZ} = x_2 + T_h\cos\alpha_{23} \tag{7-5-26}$$

$$y_{HZ} = y_2 + \Delta y_{JD2,HZ} = y_2 + T_h\sin\alpha_{23} \tag{7-5-27}$$

$$x_{HY} = x_{ZH} + X_h\cdot\cos\alpha_{12} - Y_h\sin\alpha_{12} \tag{7-5-28}$$

$$y_{HY} = y_{ZH} + X_h\cdot\sin\alpha_{12} - Y_h\cos\alpha_{12} \tag{7-5-29}$$

注意：当曲线为左转角时，应以 $Y_h = -Y_h$ 代入。

$$x_{YH} = x_{HZ} + X_h\cos(\alpha_{23}+180°) - Y_h\sin(\alpha_{23}+180°) \tag{7-5-30}$$

$$y_{YH} = y_{HZ} + X_h\sin(\alpha_{23}+180°) + Y_h\cos(\alpha_{23}+180°) \tag{7-5-31}$$

注意：当曲线为右转角时，应以 $Y_h = -Y_h$ 代入。

（2）计算在直线段上 P_i 桩的坐标。

$$x_i = x_{HZ} + D_i\cos\alpha_{12} \tag{7-5-32}$$

$$y_i = y_{HZ} + D_i\sin\alpha_{12} \tag{7-5-33}$$

式中：D_i——前一平曲线的 HZ 点至 P_i 桩的距离；

α_{12}——P_i 桩所在该平曲线的 $JD_1 \sim JD_2$ 直线的坐标方位角。

（3）计算在曲线上 P_i 桩的坐标。

在曲线上 P_i 桩的坐标的计算，是以 ZH（或 HZ）为坐标原点，以向 JD_2 的切线方向为 x' 轴，过原点的法线方向为 y' 轴，建立坐标系 $x'o'y'$，利用切线支距法的原理计算中桩 P_i 点在该坐标系的坐标 (x_i',y_i')，然后再用坐标平移和旋转的方法把此坐标转换为路线坐标中的坐标值 (x_i,y_i)。

① P_i 桩在缓和曲线段内：

$$x_i' = l - \frac{l^5}{40R^2 l_h^2} \tag{7-5-34}$$

$$y_i' = \frac{l^3}{6Rl_h} \tag{7-5-35}$$

式中：l——P_i 桩至缓和曲线起点 ZH 或终点 HZ 的曲线长。

② P_i 桩在圆曲线段内：

$$x_i' = R\sin\left(\frac{l-l_h/2}{R}\cdot\frac{180°}{n}\right) + q \tag{7-5-36}$$

$$y_i' = R\left[1 - \cos\left(\frac{l-l_h/2}{R}\cdot\frac{180°}{n}\right)\right] + p \tag{7-5-37}$$

式中符号意义同前。

③坐标转换：

前半个曲线：

$$x_i = x_{ZH} + x'_i \cdot \cos\alpha_{12} - y'_i \cdot \sin\alpha_{12} \qquad (7\text{-}5\text{-}38)$$

$$y_i = y_{ZH} + x'_i \cdot \sin\alpha_{12} - y'_i \cdot \cos\alpha_{12} \qquad (7\text{-}5\text{-}39)$$

注意：当曲线为左转角时，应以 $y'_i = -y'_i$ 代入。

后半个曲线：

$$x_i = x_{HZ} + x'_i \cdot \cos(\alpha_{23} + 180°) - y'_i \cdot \sin(\alpha_{23} + 180°) \qquad (7\text{-}5\text{-}40)$$

$$y_i = y_{HZ} + x'_i \cdot \sin(\alpha_{23} + 180°) - y'_i \cdot \cos(\alpha_{23} + 180°) \qquad (7\text{-}5\text{-}41)$$

注意：当曲线为右转角时，应以 $y'_i = -y'_i$ 代入。

例7-7 某公路弯道交点 JD_{11}、JD_{12}、JD_{13}，如图7-5-8所示，其坐标列在表7-5-2中。若选定交点 JD_{12} 的圆曲线半径 $R = 600m$，缓和曲线长 $l_h = 150m$，试计算各主点及中桩的坐标。

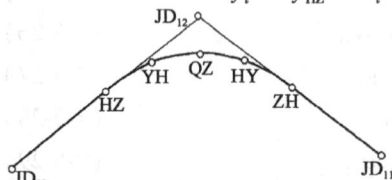
图 7-5-8 主点及中桩的坐标示意图

各 交 点 坐 标 表 表7-5-2

交点序号	桩　　号	$x(m)$	$y(m)$
JD_{11}	K15+508.38	40485.200	111275.000
JD_{12}	K16+383.79	40728.000	110516.000
JD_{13}	K16+862.65	40591.000	110045.000

解：（1）求转角。

象限角

$$R_{11-12} = \arctan\left|\frac{y_{12} - y_{11}}{x_{12} - x_{11}}\right| = \arctan\left|\frac{110516 - 111275}{40728 - 40485.2}\right| = \arctan\left|\frac{-759}{243.8}\right| = 72°15'39''$$

$$R_{12-13} = \arctan\left|\frac{y_{13} - y_{12}}{x_{13} - x_{12}}\right| = \arctan\left|\frac{10045 - 110516}{40591 - 40728}\right| = \arctan\left|\frac{-471}{-137}\right| = 73°46'55''$$

根据 Δx、Δy 的正负号可得方位角为：

$$\alpha_{11-12} = 360° - R_{11-12} = 287°44'21''$$

$$\alpha_{12-13} = 180° + R_{12-13} = 253°46'55''$$

则路线转角为：

$$\alpha = \alpha_{12-13} - \alpha_{11-12} = -33°57'26''（左转角）$$

（2）计算曲线要素、元素和主点里程。

$$p = \frac{l_h^2}{24R} = 1.569m$$

$$q = \frac{l_h^2}{2} - \frac{l_h^3}{40R^2} = 74.961m$$

$$\beta = \frac{l_h}{2R} \cdot \frac{180°}{\pi} = 7.16°$$

$$X_h = l_h - \frac{l_h^3}{40R^2} = 149.766m$$

$$Y_h = \frac{l_h^2}{6R} = 6.25\text{m}$$

$$T_h = (R + P)\tan\frac{\alpha}{2} + q = 258.634\text{m}$$

$$L_h = (\alpha - 2\beta)R\frac{\pi}{180°} + 2l_h = 505.601\text{m}$$

ZH 里程 = JD 里程 - T_h = K16 + 125.601

HY 里程 = ZH 里程 + l_h = K16 + 275.16

QZ 里程 = ZH 里程 + $L_h/2$ = K16 + 377.96

HZ 里程 = ZH 里程 + L_h = K16 + 630.76

YH 里程 = HZ 里程 - l_h = K16 + 480.76

(3)计算主点在路线坐标系中的坐标。

$x_{ZH} = x_{12} + \Delta x_{12,ZH} = x_{12} + T_h\cos(\alpha_{11-12} + 180°)$

　　$= 40728 + 258.634\cos(287°44'21'' + 180°) = 40649.198(\text{m})$

$y_{ZH} = y_{12} + T_h\sin(\alpha_{11-12} + 180°)$

　　$= 110516 + 258.634\sin(287°44'21'' + 180°) = 110762.337(\text{m})$

$x_{HZ} = x_{12} + T_h\cos\alpha_{12-13}$

　　$= 40728 + 258.634\cos253°46'55'' = 40655.765(\text{m})$

$y_{HZ} = y_{12} + T_h\sin\alpha_{12-13}$

　　$= 110516 + 258.634\sin253°46'55'' = 110267.658(\text{m})$

$x_{HY} = x_{ZH} + X_h \cdot \cos\alpha_{11-12} - Y_h \cdot \sin\alpha_{11-12}$

　　$= 40649.198 + 149.766\cos287°44'21'' - (-6.25)\sin287°44'21''$

　　$= 40688.877(\text{m})$

$y_{HY} = y_{ZH} + X_h \cdot \sin\alpha_{11-12} + Y_h \cdot \cos\alpha_{11-12} = 110617.788(\text{m})$

$x_{YH} = x_{HZ} + X_h \cdot \cos(\alpha_{12-13} + 180°) - Y_h \cdot \sin(\alpha_{12-13} + 180°) = 40691.592(\text{m})$

$y_{YH} = y_{HZ} + X_h \cdot \sin(\alpha_{12-13} + 180°) + Y_h \cdot \cos(\alpha_{12-13} + 180°) = 110413.210(\text{m})$

(4)计算中桩的坐标。

①中桩在缓和曲线段上(如计算 K16 + 140 的坐标):

$l = 140 - 125.16 = 14.84(\text{m})$

$$x'_i = l - \frac{l^5}{40R^2 l_h^2} = 14.84 - \frac{14.84^3}{40 \times 600^2 \times 150^2} = 14.84(\text{m})$$

$$y'_i = \frac{l^3}{6Rl_h} = \frac{14.84^3}{6 \times 600 \times 150} = 0.006(\text{m}) \quad (应取负值)$$

$$x_{K16+140} = x_{ZH} + x'_i \cos\alpha_{11-12} - y'_i \sin\alpha_{11-12} = 40653.714(\text{m})$$

$$y_{K16+140} = y_{ZH} + x'_i \sin\alpha_{11-12} + y'_i \cos\alpha_{11-12} = 110748.201(\text{m})$$

②中桩在圆曲线段上(如计算 K16 + 300 的坐标):

$$l = 300 - 125.16 = 174.84(\text{m})$$

$$x'_i = R\sin\left(\frac{l - l_h/2}{R} \cdot \frac{180°}{n}\right) + q = 174.341(\text{m})$$

$$y'_i = R\left[1 - \cos\left(\frac{l - l_h/2}{R} \cdot \frac{180°}{n}\right)\right] + p = 9.857(\text{m}) \quad (应取负值)$$

$$x_{K16+300} = x_{ZH} + x'_i \cdot \cos\alpha_{11-12} - y'_i \cdot \sin\alpha_{11-12} = 40692.927(\text{m})$$

$$y_{K16+300} = y_{ZH} + x'_i \cdot \sin\alpha_{11-12} - y'_i \cdot \cos\alpha_{11-12} = 110593.282(\text{m})$$

③中线各桩点的计算坐标如表7-5-3所列。

中线各桩点坐标计算表　　　　　表 7-5-3

桩　号	x 坐标(m)	y 坐标(m)	桩　号	x 坐标(m)	y 坐标(m)
ZH　K16 + 125.16	40649.198	110762.337	+400	40698.906	110493.573
+140	40653.715	110748.197	+420	40698.104	110473.590
+160	40659.740	110729.126	+440	40696.636	110453.645
+180	40665.617	110710.009	+460	40694.504	110433.760
+200	40671.260	110690.822	+480	40691.711	110413.957
+220	40676.584	110671.544	HY　K16 + 480.76	40691.592	110413.210
+240	40681.449	110652.157	+500	40688.276	110394.254
+260	40685.917	110632.652	+520	40684.680	110374.661
HY　K16 + 275.16	40688.877	110617.788	+540	40679.778	110366.172
+280	40689.747	110613.023	+560	40674.895	110335.777
+300	40692.930	110593.279	+580	40669.708	110316.462
+320	40695.454	110573.439	+600	40664.303	110297.206
+340	40697.315	110553.527	+620	40658.767	110277.987
+360	40698.512	110533.564	HZ　K16 + 630.76	40655.765	110267.658
+380	40699.042	110513.572			

(5)按坐标法进行平曲线测设。

用全站仪测设带有缓和曲线段的平曲线,方法与坐标法测设单圆曲线相同。

第六节　复曲线的测设

在地形复杂地区,路线转向时,采用一个简单的圆曲线往往不能适应当地地形,此时可采用复曲线。复曲线是由两个或两个以上半径不同、转向相同的圆曲线径向连接或插入缓和曲线的组合形式。根据其连接方式不同,可分为三种形式:无缓和曲线的复曲线圆曲线直接相连的组合形式,有缓和曲线的复曲线,两端有缓和曲线中间也有缓和曲线的组合形式。

一、无缓和曲线的复曲线测设

无缓和曲线的复曲线一般由两个不同半径的圆曲线直接衔接而成。这种复曲线的测设多用辅助基线法,如图7-6-1所示,AB为基线,α_1、α_2为辅助交点转角,均由实测得到。此时一般先确定受地形地物控制较严的半径R_1,按下述计算推定另一曲线半径R_2。即:

$$T_1 = R_1 \tan \frac{\alpha_1}{2} \qquad (7\text{-}6\text{-}1)$$

而

$$T_2 = \overline{AB} - T_1 \qquad (7\text{-}6\text{-}2)$$

则

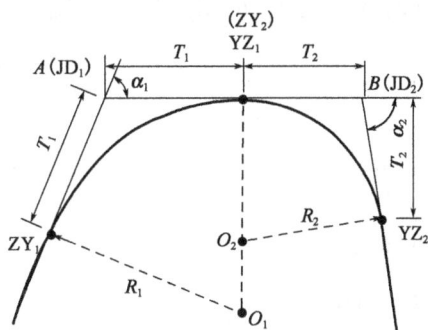

图7-6-1　复曲线测设

$$R_2 = T_2 \cot \frac{\alpha_2}{2} = (\overline{AB} - T_1) \cot \frac{\alpha_2}{2} \qquad (7\text{-}6\text{-}3)$$

然后,即可计算曲线R_1、R_2的各个要素及各点里程桩号,此测设方法与圆曲线段相同。

例7-8　已知某复曲线,JD_1至JD_2间距离$\overline{AB} = 106.18\text{m}$,$\alpha_1 = 76°05'$,$\alpha_2 = 49°05'$,$R_1 = 70\text{m}$,试计算$R_2$。

解:$T_1 = R_1 \tan \dfrac{\alpha_1}{2} = 70 \times \tan \dfrac{76°05'}{2} = 70 \times 0.78245 = 54.77(\text{m})$

$T_2 = \overline{AB} - T_1 = 106.18 - 54.77 = 51.41(\text{m})$

$R_2 = \dfrac{T_2}{\tan \dfrac{\alpha_2}{2}} = \dfrac{51.41}{\tan \dfrac{49°05'}{2}} = 112.59(\text{m})$

二、有缓和曲线的复曲线测设

1. 确定半径及缓和曲线长

其计算方法有下面两种:

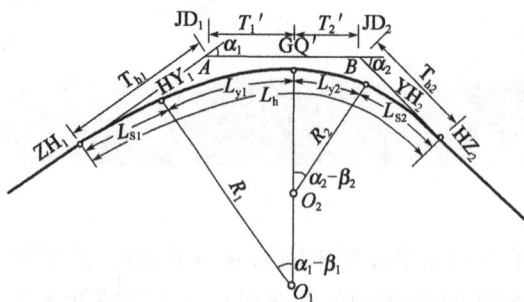

图 7-6-2　有缓和曲线的复曲线

（1）如图 7-6-2 所示，首先确定 R_1、L_{S1}，然后再确定 R_2、L_{S2}，其中 $L_{S1} = l_{h1}$，$L_{S2} = l_{h2}$ 分别表示两端的缓和曲线长度。

$$p_1 = \frac{L_{S1}^2}{24 R_1} = p_2 = p$$

由 $T_1 + T_2 = \overline{AB}$，可得：

$$R_2 = \frac{\overline{AB} - (R_1 + p)\tan\dfrac{\alpha_1}{2}}{\tan\dfrac{\alpha_2}{2}} - p \quad (7\text{-}6\text{-}4)$$

由

$$p_1 = \frac{L_{S1}^2}{24R_1} = p_2 = \frac{L_{S2}^2}{24R_2}$$

可得：

$$L_{S2} = L_{S1}\sqrt{\frac{R_2}{R_1}} \quad\quad\quad (7\text{-}6\text{-}5)$$

（2）先拟定 R_1、R_2、L_{S1}，再求算 L_{S2}。

$$p_1 = \frac{L_{S1}^2}{24R_1} = p_2 = \frac{L_{S2}^2}{24R_2}$$

可得：

$$L_{S2} = L_{S1}\sqrt{\frac{R_2}{R_1}} \quad\quad\quad (7\text{-}6\text{-}6)$$

2. 要素计算

第一曲线：

$$T_{h1} = (R_1 + p_1)\tan\frac{\alpha_1}{2} + q_1 \quad\quad (7\text{-}6\text{-}7)$$

$$L_{y1} = R_1(\alpha_1 - \beta_1)\frac{\pi}{180} \quad\quad (7\text{-}6\text{-}8)$$

$$L_{h1} = L_{y1} + L_{S1} \quad\quad\quad (7\text{-}6\text{-}9)$$

$$E_{h1} = (R_1 + p_1)\sec\frac{\alpha_1}{2} - R_1 \quad\quad (7\text{-}6\text{-}10)$$

第二曲线：

$$T_{h2} = (R_2 + p_2)\tan\frac{\alpha_2}{2} + q_2 \quad\quad (7\text{-}6\text{-}11)$$

$$L_{y2} = R_2(\alpha_2 - \beta_2)\frac{\pi}{180} \quad\quad (7\text{-}6\text{-}12)$$

$$L_{h2} = L_{y2} + L_{S2} \quad\quad\quad (7\text{-}6\text{-}13)$$

$$E_{h2} = (R_2 + p_2)\sec\frac{\alpha_2}{2} - R_2 \quad\quad (7\text{-}6\text{-}14)$$

3. 桩号计算

第一曲线起点桩号： $\qquad$ $ZH_1 = JD_1(桩号) - T_{h1}$

第一曲线缓圆点桩号： $\qquad$ $HY_1 = ZH_1(桩号) + L_{S1}$

第一曲线终点、第二曲线起点桩号：$GQ = HY_1 + L_{y1}$

第二曲线圆缓点桩号： $\qquad$ $YH_2 = GQ + L_{y2}$ $\qquad\qquad$ (7-6-15)

第二曲线终点桩号： $\qquad$ $HZ_2 = YH_2 - L_{S2}$

JD_1 的桩号： $\qquad$ $JD_1 = HZ_2 - L_{h1} - L_{h2} - T_{h1}$

JD_2 的桩号： $\qquad$ $JD_2 = GQ + T_2$

4. 测设方法

(1) 主点测设。

①从 JD_1 向前一个交点方向量取 T_{h1}，可得 ZH_1，从 JD_2 向 JD_3 方向量取 T_{h2}，可得 HZ_2。

②分别从 ZH_1、ZH_2 用切线支距法量取 X_{h1}、Y_{h1} 及 X_{h2}、Y_{h2} 可得 HY_1 及 YH_2。

③从 JD_1 向 JD_2 方向量取 T_1，可得 GQ'，再从此点沿 AB 线的垂线方向量取 p，可得 GQ。

(2) 详细测设。

有缓和曲线复曲线的详细测设与有单圆曲线测设方法相同。

本章小结

(1) 公路勘测设计的外业工作主要有公路中线测量、纵断面测量和横断面测量等。公路中线测量的主要任务就是通过对公路的交点、转点、转角、直线和平曲线的测设，沿线测定路线的实际里程并设置里程桩，最终将公路中心线的平面位置用木桩具体地标定在现场。

(2) 公路交点的测设，其目的就是把地形图上设计好的路线方案通过现场放线敷设到实地上。实地放线一般可采用穿线交点法和拨角放线法等标定交点位置。在公路测设中，供放线、交点、测角、量距时照准之用的点称为转点。转点的测设，是指在相邻交点间距离较远或不通视且不移动相邻两个交点的条件下精确定出转点 ZD 的方法。

(3) 路线的转角也称偏角，以 α 表示，是计算平曲线要素的重要参数。在路线测量中，转角通常通过观测路线右角 β 后经计算求得。路线右角的测定，应采用测回法观测一个测回，如果限差在容许范围内，可取两个半测回的平均值作为最后结果。

(4) 在路线交点、转点及转角测定后，即可进行实地量距并设置里程桩，以标定公路中心线的具体位置。公路中线里程桩亦称中桩，它除了包括路线起终点桩、交点桩、转点桩、百米桩、公里桩、平曲线控制桩、桥涵或隧道轴线控制桩、断链桩外，还应按桩距要求、地形变化和设计需要，钉设加桩。加桩分地形加桩、地物加桩、交叉加桩、桥隧加桩、地质加桩和断链加桩等。

(5) 公路平曲线的测设是将公路中心线的平面位置用木桩具体地标定在现场的一项工作。测设平曲线的方法一般有圆曲线测设、虚交圆曲线测设、有缓和曲线的平曲线测设、复曲线测设等,其主要工作内容包括曲线几何要素的确定(主要是圆曲线半径、缓和曲线长度或参数)、曲线主点桩的钉设和曲线上任意桩位的钉设等。其中,圆曲线测设方法一般包括切线支距法、偏角法、坐标法;虚交测设的方法一般有切基线法、圆外基线法等;有缓和曲线时的平曲线的测设方法包括切线支距法、偏角法、坐标法等。

(6)复曲线是由两个或两个以上半径不同、转向相同的圆曲线径向连接或插入缓和曲线的组合形式。根据其连接方式不同,可分为三种形式:无缓和曲线的复曲线圆曲线直接相连的组合形式,有缓和曲线的复曲线,两端有缓和曲线中间也有缓和曲线的组合形式。

课后习题

(1)简述道路中线测量的任务。

(2)简述路线的转角、转点、桩距、里程桩、地物加桩的定义,如何测设里程桩?

(3)已知路线导线的右角 β:① $\beta = 210°42'$;② $\beta = 162°06'$。计算路线转角值,并说明是左转角还是右转角。

(4)简述切线支距法测设圆曲线的方法和步骤。

(5)简述对公路转角及平曲线最小长度的理解。

(6)简述偏角法测设圆曲线的操作步骤。

(7)简述公路路线平面线形的种类。

(8)简述复曲线的计算要点。

(9)路中线测量中,已知交点里程桩号为 K3+318.46,测得转角 $\alpha_左 = 15°28'$,圆曲线半径 $R = 600m$,若采用切线支距并按整桩号设桩,计算各桩坐标,并说明测设方法。

(10)已知交点的里程桩号为 K9+110.88,测得转角 $\alpha_左 = 24°18'$,圆曲线半径 $R = 400m$,若采用偏角法按整桩号设桩,计算各桩的偏角及弦长。

(11)已知交点的里程桩号为 K16+626.54,转角 $\alpha = 38°18'$,圆曲线半径 $R = 300m$,缓和曲线长 $l_h = 70m$。

①计算该曲线的曲线要素、主点桩里程,并说明主点桩的测设方法。

②根据以上计算结果,在钉出主点后,采用切线支距法按整桩号设桩,进行详细测设,计算测设各桩所需的数据。(采用坐标法并按整桩号设桩)

③根据以上计算结果,在钉出主点后,若采用偏角法按整桩号设桩,进行详细测设,计算测设各桩所需的数据。

④根据以上计算结果,采用坐标法并按整桩号设桩,进行详细测设,计算测设各桩坐标值。

第八章
CHAPTER EIGHT
公路中、基平测量

学习目标

(1)知道基平、中平测量的工作过程、施测方法及精度要求;

(2)能使用水准仪进行基平、中平测量;

(3)能使用全站仪进行中平测量;

(4)能根据公路纵断面图的基本内容与要求绘制纵断面图。

路线纵断面测量又称为中线水准测量,其主要任务是在公路中线测定之后测定中线上各里程桩(简称中桩)的地面高程并绘制路线纵断面图,用以表示沿路线中线位置的地形起伏状态,主要用于路线纵坡设计。纵断面测量一般分为两步进行:一是沿路线方向设置水准点并测定其高程,从而建立路线的高程控制,称为基平测量;二是根据基平测量已建立的水准点高程,分别在相邻的两个水准点之间进行水准测量,测定路线各里程桩的地面高程,称为中平测量。

公路纵断面图是沿中线方向绘制地面起伏和纵坡变化的线状图,它反映路线所经范围的中心地面起伏情况与设计纵坡之间的关系,是公路设计和施工中的重要资料。

第一节 公路基平测量

基平测量的主要任务是沿路线设置水准点,并测定它们的高程。公路路线基平水准点的高程通常采用水准测量方法测定。

1.水准点的设置

水准点应选择在勘测和施工过程中引测方便且不易遭到破坏的地方,一般距中线 50 ~ 200m 为宜。水准点的间距应根据地形情况和工程需要而定,在平原微丘区一般为 1 ~ 1.5km,山岭重丘区可根据需要适当加密。水准点应埋设稳定的标石或设置在固定的物体上,点位埋设后须绘制水准点位置示意图及编制水准点一览表,以方便查找和使用。水准点的标志方法可参阅第二章水准测量中的内容。

2. 公路基平测量的方法

进行公路基平测量时,高程起算点一般应从国家水准点引测,当引测有困难时应采用与带状地形图相同的高程基准。

水准点高程的测定,一般视测量公路的等级而定,二、三、四级公路可按等外水准测量的方法施测;高速、一级公路可按四等水准测量的方法施测,其测量精度、观测方法、技术要求可参阅第二章水准测量中高程控制测量中的有关内容。

第二节 公路中平测量

中平测量通常采用普通水准测量的方法施测,以相邻两基平水准点为一测段,从一个水准点出发,对测段范围内所有路线中桩逐个测量其地面高程,最后附合到下一个水准点上。全站仪由于具有三维坐标测量的功能,因此在中线测量时可以同时测量中桩高程(中平测量)。

一、用水准仪进行中平测量

公路中平测量(又称中桩测量)是根据基平测量提供的两相邻水准点高程,按附合水准路线逐点施测中桩的地面高程。

1. 施测方法

中平测量通常采用普通水准测量的方法施测,以相邻两基平水准点为一测段,从一个水准点出发,对测段范围内所有路线中桩逐个测量其地面高程,最后附合到下一个水准点上。中平测量时,每一测站除观测中桩外,还须设置传递高程的转点,转点位置应选择在稳固的桩顶或坚石上。相邻两转点间所观测的中桩,称为中间点。为提高传递高程的精度,每一测站应先观测前、后转点,然后再观测中间点。观测转点时,视距长度一般应不大于100m,读数精确至毫米。观测中间点时,视距长度可适当放长,读数至厘米即可,立尺应在紧靠桩边的地面上。

如图8-2-1所示,施测时水准仪安置在Ⅰ站,后视水准点 BM_1,前视转点 ZD_1,将两读数的水准尺读数分别记入表8-2-1中相应的后视、前视栏内,然后再观测 BM_1 与 ZD_1 间的中间点桩号 K0+000、K0+020、K0+040、K0+060、K0+080,并将水准尺读数分别记入相应的中视栏;将仪器搬至Ⅱ站,先后视 ZD_1,然后前视 ZD_2,再观测 K0+100、K0+120、K0+140、K0+160、K0+180 各中间点,并将水准尺读数记入表8-2-1相应栏中。

按上述方法继续观测,一直测到水准点 BM_2 为止。前视转点高程及中桩点的地面高程,应根据所属测站的视线高程按式(8-2-1)进行计算。

$$\left.\begin{array}{l}测站视线高程 = 后视点高程 + 后视读数\\中桩高程 = 视线高程 - 中视读数\\前视转点高程 = 视线高程 - 前视读数\end{array}\right\} \quad (8\text{-}2\text{-}1)$$

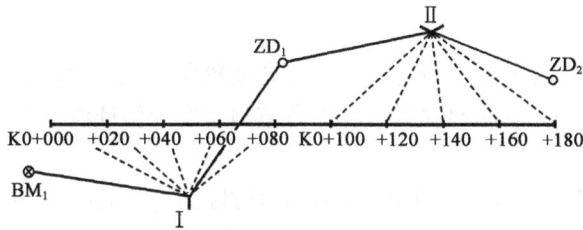

图 8-2-1　中平测量示意图

中平测量记录计算表　　　　　　　　　　　　表 8-2-1

测　点	水准尺读数(m)			视线高程(m)	高程(m)	备　注
	后视	中视	前视			
BM₁	2.191			514.505	512.314	
K0 +000		1.62			512.89	
+020		1.90			512.61	
+040		0.62			513.89	
+060		2.03			512.48	
+080		0.90			513.60	
ZD₁	3.162		1.006	516.661	513.499	基平测得 BM₂ 的高程为 524.824m
+100		0.50			516.16	
+120		0.52			516.14	
+140		0.82			515.84	
+160		1.20			515.46	
+180		1.01			515.65	
ZD₂	2.246		1.521	517.386	515.140	
…	…	…	…	…	…	
K1 +240		2.32			523.06	
BM₂			0.606		524.782	

复核:限差 $|\Delta h_{基} - \Delta h_{中}| = \pm 50\sqrt{1.24} = \pm 56(mm)$
　　　计算 $\Delta h_{基} - \Delta h_{中} = 524.824 - 524.782 = 42(mm) < 56mm$
校核: $h_{BM_2} - h_{BM_1} = 524.782 - 512.314 = 12.468(m)$
$\sum a - \sum b = (2.191 + 3.162 + 2.246 + \cdots) - (1.006 + 1.521 + \cdots + 0.606) = 12.468(m)$

当一个测段结束后,应先计算中平测量所测得的本测段两端水准点高差的高差 $\Delta h_{中}$,然后与两端基平水准点高差 $\Delta h_{基}$ 进行比较,两者之差称为测段高差闭合差。测段高差闭合差在容许范围内(表 8-2-2),即可进行中桩地面高程的计算,否则,应重测。

中桩测量高差闭合差精度要求表　　　　　　　　　　　表 8-2-2

公　路　等　级	测段高差闭合差(mm)
高速、一级、二级公路	$\leq \pm 30\sqrt{L}$
三级及三级以下公路	$\leq \pm 50\sqrt{L}$

2.跨沟谷测量

当路线经过沟谷时,由于沟坡与沟底的中桩高差较大,若按一般的中平测量方法势必要增加较多的测站和转点。为了减少测站数,以提高施测速度和保证测量精度,一般采用跨沟谷测量的方法施测。

如图 8-2-2 所示,当测到沟谷边沿时,置仪器于测站 Ⅰ,并同时设施测沟内的转点 ZD_A 和施测沟外的 ZD_{16} 两个转点。具体施测时后视 ZD_{15},前视 ZD_A、ZD_{16},分别求得 ZD_A、ZD_{16} 的高程。此后以 ZD_A 进行沟坡与沟底的中桩点测量,以 ZD_{16} 继续进行沟外测量。

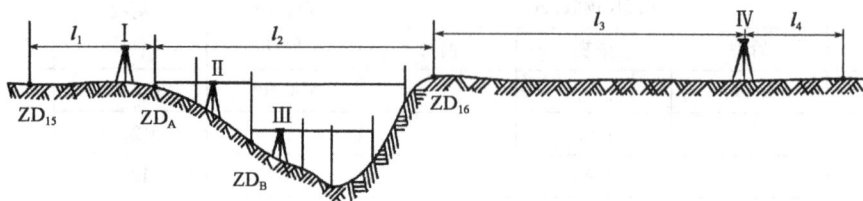

图 8-2-2　跨沟谷中平测量

施测沟内中桩时,转站下沟,仪器置于测站 Ⅱ,后视 ZD_A,观测沟谷内两边的中桩及转点 ZD_B;再转站于测站 Ⅲ,后视 ZD_B,观测沟底中桩;最后转站过沟,仪器置于测站 Ⅳ,后视 ZD_{16},继续向前施测。这样沟内沟外高程传递各自独立、互不影响,不会影响到整个测段的闭合。但由于沟内各桩测量,实际上是以 ZD_A 开始另走一单程水准支线,缺少检核条件,故施测时应倍加注意,并在记录簿的另一页上进行记录。

此外,为了减少 Ⅰ 站前、后视距不等所引起的误差,在仪器置于 Ⅳ 站时,应尽可能使 $l_3 = l_2$,$l_4 = l_1$ 或 $l_1 + l_3 = l_2 + l_4$。

二、用全站仪进行中平测量

传统的中平测量方法是用水准仪测定中桩处地面高程,施测过程中测站多,特别是在地形起伏较大的地区测量,工作量相当繁重。全站仪由于具有三维坐标测量的功能,在中线测量中可以同时测量中桩高程(中平测量),从而可以减少测设工作量。

1.中线测量中附带中平测量

全站仪中平测量是在中线测量的同时进行,而中线测量一般在任意控制点安置全站仪,利用极坐标或切线支距法放样中桩点。在中线测量的同时,利用全站仪本身具有的高程测量功能和控制点的高程,可直接测得中桩点的地面高程。

如图 8-2-3 所示,设 A 点为已知控制点,B 点为待测高程的中桩点。将全站仪安置在已知高程的 A 点,棱镜立于待测高程的中桩点 B 点

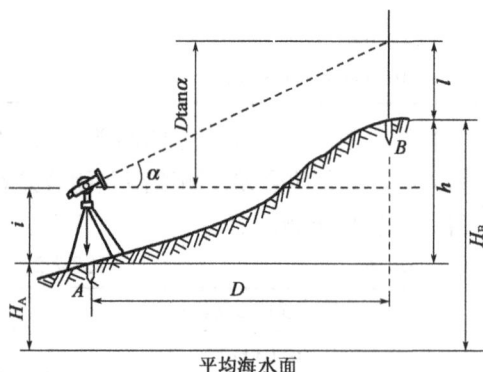

图 8-2-3　用全站仪进行中平测量示意图

上，量取仪器高 i 和棱镜高 l，全站仪照准棱镜测出视线倾角 α。则 B 点的高程 H_B 为：

$$H_B = H_A + s\sin\alpha + i - l \tag{8-2-2}$$

式中：H_A——已知控制点 A 的高程；

H_B——待测高程的中桩点 B 的高程；

i——仪器高；

l——棱镜高度；

s——仪器至棱镜斜距离；

α——视线倾角。

在实际测量中，只需将安置仪器的 A 点高程 H_A、仪器高 i、棱镜高 l 直接输入全站仪，在中桩放样完成的同时，即可直接从仪器的显示屏中读取中桩点 B 点高程 H_B。

该方法的优点是在中桩平面位置测设过程中直接完成中桩高程测量，而不受地形起伏及高差大小的限制，并能进行较远距离的高程测量。高程测量数据可从仪器中直接读取，或存入仪器并在需要时输入计算机处理。

2. 任意设站进行中平测量

全站仪中平测量是利用全站仪本身具有的高程测量功能，通过合理设计其测量方案，充分发挥其高程测量不受地形起伏限制及测程较远的优势，达到快速灵活、提高工作效率和减小劳动强度的目的。

（1）施测原理。

如图 8-2-4 所示，设 A 点为已知高程点，其高程为 H_A。B 点为待测高程的中桩点。将全站仪安置在 A、B 两点之间的 I 处，则可利用全站仪高程测量的功能，分别测得置仪点 I 与 A、B 两点间的高差 h_{IA} 及 h_{IB}，由此可得 A、B 两点间高差 h_{AB}：

$$\left.\begin{array}{l} h_{AB} = h_{AI} + h_{IB} = h_{IB} - h_{IA} \\ h_{IA} = S_{IA} \cdot \sin\alpha_A + i - l_A \\ h_{IB} = S_{IB} \cdot \sin\alpha_B + i - l_B \end{array}\right\} \tag{8-2-3}$$

式中：S_{IA}、S_{IB}——仪器至 A、B 两点的斜距；

α_A、α_B——仪器照准 A、B 两点时视线倾角；

l_A、l_B——立于 A、B 两点的棱镜高度；

i——仪器高。

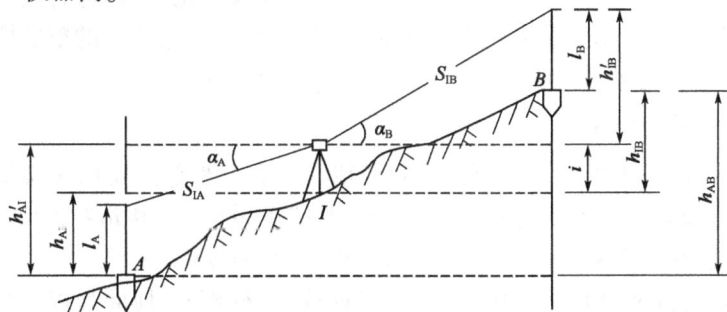

图 8-2-4 任意设站进行中平测量

由此导出 A、B 两点的高差计算的另一种形式：

$$H_{AB} = (S_{IB} \cdot \sin\alpha_B - S_{IA} \cdot \sin\alpha_A) - (l_B - l_A) \tag{8-2-4}$$

从式(8-2-4)可看出，仪器高 i 值在高差计算过程中自动抵消，因此，在现场观测时，不需量取仪器高，只需对仪器输入后视点棱镜高和前视点棱镜高，然后分别对 A、B 两点进行观测，从而获得置仪点 I 与 A、B 两点间的高差 h_{IA} 及 h_{IB} 即可。则待测中桩点 B 点的高程为：

$$H_B = H_A + h_{AB} = H_A + h_{IB} - h_{IA} \tag{8-2-5}$$

(2)施测中的注意事项。

在利用全站仪进行中平测量过程中，为提高观测速度及观测精度，在施测过程中应注意以下事项：

①应合理选择全站仪安置点，使仪器既能观测到尽可能多的中桩点，又能与已知高程控制点通视，以便获得后视高差。

②安置全站仪只需整平，无须对中，无须量取仪器高。因此，大大提高了仪器安置的速度，为随时移动仪器提供了方便。

③对在一个测站上观测不到的中桩点，可适当移动仪器位置。

④移动仪器位置后，必须重新对已知高程控制点进行观测，以获得新的后视高差，并作为新测站上的后视高差来计算中桩高程。

⑤对必须设转点方能观测到的中桩点，转点的设置应尽量使仪器至转点和至后视已知高程控制点的距离相等，以消除残余地球曲率、大气折光以及仪器竖轴指标差对高程观测的影响。对转点高程的观测应仔细，获得转点高程后，即可作为新的已知高程点来观测其他中桩点。

为防止在观测过程中由于置仪点与后视点(高程已知点)高差及转点高程观测错误而造成中桩高程观测错误，完成两已知高程控制点间的中桩高程观测后，应对下一已知高程控制点进行高程观测检核，其闭合差应符合中平测量的精度要求。

第三节 公路纵断面图绘制

公路纵断面图是表示沿中线方向地面起伏状态和纵坡变化的线状图，它反映路线所经范围的中心地面起伏情况与设计纵坡之间的关系，是公路设计和施工中的重要资料。把纵断面线形与平面线形组合起来，就能反映出公路线形在空间的位置。

1. 公路纵断面图的组成

如图 8-3-1 所示，纵断面图由两部分内容组成。图的上半部主要用来绘制地面线和纵坡设计线，同时根据需要标注竖曲线位置及其要素，沿线桥涵及人工构造物的位置、结构类型、孔径与孔数，与公路、铁路交叉的桩号及路名，水准点位置、编号和高程等。图的下半部主要用来填写有关测量数据，自下而上分别填写直线与平曲线、里程桩号、地面高程、设计高程、填挖高度、地质概况等。

BM₁=10.000

横向 1：2000
纵向 1：200

30 28 26 24 22 20 18 16 14 12 10 8 6 4 2 0

$BM_1=10.000$

$E=15$
$T=17.5$
$R=1000$
K0+120.00
12.64

$E=17$
$T=18.67$
$R=1000$
K0+260.00
10.54

K0+010.00
+010右侧3m新路肩上
10.54

$E=16.27$
$T=16.27$
$R=800$
K0+620.00
$BM_2=8.480$
右侧4m路肩距离正
18.58

第 页 共 页
K0+000.00–K0+676.15

−1.834%
56.15
2.233%
360
150%
140
2%
120

地质概况																											
填挖高度	+0.00	+0.32	+0.70	+0.72		−1.18	−2.75	−1.16	−0.97	−0.88	−0.72	−0.19	+0.71	+0.95	+0.25	+0.70	+0.40	+0.70	+0.89	−0.42	−0.86	+1.15	+1.44	+0.78	+2.00	+0.66	+0.85	+1.05
设计高程	10.24	10.58	11.14	11.11		11.40	12.49	12.30	12.89	12.73	12.51	11.41	10.86	10.73	11.17	12.20	12.36	12.59	13.87	13.45	14.01	14.30	14.59	15.15	16.78	16.68	16.68	16.68
地面高程	10.24	10.26	10.44	10.39		13.88	15.24	13.46	13.89	13.73	13.94	11.60	10.15	11.68	10.92	11.50	12.36	13.59	13.87	13.15	13.15	13.15	13.15	14.37	14.78	14.68	16.68	16.68
里程桩号	K0	16.97	30.14	43.28		00.00	19.69	42.75	65.75	72.34	76.54		38.83	63.69	88.39	34.33	59.33	65.26	90.27	15.27	28.31	41.36	66.36	39.54	64.54	73.18	81.83	
直线与平曲线	JD_1					1		JD_2			2		JD_3		3		JD_4			4	JD_5			5	JD_6		JD_7	

××工程设计室 ××~××公路 路线纵断面图 设计 复核 审核 图号

××工程设计室 设计 复核 审核 图号

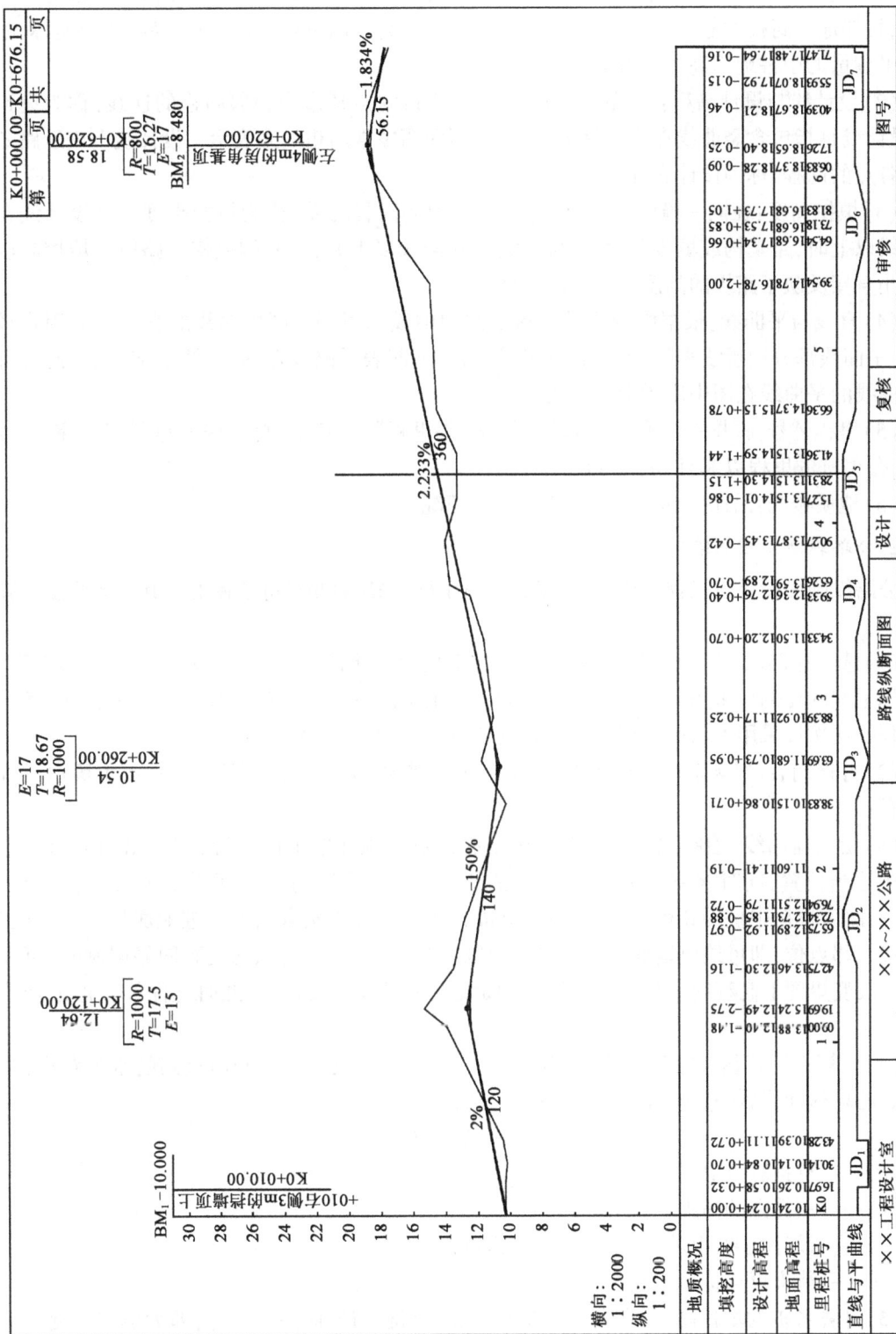

图8-3-1 公路纵断面图

（1）地面线与地面高程：在纵断面图上，通过路中线的原地面上各桩点的高程，称为地面高程，相邻地面高程的起伏折线的连线，称为地面线。它是以里程为横坐标、高程为纵坐标，根据中平测量的中桩地面高程绘制的。

（2）设计线与设计高程：在纵断面图上，设计公路的路基边缘相邻高程的连线，称为设计线，设计线是指包含竖曲线在内的纵坡设计线，断面图中常用粗线来表示。设计线上表示路基边缘各点的高程，称为设计高程。

（3）填挖高度：在同一横断面上，设计高程与地面高程之差，称为填挖高度。当设计线在地面线以上时，路基构成填方路堤；当设计线在地面线以下时，路基构成挖方路堑。填挖高度的大小直接反映了路堤的高度和路堑的深度。

（4）直线与平曲线：根据中线测量资料绘制的中线示意图。图中路线的直线部分用直线表示，平曲线部分用折线表示，上凸表示路线右转，下凹表示路线左转，并注明交点编号；带有缓和曲线的平曲线在图中用梯形折线表示。

（5）里程桩号：根据中线测量资料绘制的公路里程数。其中，百米桩的里程以数字 1～9 注写，公里桩的里程以 K 注写，如 K0、K1 等。

（6）地质概况：沿路线标明路段的土壤地质情况。

2. 公路纵断面图的绘制

公路纵断面图是以里程为横坐标、高程为纵坐标，采用直角坐标绘制的。其一般绘图步骤如下。

（1）选定比例尺：为了清楚地反映路中心线上地面起伏情况，一般来说，对于平原微丘区，横坐标里程的比例尺采用 1∶5000，纵坐标高程的比例尺采用 1∶500；对于山岭重丘区，横坐标里程的比例尺采用 1∶2000，纵坐标高程的比例尺采用 1∶200。

（2）打格制表：按规定尺寸绘制表格，填写里程桩号、地面高程、直线与曲线、土壤地质说明等资料。

（3）绘制地面线：绘制地面线应首先确定起始点高程在图上的位置，使绘出的地面线位于图中适当位置，同时求 10m 整倍数的高程定在厘米方格纸的 5cm 粗横线上，以便于绘图和阅图，然后根据中桩的高程和里程，在图上按纵横比例尺依次点出各中桩地面位置，用细实线连接相邻点位，即可绘出地面线。如果在山区因高差变化较大，纵向受到图幅限制时，可在适当地段变更图上高程起算位置，在此处地面线上下错开一段距离，此时地面线将形成台阶形式。

（4）计算设计高程：当路线的纵坡确定以后，即可根据设计纵坡和两点间的水平距离，由前一点的高程计算后一点的设计高程。计算公式为：

$$H_P = H_0 + iD$$

式中：H_P——待推算点 P 的高程；

$\quad H_0$——起算点的高程；

$\quad i$——设计坡度，上坡时为正，下坡时为负；

$\quad D$——待推算点桩号至起算点桩号的水平距离。

（5）计算各桩的填挖高度：在同一横断面上设计高程与地面高程之差，即为填挖高度。填挖高度为"＋"时，路基构成填方路堤；填挖高度为"－"时，路基构成挖方路堑。

（6）图上注记：在纵断面图上注记有关资料，如水准点、桥涵、竖曲线等。

绘制的纵断面图，应按规定采用标准图纸和统一格式，以便装订成册。如图 8-3-1 所示。目前，纵断面的绘图大多采用计算机，可选用合适的软件在室内进行绘制。

本章小结

（1）路线纵断面测量又称为中线水准测量，它的任务是测定路中线上各里程桩（简称中桩）的地面高程，为绘制路线纵断面图提供基础资料。它包括基平测量和中平测量两部分内容。概念和方法如下：

①基平测量：建立路线高程控制点，作为中平测量和施工放样的起算水准点。

②中平测量：测定中线逐桩地面高程。

③所用公式：

$$视线高程 = 后视点高程 + 后视读数$$
$$中桩高程 = 视线高程 - 中视读数$$
$$转点高程 = 视线高程 - 前视读数$$

④两种方法：水准仪视线高法与全站仪三角高程法。

（2）在公路纵断面图上，通过路中线的原地面上各桩点的高程称为地面高程，相邻地面高程的起伏折线的连线，称为地面线。设计公路的路基边缘相邻高程的连线，称为设计线，设计线上表示路基边缘各点的高程，称为路基设计高程。在同一横断面上，设计高程与地面高程之差，称为施工高度。当设计线在地面线以上时，路基构成填方路堤；当设计线在地面线以下时，路基构成挖方路堑。施工高度的大小直接反映了路堤的高度和路堑的深度。

（3）纵断面图采用直角坐标系，以横坐标表示里程桩号，纵坐标表示高程。为了清楚地反映路中心线上地面起伏情况，通常横坐标的比例尺采用 1∶2000，纵坐标采用 1∶200。纵断面图地面线是一条细的折线，表示中线方向的实际地面线，是以里程为横坐标、高程为纵坐标，根据中平测量的中桩地面高程绘制的。

课后习题

（1）简述路线纵断面测量的任务及其内容。

（2）简述公路纵断面上坡度线设计时应符合的技术指标。

（3）简述路线中平测量过程中的观测顺序。

（4）简述基平测量的主要任务、方法及其测量的精度要求。

（5）简述中平测量与一般水准测量异同点，中平测量的中视读数与前视读数区别，以及其测量的精度要求。

（6）根据题表 8-1 中的观测数据完成中平测量的计算，并绘制出测量资料部分的纵断面图地面线（纵向比例 1∶200，横向比例 1∶2000）。

中平测量记录表　　　　　　题表 8-1

桩　号	水准尺读数(m)			视线高 (m)	高程 (m)	备　注
	后视	中视	前视			
BM	1.950					基平 BM 的高程为 700.000m
K6 +000		0.75				
+020		0.95				
+040		2.84				
+060		3.80				
+080		4.71				
+100		4.61				
ZY K6 +120.44		4.66				
+140		2.04				
QZ K6 +152.50		3.04				JD,R = 150m,左转
+160		4.09				
+180		4.00				
YZ K6 +184.56		4.89				
+200		4.52				
ZD₁	0.457		4.817			
+235		3.01				
+240		4.59				
ZD₂	2.136		3.93			
+260		3.27				
+280		2.84				
+300		3.79				
+320		3.34				

第九章

CHAPTER NINE

公路横断面测量

学习目标

（1）熟悉直线段、圆曲线段、缓和曲线段横断面方向的测定；

（2）熟悉横断面测量精度要求；

（3）能采用标杆皮尺测量法、水准仪测量法、全站仪测量法进行公路横断面测量；

（4）能绘制公路横断面图。

公路中线的法线方向剖面图称为公路横断面图，它是路线设计的重要组成部分。公路横断面图是由横断面设计线与横断面地面线所围成的图形。横断面测量就是测绘各中桩垂直于路中线方向的地面起伏情况的地面线。首先要确定中桩点的横断面方向，然后在此方向上测定地面变坡点或特征点间的距离和高差，并按一定的比例绘制横断面图，供路基横断面设计、土石方计算和桥涵及挡土墙设计等使用。

第一节 横断面测量方向测定

在进行横断面测量时，首先要确定横断面的方向，然后在此方向上测定中线两侧地面坡度变坡点或特征点间的距离和高差，并按一定的比例绘制横断面地面线，最后通过设计完成横断面设计图。

1. 直线段上横断面方向测定

直线段上中桩的横断面方向与路中线垂直，一般采用方向架测定。如图 9-1-1 所示，将方向架置于待标定横断面方向的桩点上，以其中一个方向对准该直线段上的前方（或后方）某一中桩，则另外一个方向即为该桩点的横断面施测方向。

2. 圆曲线段上横断面方向测定

圆曲线段上中桩点的横断面方向为垂直于该中桩点切线的方向。由几何知识可知,圆曲线上任一点横断面方向必定沿着该点的半径方向。测定时一般采用求心方向架法,即在方向架上安装一个可以转动的活动片,并有一固定螺旋可将其固定,如图9-1-2所示。

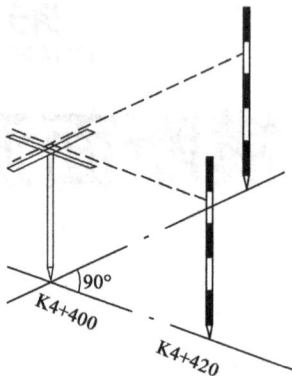

图 9-1-1　直线段上横断面方向测定　　　图 9-1-2　圆曲线段上横断面方向测定示意图

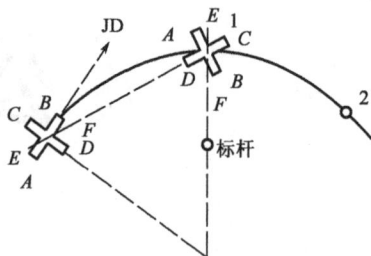

用求心方向架测定横断面方向,如图9-1-2所示,欲测定圆曲线上某桩点1的横断面方向,可按下述步骤进行:

(1)将求心方向架置于圆曲线的ZY(或YZ)点上,用方向架的一固定片照准交点(JD)。此时AB方向即为ZY(或YZ)点的切线方向,则另一固定片CD所指明的方向即为ZY(或YZ)点的横断面方向。

(2)保持方向架不动,转动活动片EF,使其照准1点,并将EF用固定螺旋固定。

(3)将方向架搬至1点,用固定片CD照准圆曲线的ZY(或YZ)点,则活动片EF所指明的方向即为1点的横断面方向。

(4)若继续测定中桩2的方向,此时可在1点的横断面方向上立一标杆(图9-1-2),并以CD杆瞄准标杆,则AB杆方向即为加桩1的切线方向,这时可用上述测定加桩1横断面方向的方法来继续测定加桩2的横断面方向。

3. 缓和曲线段上横断面方向测定

缓和曲线上任一点横断面的方向,即过该点的法线方向。因此,只要获得该点至前视(或后视)点的偏角,即可确定该点的法线方向。

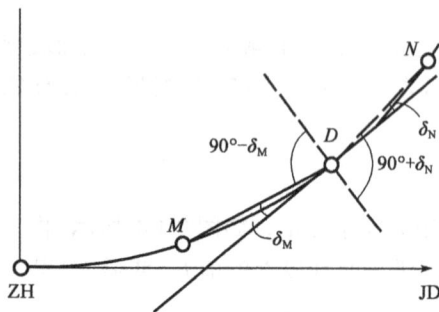

如图9-1-3所示,欲测定缓和曲线上中桩D的横断面方向,该点前视N点的偏角为δ_N,后视M点的偏角δ_M,偏角值均可从缓和曲线偏角表中查取,也可用下列公式计算:

图 9-1-3　缓和曲线段上横断面方向测定示意图

$$\delta_N = \frac{L_N}{6RL_S} = (3L_D + L_N) \cdot \frac{180°}{\pi} \quad (9\text{-}1\text{-}1)$$

$$\delta_M = \frac{L_M}{6RL_S} = (3L_D + L_M) \cdot \frac{180°}{\pi} \quad (9\text{-}1\text{-}2)$$

式中：L_S——缓和曲线长；

L_D——ZH 点至桩点 D 的曲线长；

L_M——后视 M 点至桩点 D 的曲线长；

L_N——前视 N 点至桩点 D 的曲线长。

施测时可用全站仪置于 D 点，以 $0°00'00''$ 照准前视点 N（或后视点 M），再顺时针转动全站仪照准部使读数为 $90°+\delta_N$（或 $90°-\delta_M$），此时全站仪视线方向即为所求的 D 点横断面方向。

第二节　公路横断面测量方法及精度要求

1. 标杆皮尺测量法

标杆皮尺测量法也称抬杆法，是用一根标杆和一卷皮尺，测定横断面方向上的两相邻变坡点的水平距离和高差的一种简易方法。如图 9-2-1 所示，1、2、3…为横断面右侧方向上根据地面变化情况所选定的变坡点。施测时，将标杆竖立在 1 点上，皮尺靠在中桩地面拉平，量出中桩点至 1 点的水平距离，而皮尺截于标杆的红白格数（通常每格为 0.2m）即为两点间的高差。同法可测得 1 点与 2 点、2 点与 3 点……的距离和高差，直至测完右侧方向需要的宽度为止。此法简便，但精度较低，适用于测量山区等级较低的公路。

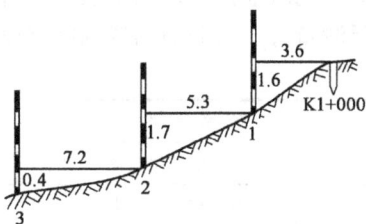

图 9-2-1　横断面测量示意图

记录表格如表 9-2-1 所示，表中按路线前进方向分左侧与右侧，以分数形式表示各测段的高差和距离，分子表示高差，高差为正号表示升坡，为负号表示降坡；分母表示水平距离。自中桩由近及远逐段测量与记录。

横断面测量记录表　　　　表 9-2-1

左　　侧	桩　号	右　　侧
…	…	…
$\dfrac{-0.4}{7.2}\ \dfrac{-1.7}{5.3}\ \dfrac{-1.6}{3.6}$	K1+000	$\dfrac{+1.5}{4.6}\ \dfrac{+0.9}{4.4}\ \dfrac{+1.6}{7.0}\ \dfrac{+0.5}{10.0}$
$\dfrac{-0.5}{7.8}\ \dfrac{-1.2}{4.2}\ \dfrac{-0.8}{6.0}$	+980	$\dfrac{+0.7}{7.2}\ \dfrac{+1.1}{4.8}\ \dfrac{-0.4}{7.0}\ \dfrac{+0.9}{6.5}$
…	…	…

2. 水准仪皮尺测量法

水准仪皮尺法是利用水准仪和皮尺，按水准测量的方法测定各变坡点与中桩点间的高差，用皮尺丈量两点的水平距离的方法。当横断面精度要求较高、横断面方向高差变化不大时，多采用此法。施测时，用皮尺量出各变坡点至中桩的水平距离，用水准仪后视中桩标尺，求得后视读数，再前视横断面方向上坡度变化点所立的标尺，得到前视读数。后视读数减去各前视点读数即得各测点高差。读数时水准尺读数准确到厘米,水平距离准确到分米。此法适用于断面较宽的平坦地区,其测量精度较高。

3. 全站仪测量法

在地形复杂、横坡较陡的地段,当使用皮尺丈量各变坡点至中桩的水平距离不便时可采用全站仪测量法。施测时,将全站仪安置在中桩点上,用视距法测出横断面方向上各变坡点至中桩间的水平距离与高差。用全站仪测量法测横断面示意如图 9-2-2 所示。

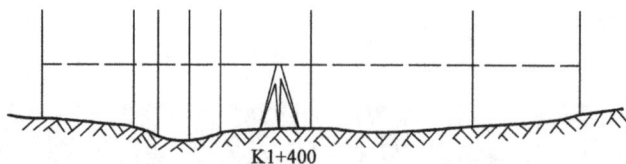

图 9-2-2　全站仪测量法测横断面示意图

4. 横断面测量的精度要求

横断面测量的宽度可根据所设计的公路路基宽度、中桩处填挖高度,并结合边坡大小及有关工程的特殊要求来确定,一般自中线两侧各测 10～50m。高速、一级、二级公路横断面测量应采用水准仪皮尺测量法、全站仪测量法,特殊困难地区和三级及三级以下公路可采用标杆皮尺测量法。横断面测量的精度要求见表 9-2-2。

横断面检测互差限差　　　　　　　　　　表 9-2-2

公 路 等 级	距离(m)	高程(m)
高速、一级、二级公路	$L/100+0.1$	$h/100+L/200+0.1$
三级及三级以下公路	$L/50+0.1$	$h/50+L/100+0.1$

注:L-测站点至中桩的水平距(m);h-测点至中桩的高差(m)。

第三节　公路横断面图绘制

在公路横断面测量中,横断面图地面线的绘制一般是在现场边测边绘,这样既可省略记录工作,也能及时在现场核对,减少差错。如遇不便现场绘图的情况,横断面测量也可按表 9-2-1 的形式在野外记录,带回室内绘制,再到现场进行核对。

横断面图的比例尺通常取 1∶200,横断面图绘制在厘米方格纸上,距离和高差取同一比例尺,图幅一般为 350mm×500mm。在厘米方格纸上,每 1cm 有一细线条,每 5cm 有一粗线条,细线间一小格是 1mm。

绘制横断面图时,先在图纸上以一条纵向粗线为中线,以纵线、横线相交点为中桩位置并标注桩号,然后从中桩开始,向左、右两侧绘制,逐一将变坡点展绘在图上,用直线把相邻点连接起来,就可得到横断面地面线。如果在一幅图上要绘制多个断面图,一般规定绘图的顺序是从图纸左下方开始,自下而上、由左向右,依次按桩号绘制,每页图纸的右上角应标明横断面图的总页数和本页图纸的编码数。公路横断面图如图9-3-1所示。

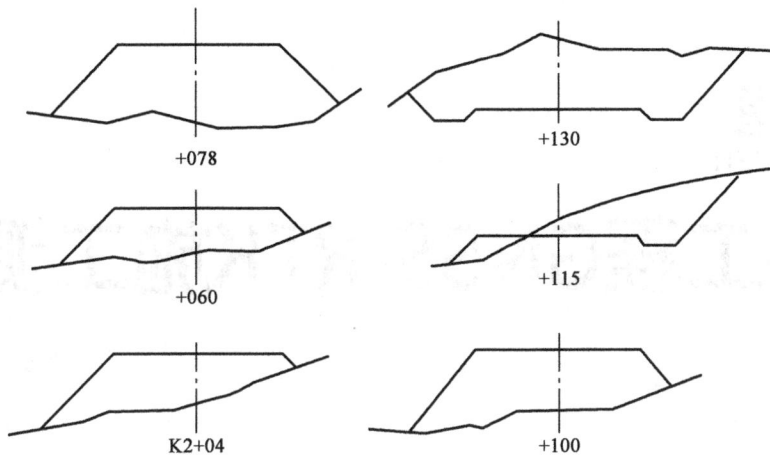

图9-3-1　公路横断面图

目前,横断面的绘图大多采用计算机,可选用合适的软件在室内进行绘制。

本章小结

(1)横断面测量的目的是测定中线上各里程桩处垂直于中线方向的地面起伏状态,并绘制横断面图,为路基设计、计算土石方数量以及施工放样提供断面依据。

(2)横断面方向:在直线段上中桩的横断面方向与路中线垂直;在圆曲线段上中桩点的横断面方向为垂直于该中桩点切线的方向;在缓和曲线上任一点横断面的方向,是通过该点的法线方向,即该中桩点切线的垂直方向。

(3)横断面测量的方法一般有标杆皮尺测量法、水准仪皮尺测量法和全站仪测量法。三级及三级以下公路可采用标杆皮尺测量法,其余各级公路可根据地形情况采用水准仪皮尺测量法或全站仪测量法进行测量。

(4)横断面设计图所需的各桩号横断面地面线可以在外业实测后直接绘制在图纸上,也可按实测记录,到室内绘制在图纸上。绘制横断面地面线的一般规定顺序是:从图纸左下方起,自下而上、由左向右,依次按桩号绘制。

课后习题

(1)简述公路路基横断面图的定义、任务、原理及绘图顺序。

(2)简述横断面地面线的测量施测方法及适用情况。

(3)简述在圆曲线上用方向架确定公路横断面方向的一般方法。

(4)简述横断面地面线测量的精度要求。

(5)已知,公路某横断面的中心线设计高程为6.245m,施工路槽宽度为7m,路拱横坡度为2%,计算路槽边缘的高程。

第十章
CHAPTER TEN

公路工程GNSS-RTK施工测量

学习目标

(1)知道公路施工测量的主要任务与特点;

(2)知道 GNSS 的组成、分类及定位原理,了解北斗卫星导航系统的基本知识;

(3)知道 GNSS-RTK 测量的基本定位原理与方法,了解 GNSS-RTK 仪器的基本操作流程;

(4)会使用常规仪器及 GNSS-RTK 进行已知水平距离、已知水平角、已知高程、已知坡度、已知点位的放样测设数据计算和测设;

(5)会使用常规仪器及 GNSS-RTK 进行路线中线恢复测量,施工控制桩、路基边桩、路基边坡的放样等基本工作。

　　在施工阶段所进行的测量工作称为施工测量,施工测量又称"施工放样",是保证施工质量的一个重要环节。施工测量的目的是对图纸上已知设计点的坐标与高程进行反算,从而得到放样所需要的角度、距离和高差数据,然后根据放样数据用测量仪器标定出设计点的实地位置,并埋设标志,作为施工的依据;并在施工过程中进行一系列的测量工作,以保证施工按设计要求进行。公路施工测量主要包括恢复路线中线、施工控制桩、路基边桩、路基边坡的放样等工作。

第一节　施工放样原理

一、施工测量的主要任务

　　施工测量的基本工作是距离放样、角度放样和高程放样。因此,公路施工测量的主要任务包括:

（1）复测、加密水准点。水准点是路线高程控制点，在施工前应对破坏的水准点进行恢复定测，为了施工中测量高程方便，在一定范围内应加密水准点。

（2）恢复公路中线的位置。公路中线定测后，一般要过一段时间才能施工，在这段时间内，部分标志桩可能被破坏或丢失，因此，施工前必须进行一次复测工作，以恢复公路中线的位置。

（3）测设施工控制桩。由于定测时设立的及恢复的各中桩在施工中都要被挖掉或掩埋，为了在施工中控制中线的位置，需要在不受施工干扰、便于引用、易于保存桩位的地方测设施工控制桩。

（4）路基边坡桩和路面施工的放样。根据设计要求，施工前应测设路基的填筑坡脚边桩和路堑的开挖坡顶边桩；路基施工后，应测出路基设计高度，放样出铺筑路面的高程，作为路面铺设依据。

除上述内容外，公路施工放样还包括对边沟、排水沟、截水沟、跌水井、急流槽、护坡、挡土墙等的位置和开挖或填筑断面线等进行测设。

二、施工测量的特点

（1）施工测量是直接为工程施工服务的，因此它必须与施工组织计划相协调。测量人员必须了解设计的内容、性质及对测量工作的精度要求，随时掌握工程进度及现场变动情况，使测设精度和速度满足施工的需要。

（2）施工测量的精度主要取决于构造物的大小、性质、材料、施工方法等因素。一般高等级公路施工测量精度应高于低等级公路，隧道、桥涵的施工测量精度应高于路基施工测量精度。

（3）由于施工现场各工序交叉作业、材料堆放、运输频繁及施工机械的振动，测量标志易遭破坏。因此，测量放样标志从形式、选点到埋设均应考虑便于使用、保管和检查，如有破坏，应及时恢复。

为了保证施工测量所确定的平面位置和高程都符合设计要求，上述放样工作也应遵循测量工作"从整体到局部，先控制后碎部，步步有校核"的基本原则。

此外，施工测量的检核工作也很重要，因此，必须加强外业和内业的检核工作。

三、已知距离的放样

任何构造物一般都由点、线、面构成。因此，施工放样的实质就是将图纸上建筑物的一些轮廓点标定于实地上。标定这些特征点的空间位置，不外乎就是把已知的水平角度、水平距离和高程三个基本要素测设到实地上去，以便进行施工。测设三个基本要素以确定点的空间位置，就是施工放样的基本工作。施工测量的基本工作是根据已知点的位置（平面位置和高程），来确定未知点的位置，实质上是确定点间的相对位置或者确定点的绝对位置。

距离放样是在地面上测设某已知水平距离，即在实地上从一点开始，按给定的方向，量测出设计所需的距离，定出终点。其方法有钢尺丈量和全站仪（测距仪）测距。

1. 钢尺丈量

从某一已知起点 A 开始，按给定的方向和长度，测设出另一点 B，使 AB 的水平距离等于设计长度，称为距离放样，其程序与距离丈量恰恰相反。

对于一般精度要求的距离,可用普通钢卷尺往返丈量测设,若其较差在限差以内,可取其平均值作为最后结果,并对 B 点位置作适当改正。当测设精度要求较高时,则要结合现场情况,预先进行钢尺的尺长、倾斜、温度等项改正。

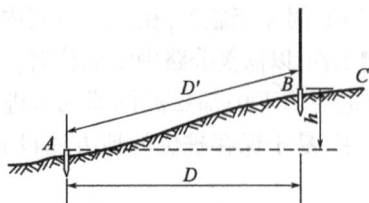

图 10-1-1 用钢尺测设已知水平距离

如图 10-1-1 所示,设在图纸上已给从已知点 A 起沿给定方向至 B 点的水平距离为 D,要求从地面上相应的 A 点出发,沿该方向测设出 B 点的位置。首先应根据设计直线的水平距离 D,进行尺长、倾斜和温度改正,算出在地面上应量的直线长度 D′ 为:

$$D' = D + \Delta l_i + \Delta l_t + \Delta l_h \tag{10-1-1}$$

式中:Δl_i——尺长改正数;

Δl_t——温度改正数;

Δl_h——倾斜(高差)改正数。

例 10-1 如图 10-1-1 所示,拟测设 AB 的距离为 90m。所用钢尺 $L_0 = 30$m,在温度 $t_0 = +20℃$ 时,其检定长度为 $L = 30.002$m,测设时的温度 $t = +6℃$。概量 AB 后,测得其高差为 $h = 1.150$m,求测设时在地面应量出的长度 D′ 为多少?

解:由式(10-1-1)得

$$D' = D + \Delta l_i + \Delta l_t + \Delta l_h$$

$$= D - \frac{\Delta l}{l}D - \alpha(t - t_0)D + \frac{h^2}{2D}$$

$$= 90 - \frac{0.002}{30} \times 90 - 12.5 \times 10^{-6} \times (6 - 20) \times 90 + \frac{1.15^2}{2 \times 90} = 90.017(\text{m})$$

故从 A 点起沿 AB 方向实量 90.017m 得到 B 点,则 AB 的水平距离正好为 90m。

2. 用全站仪(测距仪)测距放样

如图 10-1-2 所示,安置全站仪于 A 点,用仪器定出给定的方向,制动仪器,指挥立镜员,在定出方向上的终点的概略位置 C′ 处设置棱镜,测出斜距与竖直角,计算出水平距离(或直接测出水平距离),然后与设计所需的水平距离进行比较,将差值通知立镜员,由立镜员在视线方向上用小钢尺进行改正,定出终点的准确位置,重新再进行观测和比较。直到观测所得水平距离与设计所需的水平距离相等(或差值在容许范围内),则可定出最终点 C 的位置。

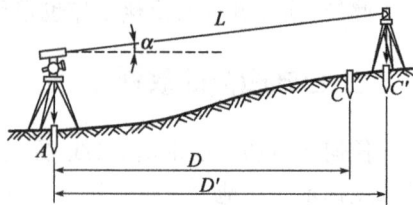

图 10-1-2 用全站仪测设已知水平距离

四、已知水平角的放样

已知水平角的测设,就是在已知角顶时根据一个已知边方向,标定出另一边方向,使两方向的水平夹角等于已知水平角角值。

当测设水平角的精度要求不高时,可采用盘左、盘右的正倒镜分中法测设。如图 10-1-3 所示,设在地面上已有方向线 AB,要在 A 点测设另一方向 BC,使 ∠BAC = β。为此,置全站仪于 A 点,用盘左位置照准 B 点,读取度盘读数,然后转动照准部,使度盘读数增加 β 角值,在视

线方向上定出 C' 点。再用盘右位置,重复上述步骤,在地面上定出 C'' 点。取 C' 和 C'' 的中点 C,则 $\angle BAC$ 就是要测设的 β 角。

当测设水平角精度要求较高时,可采用垂线改正法测设。如图 10-1-4 所示,置全站仪于 A 点,先用盘左、盘右的正倒镜分中法测设出 C_1;然后用全站仪对 $\angle BAC_1$ 观测若干测回,测回数可根据要求精度确定,取平均值得 $\angle BAC_1 = \beta'$;设 β' 比应测设的 β 角小 $\Delta\beta$,可根据 AC_1 的长度和 $\Delta\beta$ 计算垂直距离 C_1C,$C_1C = AC_1\tan\Delta\beta \approx AC_1 \times \dfrac{\Delta\beta}{\rho}$,其中 $\Delta\beta = \beta - \beta'$;从 C_1 点沿 AC_1 的垂线方向向内量出 C_1C,即可定出 C 点,则 $\angle BAC$ 就是要测设的 β' 的角度。

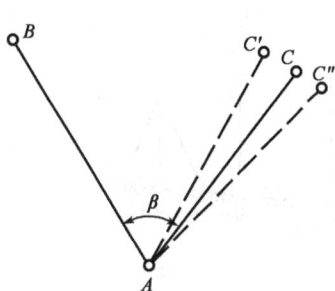

图 10-1-3　正倒镜分中法放样水平角　　　　图 10-1-4　垂线改正法放样水平角

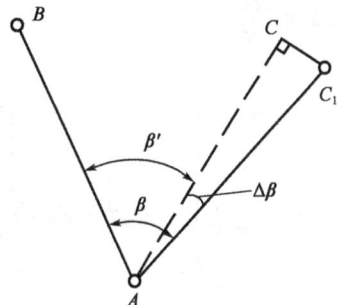

在量取改正距离时,如 $\Delta\beta$ 为正,则沿 AC_1 的垂直方向向内量取;如 $\Delta\beta$ 为负,则沿 AC_1 的垂直方向向外量取。

五、已知高程的放样

已知高程的放样,是用水准测量的方法,根据施工现场已有的水准点,将设计高程测设到现场地面上。如公路设计高程的测设等就属此项工作。

如图 10-1-5 所示,水准点 BM_2 的高程为 249.053,现要求测设 B 点,使其等于设计高程 247.521m。为此在 BM_2 和 B 点间安置水准仪,后视 BM_2,得读数为 0.784,则视线高程为:

$$H_i = H_8 + a = 249.053 + 0.784 = 249.837(\text{m})$$

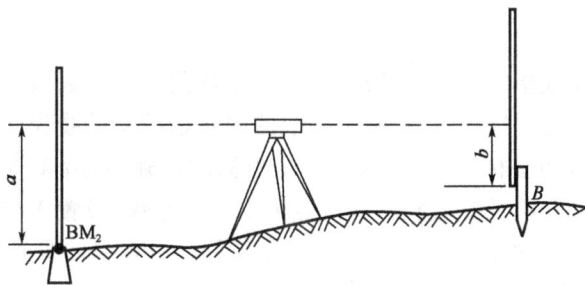

图 10-1-5　已知高程的放样

根据视线高程和 A 点设计高程可算出 R 点尺上的应读前视读数为:

$$b = H_i - H_B = 249.837 - 247.521 = 2.316(\text{m})$$

测设时,先在 B 点打一木桩,在桩顶立尺读数,逐渐向下打桩,直至立在桩顶上水准尺的读数为2.316m,此时桩顶的高程即为 B 点的设计高程。也可将水准尺沿木桩的侧面上下移动,直至尺上读数为2.316m时,沿尺底在木桩侧面上画一水平标志线或钉一小铁钉,即为 B 点的设计高程。

六、已知坡度的放样

在公路路基修筑及排水沟、下水管道等道路工程中,经常要测设指定的坡度线。如图 10-1-6 所示,要求由 A 点沿山坡测设一条坡度为 +2.5% 的坡度线,可先算出该坡度线的倾斜角为:

$$\alpha = + 0.025 \times \frac{180°}{\pi} = + 1°25'57''$$

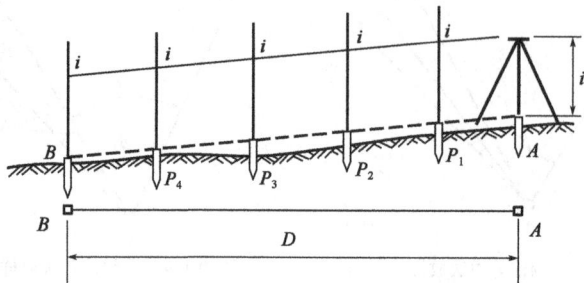

图 10-1-6　已知坡度放样

然后安置全站仪于 A 点,设置倾斜角 α,此时视线轴为要测设的坡度线,在视线方向上,按一定间距钉出 P_1、P_2、P_3…P_n 等点,使各点桩顶立标尺或标杆的读数恰为仪器高 i 时,则各桩顶即为设计的坡度线。

七、在地面上测设已知点的方法

在地面上测设已知点平面位置的方法,可根据控制点分布的情况、地形及现场条件等,选用直角坐标法、极坐标法、距离交会法、方向交会法等。放样时,应根据控制网的形式、控制点的分布情况、地形条件及放样精度,合理选用适当的测设方法。

1.直角坐标法

直角坐标法放样是在指定的直角坐标系中,通过待测点的坐标(x,y)来确定放样点的平面位置。在施工现场通常是以导线边、施工基线或建筑物的主轴线为 X 轴,以某一个已在现场上标定出来的已知点为坐标原点。放样时,从坐标原点开始,沿 X 轴方向用钢尺(或全站仪)量测出 x 值的垂足点,然后在得到的垂足点上安置全站仪,设置 X 轴方向的垂线,并沿垂线方向量测出 y 值,即得放样点的平面位置。当建筑物已设有主轴线或在施工场地上已布置了建筑方格网时,可用直角坐标法来测设点位。

2.极坐标法

极坐标法是指在建立的极坐标系中,通过待测点的极径 D 和极角 β 来确定放样点的平面位置。此法适合于用全站仪测设。如图 10-1-7 所示,A、B 为现场已知点,其坐标分别为(x_A,y_A)、(x_B,y_B);P 点为测设点,其设计坐标为(x_P,y_P)。则:

$$\alpha_{AB} = \arctan \frac{y_B - y_A}{x_B - x_A}$$

$$\alpha_{AP} = \arctan \frac{y_P - y_A}{x_P - x_A}$$

$$\beta = \alpha_{AB} - \alpha_{AP}$$

$$D_{AP} = \sqrt{(y_P - y_A)^2 + (x_P - x_A)^2}$$

(10-1-2)

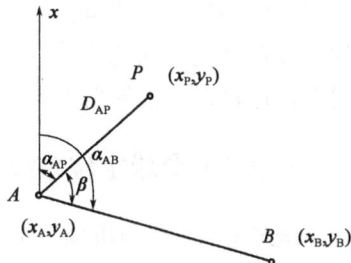

图 10-1-7　极坐标法

实地测设时,可置全站仪于控制点 A 上,后视 B 点放出 β 角,然后沿视线方向测设距离 D_{AP},即得 P 点位置。此法比较灵活,当使用全站仪放样时,应用极坐标法,其优越性是显而易见的。

3.距离交会法

距离交会法是由两个控制点测设两段已知水平距离,交会定出点的平面位置。距离交会法适用于待测设点至控制点的距离不超过一尺段长,且地势平坦、量距方便的施工场地。

如图 10-1-8 所示,P 为待测点,可用坐标反算或在设计图上求得 P 点至控制点 A、B 的水平距离 D_{AP} 和 D_{BP},然后将钢尺的零点对准 A 点,以 D_{AP} 为半径在地面上画一圆弧,再将钢尺的零点对准 B 点,以 D_{BP} 为半径在地面上再画一圆弧。两圆弧的交点即为 P 点的平面位置。

4.方向交会法

在公路定线测量中常用方向交会法在实地交出公路中线的转角点。如图 10-1-9 所示,测设时先分别延长直线 AB 和 DC,并定出 a、b、c、d 四点,其彼此桩距为 $1\sim2m$,这些点称为骑马桩。然后根据 ab 和 cd 采用拉线方法在实地直接交出,即得 M 点。

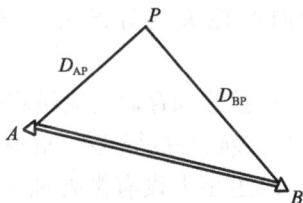

图 10-1-8　距离交会法　　　图 10-1-9　方向交会法

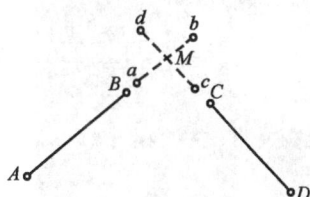

当转角较小时,用方向交会法交会的点位精度较差,故此法适用于两直线的转角接近 90° 时实地确定转角点或两路线的交叉点。

第二节　GNSS-RTK 放样测量

GNSS 即全球导航卫星系统(Global Navigation Satellite System),是所有在轨工作的卫星导航系统的总称。目前主要包括美国 GPS 全球定位系统、俄罗斯 GLONASS 全球导航卫星系统、欧盟 GALILEO 卫星导航系统、中国北斗卫星导航系统,GNSS 系统全部建成在轨卫星数量达到 100 颗以上。除此之外,GNSS 还包括 EGNOS 欧洲静地卫星导航重叠系统、印度 GAGAN 辅助静地轨道增强导航系统、IRNSS 印度区域导航卫星系统等。

一、GPS 全球定位系统

全球定位系统(Global Positioning System,简称 GPS),又称全球卫星定位系统,是一种以人造卫星为基础的空间站无线电定位、全天候导航和授时系统。该系统不但能在军事上提供及时的导航与定位服务,而且已广泛用于大地测量、工程测量、航空摄影测量、工程变形监测、城镇规划、地球资源与管理、石油地质勘测等领域,并发挥着巨大的作用。GPS 全球卫星定位系统由三部分组成:空间部分——GPS 星座;地面控制部分——地面监控系统;用户设备部分——GPS 信号接收机。

1. 空间部分

全球定位系统的空间卫星星座由 21 颗工作卫星和 3 颗随时可以启用的备用卫星所组成,工作卫星均匀分布在 6 个相对于赤道的倾角为 55°的近似圆轨道上,轨道面之间夹角为 60°,轨道平均高度约为 20200km,卫星运行周期为 11h58min。这种星座布局如图 10-2-1 所示,可保证在地球上任何时刻、任何地点均至少可以同时观测到 4 颗卫星,加之卫星信号的传播和接收机不受天气的影响,因此 GPS 是一种全球性、全天候的连续实时定位系统。

GPS 每颗工作卫星的直径为 1.5m,质量为 774kg,设计寿命为 7.5 年。卫星上装备有微处理器、大容量存储器、原子钟和多波束定向天线及全向遥控天线等设备。空间卫星的主要功能是:

(1)接收和存储由地面监控站发来的卫星导航信号,接收并执行监控站的控制指令。

(2)卫星上设有微处理机,可进行必要的数据处理。

(3)通过星载的高精度原子钟,提供精确的时间标准。

图 10-2-1 GPS 空间卫星示意图

(4)向用户连续不断地发送导航定位信号。

2. 地面控制部分

GPS 工作卫星的地面控制部分由分布在全球的一个主控站、三个信息注入站和五个监测站组成。

其中主控站位于美国科罗拉多的联合空间执行中心,它的作用是负责整个地面监控系统的正常运行,并同时起到监控站的作用。

三个信息注入站分别位于大西洋上的阿森松群岛、印度洋的迪戈加西亚岛和南太平洋的卡瓦加兰岛。注入站的作用是把主控站计算得到的卫星星历、导航电文等信息注入相应的卫星,再通过卫星将导航电文传递给地面上的广大用户。用户通过导航电文才能确定 GPS 卫星在各时刻的具体位置。

五个监测站是在主控站控制下的数据自动采集中心,除了主控站兼作监测站外,其他四个分别位于夏威夷、阿森松群岛、迪戈加西亚岛、卡瓦加兰岛,它们的主要作用是接收 GPS 卫星信号,通过采集 GPS 卫星数据和当地的环境数据,然后发送给主控站,同时监测卫星的工作状态。

3.用户设备部分

用户设备部分即为适用各种用途的 GPS 信号接收机。GPS 信号接收机主要由接收机主机、电源及天线组成。其中接收机主机由变频器、信号通道、微处理器、存储器及显示器组成,它的主要功能是接收 GPS 卫星发射的信号,并进行处理和量测,以获取导航电文及必要的观测量。

GPS 信号接收机的作用是捕获按一定卫星高度截止角所选择的待测卫星的信号,并跟踪这些卫星的运行,对所接收到的 GPS 信号进行变换、放大和处理,以便测出 GPS 信号从卫星到接收机天线的传播时间,解译出 GPS 卫星所发送的导航电文,实时地计算出测站的三维位置、速度和时间,实现测速、测时、计算接收机天线中心的三维坐标,从而达到利用 GPS 进行导航和定位的目的。

二、北斗卫星导航系统

北斗卫星导航系统(图 10-2-2)是我国着眼于国家安全和经济社会发展需要,自主建设运行的全球卫星导航系统,是为全球用户提供全天候、全天时、高精度的定位导航和授时服务的国家重要时空基础设施。

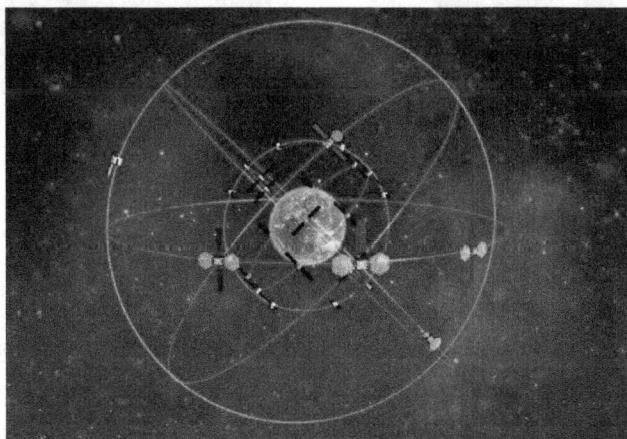

图 10-2-2　北斗空间卫星示意图

2003 年 5 月 25 日,我国成功地将第三颗"北斗一号"导航定位卫星送入太空。前两颗"北斗一号"卫星分别于 2000 年 10 月 31 日和 2000 年 12 月 21 日发射升空,第三颗发射的是导航定位系统的备份星,它与前两颗"北斗一号"工作星组成了完整的卫星导航定位系统,确保全天候、全天时提供卫星导航信息。这标志着我国继美国（GPS）和俄罗斯（GLONASS）后，成为世界上第三个建立了完善卫星导航系统的国家。

20 世纪后期，我国开始探索适合国情的卫星导航系统发展道路，逐步形成了三步走发展战略：2000 年底，建成北斗一号系统，向中国提供服务；2012 年底，建成北斗二号系统，向亚太地区提供服务；2020 年，建成北斗三号系统，向全球提供服务。2020 年 6 月 23 日，北斗系统第 55 颗导航卫星成功发射，暨北斗三号最后一颗全球组网卫星，至此北斗三号全球卫星导航系统星座部署全部完成。

北斗卫星导航系统由空间段、地面段和用户段三部分组成。

空间段由若干地球静止轨道卫星、倾斜地球同步轨道卫星和中圆地球轨道卫星等组成；地面段包括主控站、时间同步/注入站和监测站等若干地面站，以及星间链路运行管理设施；用户段包括北斗兼容其他卫星导航系统的芯片、模块、天线等基础产品，以及终端产品、应用系统与应用服务等。

近年来，国内生产的各种类型的 GNSS 测地型接收机用于精密相对定位时，其双频接收机精度可达 $5\,\text{mm} \pm 1\,\text{ppm} \times D$，单频接收机在一定距离内精度可达 $10\,\text{mm} \pm 2\,\text{ppm} \times D$。（ppm：百万分之一米，$10^{-6}\,\text{m}$）

我国测绘仪器公司生产的全新一代小型化便携 RTK，支持北斗三号全球卫星系统，静态定位平面精度为 $\pm (2.5 + 0.5 \times 10^{-6} \times D)\,\text{mm}$，高程精度为 $\pm (5 + 0.5 \times 10^{-6} \times D)\,\text{mm}$；动态定位平面精度为 $\pm (8 + 1 \times 10^{-6} \times D)\,\text{mm}$，高程精度为 $\pm (15 + 0.5 \times 10^{-6} \times D)\,\text{mm}$，其中 D 为所测量的基线长度，单位为 mm。RTK 接收机外形如图 10-2-3 所示。

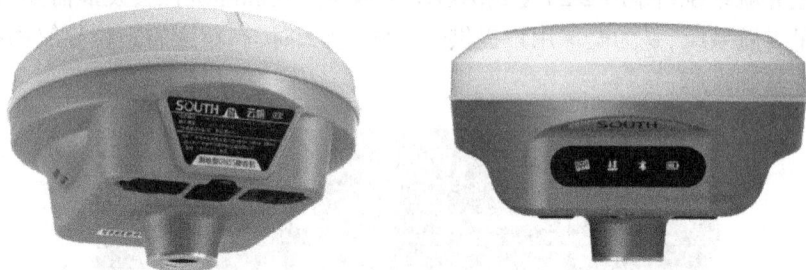

图 10-2-3 　接收机外形图

三、GNSS 卫星定位原理

GNSS 系统定位原理：根据空中卫星发射的信号，确定空间卫星的轨道参数，计算出锁定的卫星在空间的瞬时坐标，然后将卫星看作分布于空间的已知点，利用 GNSS 地面接收机，接收从某几颗（4 颗或 4 颗以上）卫星在空间运行轨道上同一瞬时发出的超高频无线电信号，再经过系统处理，获得地面点至这几颗卫星的空间距离，用空间后方距离交会的方法，求得地面点的空间位置。GNSS 系统所采用的坐标为 WGS-84 坐标系。

按定位方式，GNSS 系统定位可分为绝对定位和相对定位；按用户接收机在作业中的运动状态不同，可分为静态定位和动态定位。

（1）绝对定位。如图10-2-4所示,是指在一个观测点上,利用GNSS接收机观测4颗以上卫星,根据卫星与用户接收机天线之间的距离观测量和已知卫星的瞬时坐标,独立确定测点在WGS-84协议地球坐标系中的绝对位置,故称为绝对定位。

（2）相对定位。如图10-2-5所示,在WGS-84协议地球坐标系中,在两个或若干个观测站上,设置GNSS接收机,同步跟踪观测相同的卫星,测定接收机之间相对位置(坐标差)的定位方法。在相对定位中,至少有一个点的位置是已知的,称之为基准点,两点间的相对位置可以用一条基线向量来表示,故相对定位也称基线测量。

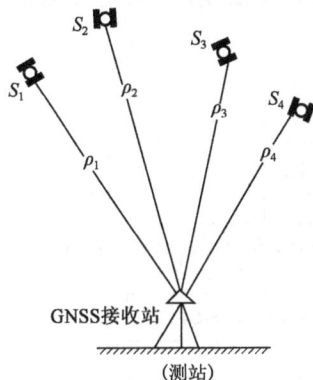

图10-2-4　绝对定位　　　　图10-2-5　相对定位

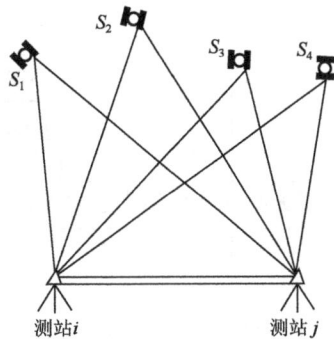

（3）静态定位。在定位过程中,接收机被安置在测站点上并固定不动。严格说来,这种静止状态只是相对的,通常指接收机相对于其周围点位没有发生变化。

（4）动态定位。在一个时段内,待定点相对于地固坐标系的位置有显著变化,每个观测瞬间待定点的位置各不相同,在进行数据处理时,每个历元的待定点坐标均须作为一组未知数,确定这些载体在不同时刻的瞬时位置的工作称为动态定位。即在定位过程中,接收机处于运动状态,如公路放样测量工作等。

GNSS定位常用的几种方法有伪距法、载波相位法、多普勒测量法和射电干涉测量法等。

四、GNSS-RTK定位技术

RTK(Real Time Kinematic)测量即实时动态载波相位差分GNSS测量,是指在运动状态下通过跟踪处理接收卫星信号的载波相位进行测量,精度很高,可以达到几厘米或几分米的精度。

GNSS-RTK定位技术是一种以载波相位测量与数据传输技术相结合,以载波相位测量为依据,将GNSS与数据传输技术结合起来,在运动状态下通过跟踪处理接收卫星信号的载波相位,实时解算并提供观测点的三维坐标或地方平面直角坐标,并可达到厘米级精度。因此,GNSS-RTK定位技术能够满足常规工程点位测设的精度要求,不仅可进行各种公路控制测量,也可方便、快速地进行公路放样测量。

1. GNSS-RTK 定位原理

GNSS-RTK 系统主要由基准站接收机、无线数字通信系统(数据链)、流动站接收机及 RTK 测量软件四部分组成。GNSS-RTK 定位原理是在 RTK 作业模式下,利用 2 台 GNSS 接收机同时接收卫星信号,其中一台安置在已知点位精度较高的坐标点上作为基准站,对所有可见卫星进行连续观测,并将其观测数据通过发射台实时地发送给流动观测站。另一台安置在流动站(待观测点)上,用来测定流动站(待观测点)的坐标,即在流动站上的 GNSS 接收机在接收卫星信号的同时通过接收电台接收基准站传送的数据,然后利用 GNSS 配套电子手簿,根据相对定位原理,实时地计算并显示出流动站三维坐标和测量精度,其定位测量示意如图 10-2-6 所示。

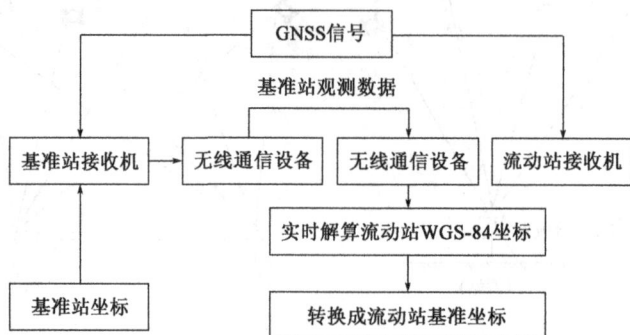

图 10-2-6　GNSS-RTK 定位测量示意图

实时动态定位有快速静态定位和动态定位两种测量模式,两种定位模式相结合,在公路路线勘测设计中可应用于地形图测绘、公路中线测量、纵横断面测量等。

2. GNSS-RTK 定位测量的优势

(1)定位精度高。只要满足 GNSS-RTK 的基本工作条件,在一定的作业半径范围内(一般为 4km 左右),其定位的平面精度和高程精度都能达到厘米级。

(2)全天候作业。GNSS-RTK 定位测量不要求基准站、流动站之间光学通视,只要满足"电磁波通视"即可作业。因此,和传统测量相比,其受通视条件、能见度、气候、季节等因素的影响小,可谓全天候作业。

(3)实时性。在测量现场即可计算得出所需三维坐标,并在现场放样出设计坐标。

(4)方便灵活。GNSS-RTK 设备非常轻便,携带、搬迁、安装非常灵活,节省工作时间。

图 10-2-7　GNSS 接收机主机按键

五、GNSS-RTK 施工测量作业

1. 基准站设置

(1)对中、整平(步骤与全站仪操作基本一致)。

(2)基准站电台发射装置的安置。

(3)打开 GNSS 主机,主机只有一个操作按键(电源键),如图 10-2-7 所示,其操作如下:

开机:当主机为关机状态(没有指示灯亮),轻按电源键,主机会进入初始化状态。

关机:当主机为开机状态(至少是电源灯亮),按住电源键,听到蜂鸣器鸣叫三声之后,松开电源键。

2.流动站设置

(1)对中杆与 GNSS 接收机主机连接。

(2)打开 GNSS 主机,方法同基准站。

(3)安装 GNSS 全能型手簿(安装"工程之星"手簿软件)。

3.点位放样

(1)测量参数的设置与查看。由于 GNSS 接收机直接输出数据是 WGS-84 的经纬度坐标,因此,为了满足不同用户的测量需要,需要把 WGS-84 的经纬度坐标转化为施工测量坐标,这就需要软件对参数进行设置。测量参数涉及投影设置以及相关的转换参数设置。新建工程时软件向导会引导用户设置这些测量参数,也可以直接完成设置。

(2)下面以"工程之星"软件为例介绍参数设置。"工程之星"软件中使用控制点坐标库自动计算出四参数、高程拟合参数、水准模型。其界面如图 10-2-8 ~ 图 10-2-10 所示。

〈使用四参数　扫描　分享

四参数	⬛
ⓘ 默认手动输入,还可以坐标计算	
北偏移	0
东偏移	0
旋转角	0
比例尺	1.0
北原点	0
东原点	0
兼容mobile 3.0 参数	⬛
取消	确定

〈使用高程拟合参数　扫描　分享

高程拟合参数	⬛
A0	0
A1	0
A2	0
A3	0
A4	0
A5	0
X0	0
Y0	0
兼容mobile 3.0 参数	⬛
取消	确定

图 10-2-8　四参数使用　　　　图 10-2-9　高程拟合参数使用

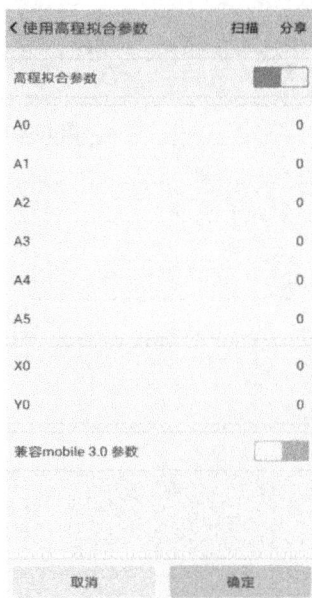

(3)操作:逐一点击测量、点放样,进入放样界面,如图 10-2-11 所示。

点击"目标",选择需要放样的点,点击"点放样",如图 10-2-12 所示。也可点击图 10-2-11 中右上角"三条黑线"组成的图案,直接放样坐标管理库里的点。

点击"选项",选择"提示范围"中的"1.00m",则当前点移动到离目标点 1.00m 范围以内时,系统会语音提示,如图 10-2-13 所示。在放样主界面上也会从三方向上提示往放样点移动多少距离。

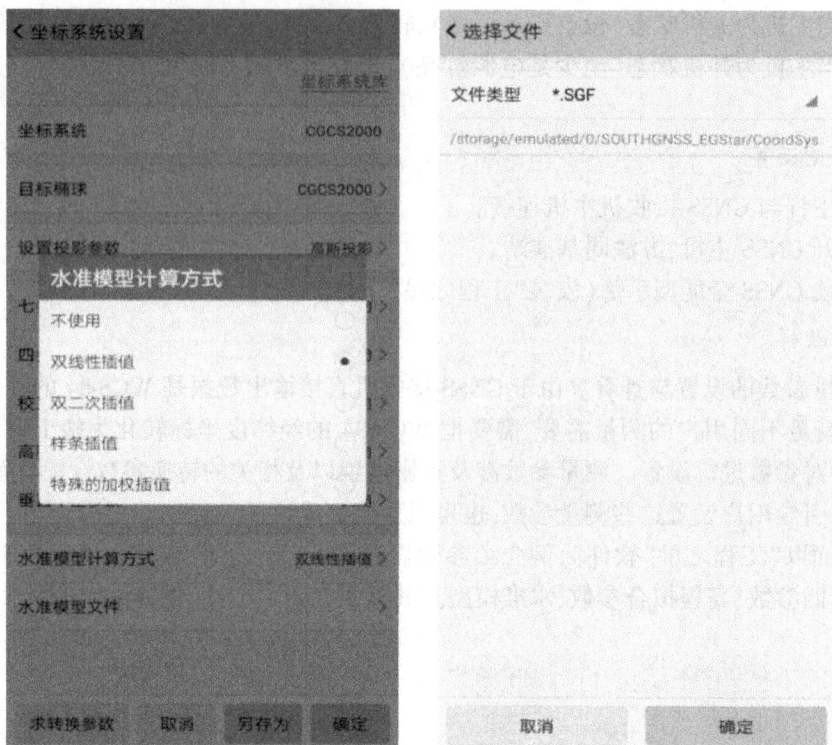

图 10-2-10　水准模型计算

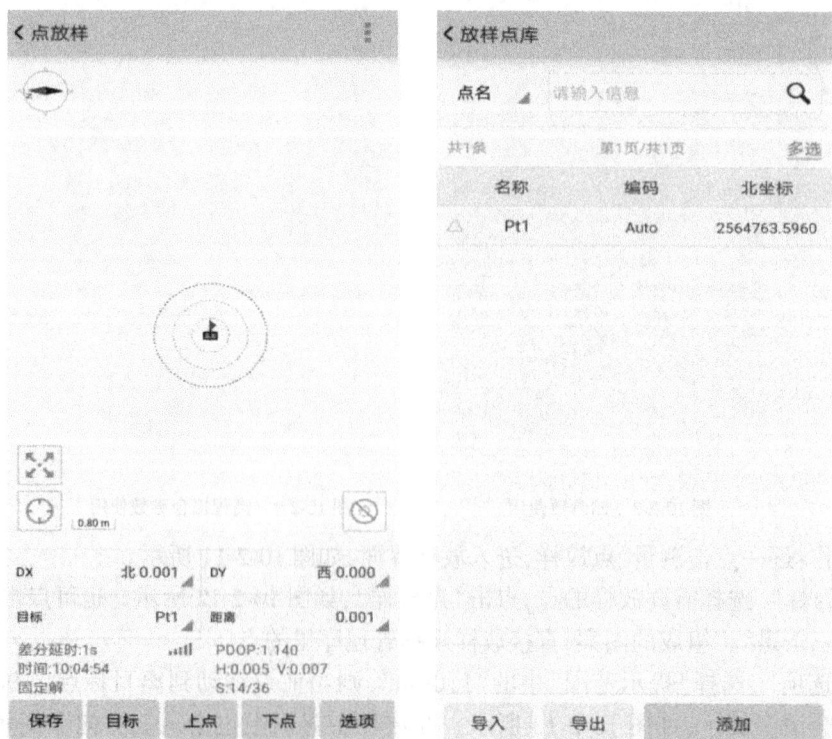

图 10-2-11　点放样界面

图 10-2-12　放样点库

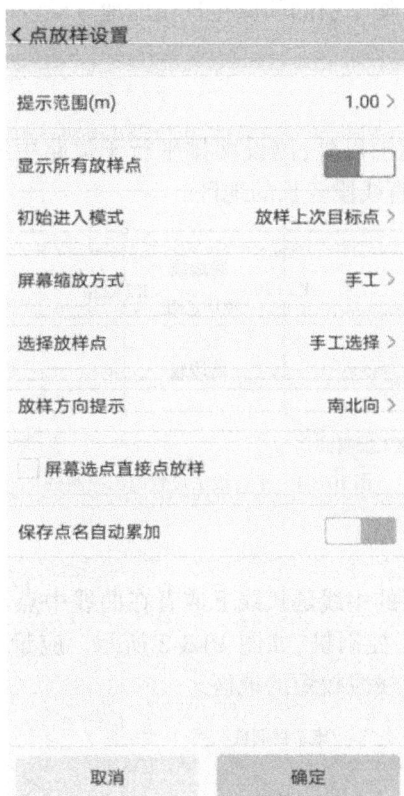

图 10-2-13　点放样设置

放样与当前点相连的点时,可以不用进入放样点库,点击"上点"或"下点",根据提示选择即可。

第三节　公路施工测量

公路施工测量主要包括恢复路线中线、施工控制桩、路基边桩、路基边坡的放样等工作。

一、路线中线的恢复测量

从路线勘测到开始施工这段时间里,由于各种原因,往往会有一些中桩丢失或损坏,故在施工之前,应根据设计文件资料进行中线恢复工作,并对原来的中线进行复核,以保证路线中线位置准确可靠。恢复中线所采用的测量方法与路线中线测量方法基本相同。此外,应对路线水准点进行复核,必要时还应增设一些水准点以满足施工需要。

二、施工控制桩的测设放样

道路施工时,必然将原测设的中桩挖掉或掩埋,为了在施工中能够有效地控制中桩的位置,就需要在不易被施工损坏、便于引测和保存桩位的地方设置施工控制桩。常用的测设方法有以下两种。

1. 平行线法

平行线法是在设计路基范围以外,测设两排平行于道路中线的施工控制桩,如图 10-3-1 所示。此法多用于地势平坦、直线段较长的地区。

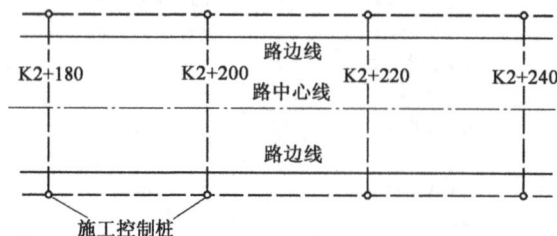

图 10-3-1　平行线法设置施工控制桩

2. 延长线法

延长线法是在路线转折处的中线延长线上或者在曲线中点与交点连线的延长线上,测设两个能够控制交点位置的施工控制桩,如图 10-3-2 所示。应量出并记录控制桩至交点的距离。此法多用于坡度较大和直线段较短的地区。

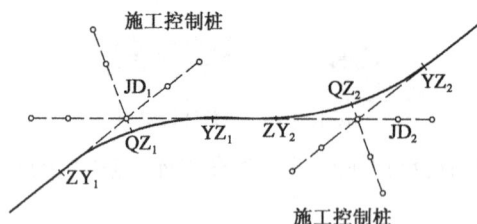

图 10-3-2　延长线法设置施工控制桩

三、路基边桩的放样

路基边桩放样是指在地面上将每一个横断面的路基边坡线与地面的交点用木桩标定的工作。边桩的位置由两侧边桩至中桩的距离来确定。常用的边桩放样方法有图解法和解析法。

1. 图解法

图解法是直接在横断面图上量取中桩至边桩的距离,然后在实地用皮尺沿横断面方向测定其位置。当填挖方量不很大时,采用此法较为简便。

2. 解析法

解析法中,路基边桩至中桩的平距系通过计算求得。根据路基填挖高度、边坡坡率、路基宽度和横断面地形情况,先计算出路基中心桩至边桩的距离;然后,在实地沿横断面方向按距离将边桩放样。

(1)平坦地段的边桩放样。

如图 10-3-3a)所示,填方路基称为路堤,其坡脚桩至中桩的距离 D 为:

$$D = \frac{B}{2} + mH \qquad (10\text{-}3\text{-}1)$$

如图10-3-3b)所示,挖方路基称为路堑,其坡顶桩至中桩的距离 D 为:

$$D = \frac{B}{2} + S + mH \qquad (10\text{-}3\text{-}2)$$

式中:B——路基宽度;

　　　m——边坡坡率;

　　　H——填挖高度;

　　　S——路堑边沟顶宽。

以上是路基横断面位于直线段时求算 D 值的方法。若路基横断面位于曲线上且有加宽时,在以上述方法求出 D 值后,在加宽一侧的 D 值中还应加上加宽值。

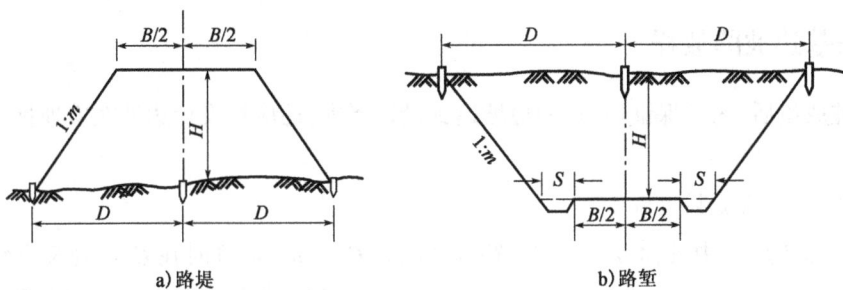

a)路堤　　　　　　　　　　b)路堑

图10-3-3　平坦地段的边桩放样

(2)倾斜地段的边桩放样。

在倾斜地段,边桩至中桩的距离随地面坡度的变化而变化。如图10-3-4a)所示,路堤坡脚桩至中桩的距离为:

斜坡上侧

$$D_{\text{上}} = \frac{B}{2} + m(H - h_{\text{上}}) \qquad (10\text{-}3\text{-}3)$$

斜坡下侧

$$D_{\text{下}} = \frac{B}{2} + m(H + h_{\text{下}}) \qquad (10\text{-}3\text{-}4)$$

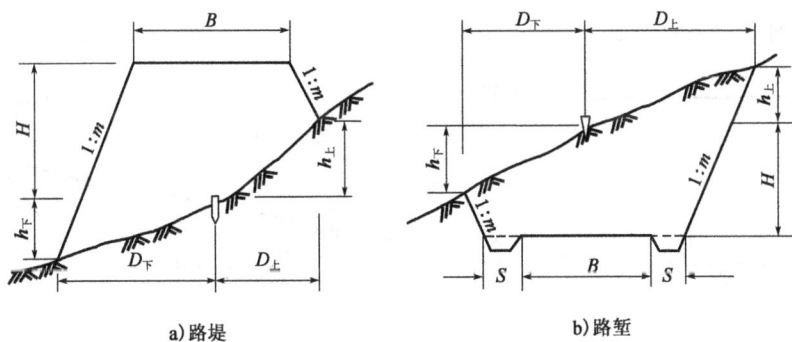

a)路堤　　　　　　　　　　b)路堑

图10-3-4　山区地段的边桩放样

如图 10-3-4b)所示,路堑坡顶桩至中桩的距离为:

斜坡上侧

$$D_{\text{上}} = \frac{B}{2} + S + m(H + h_{\text{上}}) \tag{10-3-5}$$

斜坡下侧

$$D_{\text{下}} = \frac{B}{2} + S + m(H - h_{\text{下}}) \tag{10-3-6}$$

式中,$h_{\text{上}}$、$h_{\text{下}}$分别为上、下侧坡脚(或坡顶)至中桩的高差。其中 B、S 和 m 为已知,H 为中桩处的填挖高度,亦为已知。故 $D_{\text{上}}$、$D_{\text{下}}$随 $h_{\text{上}}$、$h_{\text{下}}$ 的变化而变化。由于边桩未定,所以 $h_{\text{上}}$、$h_{\text{下}}$ 均为未知数。实际工作中,采用逐渐趋近法放边桩,在现场边测边标定,一般试放 1～2 次即可得边桩位置。如果结合图解法,则更为简便。

四、路基边坡的放样

在边桩放出后,为了保证填、挖的边坡达到设计要求,还应把设计边坡在实地标定出来,以指导施工。

1. 用竹竿、绳索放样边坡

如图 10-3-5 所示中桩,A、B 为边桩,路基宽度为 $CD = b$。放样时在 C、D 处竖立竹竿,并在

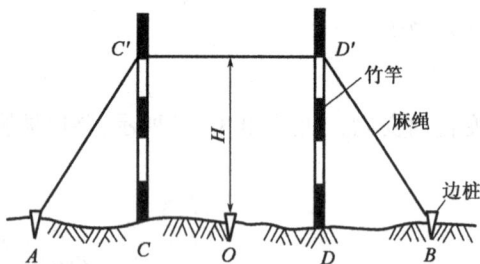

图 10-3-5　竹竿、绳索放样边坡

高度等于中桩填土高度 H 之处 C'、D'用绳索连接,同时用绳索连接到边桩 A、B 上,则设计边坡就展现于实地。

当路堤填土不高时,可按上述方法一次挂线。当路堤填土较高时,可分层挂线。

2. 用边坡样板放样边坡

施工前按照设计边坡坡度做好边坡样板,施工时,按照边坡样板进行放样。

填筑路堤时,如图 10-3-6a)所示,当水准器气泡居中时,边坡尺的斜边所指示的坡度正好为设计边坡坡度,据此检核路堤填筑的边坡坡度。

在开挖路堑时,在坡顶桩外侧按设计坡度设立固定样板,施工时可随时指示并检核开挖和修整情况,如图 10-3-6b)所示。

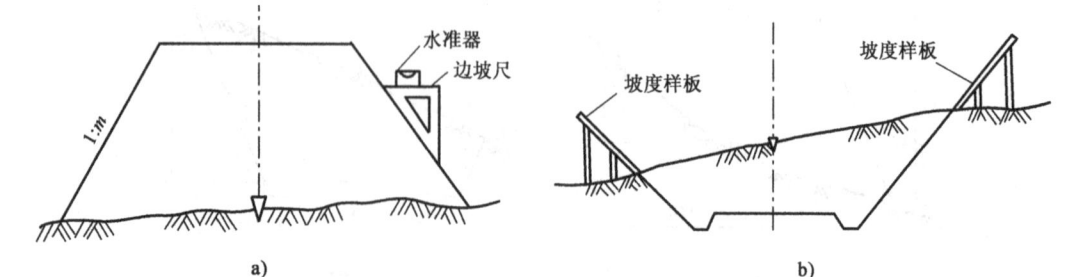

图 10-3-6　用边坡样板放样边坡

（1）施工测量和测图工作一样，必须遵循"从整体到局部"的测量原则。而施工放样与地形图的测绘恰恰相反，它是把图纸上设计建筑物的平面和高程位置标定到地面上的工作，即把设计图上已确定的点位之间的相互关系标定到地面上的问题。所以施工放样是：将测量工作的基本方法具体应用到工程建设的施工阶段。

（2）放样的基本工作是在地面上标定已给定的长度、角度和高程。在地面上标定已知长度时，结合地形情况、实际尺长及丈量时的温度等，要进行尺长、温度、倾斜改正，在地面上测设水平角时，一般采用盘左、盘右测设取其平均位置；设计高程放样的方法，主要采用水准测量的方法，根据已知点的高程和放样点的设计高程，利用水准仪在已知点尺上的读数求放样点的水准尺上的读数。

（3）测设点的平面位置可用直角坐标法、极坐标法、距离交会法和方向交会法等。究竟选用哪种方法，应视具体情况而定。无论采用哪种方法都必须先根据设计图纸上的控制点坐标和待放样点的坐标，算出放样数据，再到实地放样。

（4）GNSS全球导航卫星系统是一种以人造卫星为基础的空间站无线电定位、全天候导航和授时系统，目前已广泛用于大地测量、工程测量、工程变形监测等领域。GNSS-RTK定位测量以载波相位观测值为基础，将两个相位的载波相位进行实时处理，及时解算出观测点的三维坐标或地方平面直角坐标，并可达到厘米级的精度，不仅可进行各种公路控制测量，也可方便、快速地进行公路放样测量。

（5）公路施工测量主要包括恢复路线中线、施工控制桩、路基边桩的放样等工作。为了施工中测量高程方便，在施工前应对破坏的水准点进行恢复定测，在一定范围内应加密水准点；在公路中线定测后，一般情况要过一段时间才能施工，因此，施工前必须进行一次复测工作，以恢复公路中线的位置，并在不受施工干扰、便于引用、易于保存桩位的地方测设施工控制桩。

（6）公路路基边坡桩的放样，是指在施工前应测设路基的填筑坡脚边桩和路堑的开挖坡顶边桩，以作为路基施工的依据。

（1）简述测设的基本工作内容，谈谈测设与测量的异同。

（2）简述放样已知一条边长度的方法及放样已知水平角的测量方法。

（3）目前，坐标法放样主要采用的仪器有哪几种？简述其放样原理及使用方法。

（4）欲在地面上测设一个直角∠AOB，先用一般方法测设出该直角，再用多个测回测得其平均角值为90°00′54″，又知OB的长度为150.000m，问在垂直于OB的方向上，B点应该向何方向移动多少距离才能得到90°的角？

(5)点的平面位置如何测设？若已知 A、B 为建筑场地已有的控制点，$\alpha_{AB} = 300°04'$，A 点的坐标为 $x_A = 14.22\text{m}$，$y_A = 86.71\text{m}$；P 为待测设点，其设计坐标为 $x_P = 42.34\text{m}$，$y_P = 85.00\text{m}$，试计算用极坐标法从 A 点测设 P 点所需的数据。

(6)路基边坡桩的放样如何敷设？

(7)针对施工测量放线和验线原理与过程，应该注意哪些问题？

(8)目前，路线竣工测量的主要内容包含哪几种？

(9)路基施工测量采用 GNSS 时，GNSS 网的基本形式包含哪几种？

(10)简述 GNSS 定位系统的组成部分，GNSS 定位方法按其定位结果可分为哪几部分？

(11)目前，GNSS-RTK 常采用的坐标系统是什么？简述此坐标系原理。

(12)简述目前 GNSS-RTK 技术的平面和高程的测量精度。如何提高测量精度？

(13)由于 RTK 数据的传播限制和定位精度要求，RTK 测量范围一般不超过多少千米？

第十一章
CHAPTER ELEVEN
管线、桥涵、隧道施工测量

📖**学习目标**

（1）了解管线工程的特点；

（2）知道地下管线中线测量、中桩测设、纵横断面测量、横断面测量；

（3）掌握地下管线施工测量及竣工测量；

（4）知道桥涵轴线测量的方法，会进行桥梁和涵洞施工测量中的墩台中心位置定位；

（5）知道隧道平面控制、高程控制测量的基本方法，会进行隧道平面控制、高程控制测量及隧道施工中洞内导线测量、洞内水准测量、隧道的中线测设、腰线的测设；

（6）会进行隧道贯通误差的测定。

管线施工测量的主要任务是根据设计图纸的要求，为施工测设各种标志，使施工人员便于掌握中线方向和高程位置。桥涵施工测量的主要任务是墩台中心位置测定、桥轴线测量以及对构造物各细部构造的定位和放样。隧道施工测量，首先要建立洞外平面和高程控制网，每一开挖洞口附近都应设立平面控制点及水准点，这样将各开挖面联系起来，作为开挖放样的依据。根据洞内控制点的坐标及高程来指导开挖方向，并作为洞内衬砌及建筑物放样的数据。隧道贯通后，必然产生平面的及高程的贯通误差，此时需进行中线调整。设有竖井的隧道还需专门进行竖井测量。在隧道所有的施工项目完成后，要做竣工测量，并在施工过程中和竣工后对隧道及有关建筑物进行沉陷和位移观测。隧道施工中对测量工作的精度要求，主要根据工程性质、隧道长度和施工方法来定。

第一节　管线施工测量

管线工程主要指长宽比相对较大的工程，主要包括线路工程和管道工程，涉及通信、公路、铁路、水利、输电线路、给排水、燃气，以及各种用途的管道工程等，工程长度可能延伸几千米、十几千米,甚至几百千米。管线工程测量分为初测和定测两个阶段,即设计阶段的勘测设计和施工阶段的复测定型。

一、地下管线测量工作任务

地下管线测量工作需完整、系统地对地下管线进行统一规划设计,确保设计方案的科学性、合理性,保障地下管线的可用性、安全性。同时按照地下管线的设计图纸,运用先进的科学技术,根据参考数据精密计算、工程模拟、现场踏勘,确保地下管线测量工作的科学合理性,保证地下管线建设质量,为基础建设提供可靠的参考数据,减少地下管线可能出现的问题。

管线工程测量为各类管线工程设计和施工服务,主要任务包括:勘测设计阶段的测量工作,即为管线工程的设计提供距离、经纬度等相关参数的地形图和断面图;施工放样的测量工作,即按设计位置要求将线路敷设于实地。

管线测量工作主要包括:

(1)收集规划设计测区内各比例尺地形图、平面图和断面图资料,收集沿线水文、地质以及控制点等有关资料。

(2)根据工程要求,利用已有资料,结合现场勘测,在中小比例尺图上确定规划路线走向,编制初步设计方案。

(3)根据设计方案实地标定线路基本走向,沿走向进行控制测量,包括平面距离控制测量和高程控制测量。

(4)结合管线工程的需要,沿基本走向测绘带状地形图或平面图,在指定地点测绘地形图。根据不同工程的实际要求,参考相应的设计及施工规范选定测图比例尺。

(5)根据设计图纸将线路中心线各点位测设至地面,完成中线测量。中线测量包括线路起止点、转折点、曲线主点和线路中心里程桩、加桩等。

(6)根据工程需求,测绘线路纵断面图和横断面图,依据不同工程的实际要求选定比例尺。

(7)根据管线工程的设计图纸进行工程现场施工测量取样定型。

(8)工程完工后,按照工程实际现状测量并测绘竣工平面图和断面图。

二、地下管线测量技术应用

1. GNSS-RTK 测量技术

目前 GNSS 技术已成为测量工作主要作业技术手段,GNSS-RTK 技术已经广泛应用到管道线路工程的各个阶段,在选线、定线、定位中发挥着巨大的作用。GNSS-RTK 无需考虑现场通视情况,误差不累积,大大提高工作效率和定线精度。经校测检验,RTK 测量完全能够满足管线定线、定位测量的精度要求。

2. 全站仪技术

全站仪在管线工程建设中应用非常广泛,由于管线种类繁多,多埋设于地下,已建管道较多且密集,地下管线上下穿插、纵横交错,需精确测量数据,才能满足工程施工要求。之前通常采用量距导线进行平面控制测量,工作效率低,精度较差。

使用全站仪可在工程勘测阶段,建立控制网,进行管道中线测量、管道断面测绘等,为规划设计人员提供测量资料;在工程施工阶段进行复核测量并放样,为工程开工提供依据;在工程完工阶段进行工程测量竣工图绘制为后期维护抢修、养护和管理提供便利。

三、地下管线施工测量

1. 管线中线测量

管道的起点、终点及转折点称为管道的主点,其位置已在规划设计时确定。管道中线测量即将已确定的主点位置测设到地面上去,并用木桩标定,主要包括主点测设数据的准备、主点测设、管线转向角测量、中桩测设、里程桩手簿的绘制。

2. 管线中桩测设

为测定管道的长度和测绘纵、横断面图,从管道起点开始,沿着管道中心线在地面上设置整桩或加桩的工作称为中桩的测设。

整桩:按规定每隔一整数段设一桩,一般为20m、30m、50m。

加桩:在主要地物处或地面坡度变化处所加设的中桩。

桩号自管线起点开始编号,起点的编号为0+000。"+"前为公里数,"+"后为米数,桩号用红漆写在木桩的侧面,朝向起点方向。距离用钢尺往返测量两次,相对误差一般不应大于1/1000,困难地区不应大于1/500。

3. 管线纵断面测量

管线纵断面图即沿管道中心线方向的断面图。测定中线上的里程桩后,根据管道附近敷设的水准点,用水准仪测出中线上里程桩和加桩点的地面高程,再按测得的高程和相应的里程桩号绘制纵断面图。管道纵断面图表示管道中心线上地面起伏变化的情况,是管道设计中确定管道埋设深度、坡度和计算土方量的主要根据。

水准点的布设:沿管道中线每隔1~2km设一个永久性水准点,每隔300~500m设一个临时性水准点。水准点应布设在使用方便、易于保存和不受施工影响之处。

纵断面水准测量:相邻两个水准点之间为一测段(附合水准)。

施测方法:采用视线高法。安置一次仪器,相邻两转点间可以在多个中桩上竖立标尺观测,用视线高法计算各桩的高程。

4. 管道横断面测量

管线横断面即垂直于管道中心线方向的断面,表示管道两侧地面起伏的变化情况,可根据高程和水平距离绘制横断面图。管道横断面测量的任务是根据中桩高程测量横断面方向上地面坡度变化点的高程及其到中桩的水平距离。

5. 地下管道施工测量

(1)检核与重测:设计的管道中心线未改变,只需检核,否则须重测。

(2)标定检查井位置。

(3)设置中线控制桩:在中线垂直方向设置,不受施工破坏,引测方便,易于保存,距中线距离最好为一整数。

(4)计算开槽宽度,并在地面上定出开挖边线。开挖边线的宽度根据管径大小、埋设深度和土质情况等而定。如图 11-1-1a)所示,横断面较平坦时,开挖管槽的宽度可由下式计算:

$$B = b + 2mh$$

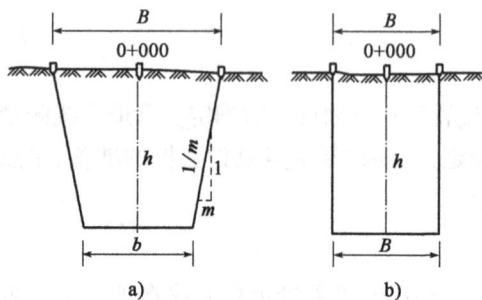

图 11-1-1　开挖边线图

式中:b——管底宽度;

　　　h——挖土深度;

　　　$1/m$——边坡坡度。

若埋设深度较浅,土质坚实,可垂直开挖管槽,如 11-1-1b)所示,即开挖管槽宽度等于管底宽度。在垂直中线方向两侧定出开挖管槽宽度,钉上木桩,两相邻的断面同侧边桩的连线,即为开挖边线,用石灰撒出灰线,作为开挖的界限。

6. 架空管道施工测量

架空管道施工主点的测设与地下管道相同,架空管道的支架基础开挖测量工作及基础模板的定位,与厂房柱子基础的测设相同。架空管道安装测量与厂房构件安装测量基本相同。每个支架的中心桩在开挖基础时均被挖掉,须将其位置引测到互为垂直方向的 4 个控制桩上,根据控制桩就可以确定开挖边线,进行基础施工。

7. 管道竣工测量

管道竣工测量可绘制管道竣工图,其主要包括管道竣工平面图和管道竣工断面图。

管道竣工平面图测绘内容包括管道的起点、终点、检查井以及附属结构的平面位置。测绘宽度根据需要确定,比例尺一般为 1∶2000～1∶500,根据具体情况而定。

管道竣工断面图可表示管道及附属结构的高程和坡度,如管底高程和坡度、井盖及井底高程、管道所在地段的地形起伏情况等。管道竣工断面图测绘,一定要在回填土前完成,用水准测量测定检查井口顶面和管顶高程,管底高程由管顶高程和管径、管壁厚度算得。

第二节　桥涵施工测量

桥涵施工测量的主要任务是墩台中心位置测定、桥轴线测量以及对构造物各细部构造的定位和放样。公路桥涵放样主要是完成桥梁轴线、墩、台中心定位(钻孔柱的孔位、扩大基础底面中心位置)放样,墩身、墩帽放样,桥台锥坡放样以及高程放样等,涵洞的轴线、基础及基坑的边线放样和高程放样。桥涵施工测量的方法及精度要求随桥涵跨径、河道和桥涵结构的情况而定。

一、桥梁墩台定位与轴线测量

在桥梁施工测量中,最主要的工作是准确定出桥梁墩台的中心位置和它的纵横轴线,这些工作称为墩台定位。直线桥梁墩台定位所依据的原始资料为桥轴线控制桩的里程和墩台中心的设计里程,根据里程算出它们之间的距离,按照这些距离即可定出墩台中心的位置。曲线桥所依据的原始资料,除了控制桩及墩台中心的里程外,尚有桥梁偏角、偏距及墩距或结合曲线要素计算出的墩台中心的坐标值。

进行水中桥墩的基础施工定位时,由于水中桥墩基础的目标处于不稳定状态,在其上无法使测量仪器稳定,因此一般采用方向交会法;如果墩位在干枯或浅水河床上,可用直接定位法;在已稳固的墩台基础上定位,可以采用光电测距法、方向交会法、距离交会法、极坐标法等。

1. 直线桥梁墩台定位

位于直线段上的桥梁,其墩、台中心一般都位于桥轴线的方向上,如图 11-2-1 所示。

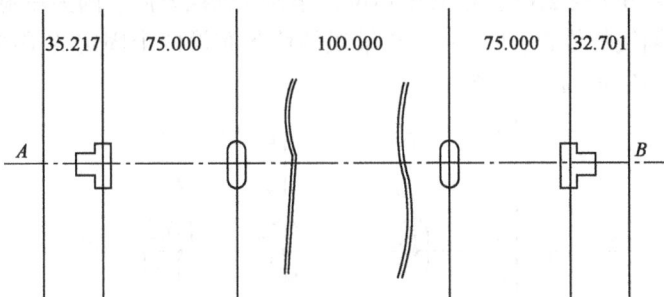

图 11-2-1 直线桥梁位置图(尺寸单位:m)

(1)直接丈量法。

当桥墩位于地势平坦、可以通视、人可以方便通过的地方,用钢尺可以丈量时,可采用这种方法。丈量前,钢尺检定、丈量方法与测定桥轴线时相同,不同之处是此处是测设已知长度,在测设前应将尺长改正数、温度改正数及倾斜改正数考虑在内,将已知长度转化为钢尺丈量长度。为了保证丈量精度,用钢尺直接丈量定位时,对其距离必须丈量两次以上作为校核。当校核结果证明定位误差不超过 1.5~2cm 时,则认为满足要求。

(2)光电测距法。

只要墩台中心处能安置反光镜,且全站仪和反光镜之间能通视,用此法迅速方便。但测设时应根据当时测出的气压、温度和测设距离,通过气象改正,得出测设的显示斜距。在测设出斜距并根据垂直角折算为平距后,与应有的(即设计的)平距进行比较,看两者是否相等。根据其差值,前后移动反光镜,直至两者相符,则反光镜处即为要测设的墩位。

(3)极坐标法。

在使用全站仪且被测设点位上可以安置棱镜的条件下,若采用极坐标法放样桥梁墩台中心位置,则更为精确和方便。

如果在桥梁设计中,已设计出墩台中心坐标(x,y),则可用全站仪按极坐标法测设,这时可将仪器放置在施工控制网的任何一个控制点上,根据墩台坐标和测站点坐标,反算出极坐标放样数据的角度和距离,然后依此测设墩台的中心位置。

2. 曲线桥的墩台定位

在整个路线上，处于各种平面曲线上的桥梁并不少见，曲线桥的墩台定位因桥梁设计方法不同而更复杂些。曲线桥的上部结构一般有连续弯梁和简支直梁等形式，但下部一般都是利用墩台中心构成折线交点而形成弯桥。

对于曲线桥的墩台定位的方法，根据不同的条件可采用偏角法、长弦偏角法、利用坐标的交会法和坐标法等。曲线桥的放样工作，主要是对放样数据的计算，基本步骤的差异并不大，在此不再详述。

3. 墩台纵横轴线的测设

墩台中心测设定位完成后，还需测设墩台的纵横轴线，作为墩台细部放样的依据。

在直线桥上，墩台的横轴线与桥的纵轴线重合，而且各墩台一致，所以可利用桥轴线两端控制桩来标志横轴线的方向，而不再另行测设标志桩。

在测设桥墩台纵轴线时，应将全站仪安置在墩台中心点上，盘左、盘右以桥轴线方向作为后视方向，然后旋转90°（或270°），取其平均位置作为纵轴线方向。因为在施工过程中经常要在墩台上恢复纵横轴线的位置，所以应在桥轴线两侧各布设两个固定的护桩，如图 11-2-2 所示的 c_1、c_2、c_3、c_4、d_1、d_2、d_3、d_4 等各点。

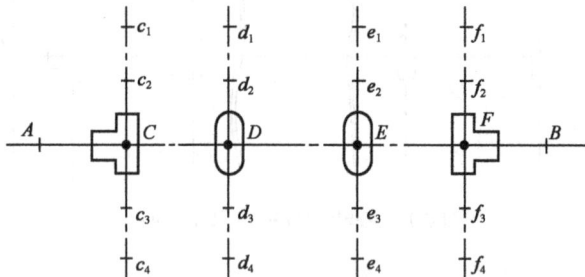

图 11-2-2　直线桥梁纵横轴线图

在水中的桥墩，因不能架设仪器，也不能钉设护桩，则暂不测设轴线，等筑岛、围堰或沉井露出水面以后，再利用它们钉设护桩，准确地测设出墩台中心及纵横轴线。当墩台定好位及其纵横轴线测设完毕，则为细部施工放样做好了准备。

二、涵洞施工测量

涵洞属于小型公路构造物。进行涵洞施工测量时，首先放出涵洞的轴线位置，即根据设计图纸上涵洞的里程，放出涵洞轴线与路线中线的交点，并根据涵洞轴线与路线中线的夹角，放出涵洞的轴线方向。

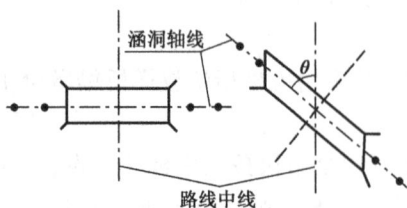

图 11-2-3　涵洞轴线测设

放样直线上的涵洞时，要根据涵洞的里程，自附近测设的里程桩沿路线方向量出相应的距离，即得涵洞轴线与路线中线的交点。若涵洞位于曲线上，则采用曲线测设的方法定出涵洞与路线中线的交点。按地形条件，涵洞轴线与路线有正交的，也有斜交的。将全站仪安置在涵洞轴线与路线中线的交点处，测设出已知的夹角，即得涵洞轴线的方向，如图 11-2-3 所示。

涵洞轴线用大木桩标在地面上,这些标志桩应在路线两侧涵洞的施工范围以外,且每侧两个。自涵洞轴线与路线中线的交点处沿涵洞轴线方向量出上、下游的涵长,即得涵洞洞口的位置,洞口要用小木桩标识出来。

涵洞施工测量的精度要求比桥梁施工测量的精度要求低。在平面放样时,主要是保证涵洞轴线与公路轴线保持设计的角度,即控制涵洞长度。在高程放样时,要控制洞底与上、下游的衔接,保证水流顺畅。对人行通道或小型机动车通道,保证洞底纵坡与设计图纸一致,并保证水流顺畅。

对斜交涵洞、曲线上和陡坡上的涵洞,必须考虑斜交角、加宽、超高和纵坡对涵洞具体位置、尺寸的影响,并注意锥坡、洞口八字翼墙、一字墙和涵洞墙身顶部及上下游调治构造物的位置、方向、长度、高度、坡度,使之符合技术要求。

第三节 隧道施工测量

一、隧道施工测量的基本任务

隧道是一种穿山越岭,横贯海峡、河道,盘旋城市地下的交通结构物。随着交通现代化建设的发展,在公路工程建设中,隧道工程已成为重要的组成部分。隧道施工通常总是由两端对向开挖。对较长隧道,为了缩短工期、改善工作条件、减少施工干扰,常选择平峒、斜井、竖井等辅助坑道来增加工作面。

隧道施工测量的主要任务是保证隧道相向开挖时,能够按规定的精度正确贯通,并使隧道在施工后衬砌部分和洞内建筑物不超过规定的界限。隧道放样主要完成洞内和洞外的控制测量,隧道轴线、腰线的标定,以及洞内水准测量等。

隧道施工测量首先要建立洞外平面和高程控制网,每一开挖洞口附近都应设立平面控制点及水准点,这样将各开挖面联系起来,作为开挖放样的依据。随着坑道的向前掘进,必须将洞口控制桩坐标、方向及洞口水准点的高程传递到洞内,再用导线测量的方法建立洞内的平面控制,用水准测量方法建立高程控制。根据洞内控制点的坐标及高程指导开挖方向,并作为洞内衬砌及建筑物放样的数据。隧道贯通后,必然产生平面的及高程的贯通误差,此时需进行中线调整。设有竖井的隧道还需专门进行竖井测量。在隧道所有的施工项目完成后,要做竣工测量。并在施工过程中和竣工后对隧道及有关建筑物进行沉陷和位移观测。

隧道施工中对测量工作的精度要求,主要根据工程的性质、隧道的长度和施工方法而定。相向或同向掘进的隧道(或竖井)的施工中线,在贯通面上未精确接通而产生的偏差,称为贯通误差。贯通误差包括纵向误差 Δt、横向误差 Δu 和高程误差 Δh。其中,纵向误差仅影响隧道中线的长度,施工测量时较易满足设计要求,而横向误差和高程误差则是影响隧道施工质量的主要因素。因此,一般只规定贯通面上横向误差及高程误差的限差。

二、平面控制测量

隧道地面平面控制测量的主要任务是测定相向开挖洞口各控制点的相对位置,并和路线中线联系,以便根据洞口控制点进行开挖,使隧道按设计的方向和坡度以规定的精度贯通。常用的方法有直接定线法、导线法、GNSS 定位法等。目前,GNSS 定位系统已广泛用于隧道施工的洞外平面控制测量。

1. 直接定线法

在隧道洞顶地面上用直接定线的方法,将隧道的中线每隔一定的距离用控制桩精确地标定在地面上,作为隧道施工引测进洞的依据。如图 11-3-1 所示,A、D 两点为设计选定的直线隧道的进、出口控制点,B、C 为洞顶地面测设的中线点。施工时,在 A、D 两点安置全站仪,分别照准 B、C 两点得 AB、DC 方向线,固定照准部并转动望远镜,将 AB、DC 方向延伸到洞内,作为隧道的掘进方向。

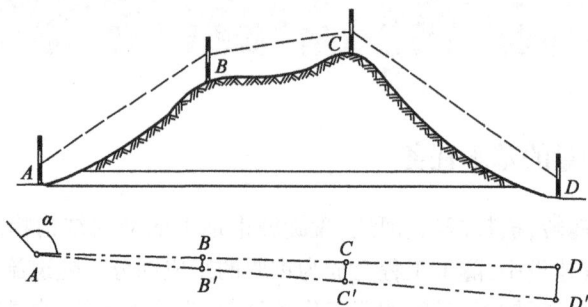

图 11-3-1　直接定线法

测设 B、C 中线点时,可在 A 点安置全站仪,根据道路中线方向或 AD 概略方位角 α 定出 B' 点。将全站仪搬至 B' 点,用正倒镜分中法延长直线到 C' 点。搬全站仪至 C' 点,同法再延长直线到 D 点的近旁 D' 点。在延长直线的同时,测定 AB'、$B'C'$ 和 $C'D'$ 的距离,量出 DD' 的长度($DD' \perp C'D'$),则 C 点的位置移动量可按下式计算:

$$C'C = D'D \frac{AC'}{AD'} \qquad (11\text{-}3\text{-}1)$$

在 C' 点垂直于 $C'D'$ 方向量取 CC',定出 C 点。安置全站仪于 C 点,用正倒镜分中法延长 DC 至 B 点,再从 B 点延长至 A 点。如果不能与 A 点重合,则用同样的方法进行第二次趋近,直至 B、C 两点处于 AD 方向线上。该法宜在隧道较短、洞顶地形较平坦的情况下使用。

2. 导线法

当隧道洞外地形复杂、钢尺量距又困难时,可布设导线作为洞外平面控制。如图 11-3-2 所示,A、B 分别为进口点和出口点,1、2、3、4 点为导线点。施测导线时应尽量使导线为直伸形,减少转折角,使测距误差和测角误差对贯通的横向误差影响减小。为了提高精度和增加检核条件,一般都将导线布置成闭合或附合导线,也可采用复测支导线,转折角采用全站仪多测回观测,边长距离采用光电测距仪或全站仪测量,测距相对误差不大于 1/10000。

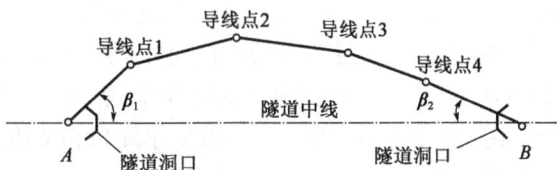

图 11-3-2　导线法

3. GNSS 定位法

用 GNSS 定位技术进行隧道施工的地面平面控制时,只需在洞口布设控制点和定向点,除了洞口点及其定向点之间因需要通视而应作施工定向观测之外,洞口与其他洞口之间的点不需要通视,而且对于网的图形也没有严格要求,因此地面控制点的布设较传统的控制测量更简便。

由于 GNSS 测量具有定位精度高、观测时间短、布网与观测简便,以及可以全天候作业等优点,所以 GNSS 定位技术在隧道施工测量的地面控制测量中已广泛应用。

三、高程控制测量

高程控制测量的任务是按规定的精度测定洞口附近水准点的高程,作为高程引测进洞的依据。

水准路线应选择在连接两端洞口最平坦和最短的地段,以期达到设站少、观测快、精度高的要求。一般每一洞口埋设的水准点应不少于两个,两水准点的位置以能安置一次水准仪即可联测为宜。线路应形成闭合环,或敷设两条互相独立的水准路线,由已知水准点从一端洞口测至另一端洞口。水准点应埋设在坚实、稳定和不受施工干扰的地方。水准测量等级的确定,取决于两洞口间水准路线的长度。通常采用三、四等水准测量方法,往返观测或组成闭合水准路线施测。水准测量的技术要求参照《国家三、四等水准测量规范》(GB/T 12898—2009)相应等级的规定。

四、隧道施工中的测量

在隧道施工中,测量工作的主要任务是随时给出开挖的方向,定期检查工程进度及验收已完成的土石方数量等。因此,在洞外平面和高程控制测量完成以后,应通过联系测量,将洞外控制点的坐标、方向和高程引入隧道洞内,以建立洞内平面控制网和高程控制网,作为隧道施工放样和贯通测量的精度保证。洞内平面控制均以导线的形式布设,高程控制主要采用水准测量的方法来测定。

1. 洞内导线测量

洞内导线测量是建立洞内平面控制的主要形式。当隧道开挖至一定深度以后,洞内各中线点是通过导线点按极坐标法或其他方法测设的,因此,导线测量必须及时进行,以满足控制隧道延伸的需要。

洞内导线的起始点通常都设在隧道洞口、平行坑道口、横洞或斜井口，它们的坐标在建立洞外平面控制时已确定。洞内导线点应尽可能沿路线中线布设。由于支导线无检核条件，为了提高导线测量的精度和加强对新设置导线点的校核，洞内导线常常采用主、副导线闭合环作为地面控制测量，如图 11-3-3 所示。所谓主、副导线闭合环，是一条主导线和一条与它并行的副导线在隧道两洞口附近相连而成的闭合环。主导线要求测角和测边，而副导线一般只测角，不测边长。通过角度平差，采用角度的平差值和边长的观测值沿主导线即可计算主导线各点坐标。

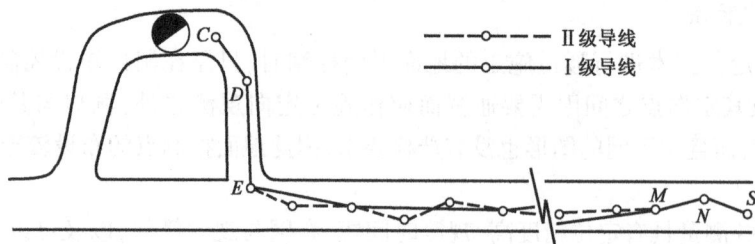

图 11-3-3　洞内导线点布设

2. 洞内水准测量

洞内水准测量是将洞口水准点高程引测到洞内，建立一个与洞外统一的高程系统，以此作为隧道施工放样的依据，保证隧道在竖向的正确贯通。洞内水准测量是随着隧道向前掘进，不断地向前建立新的水准点，一般每隔 50m 左右设置一个固定水准点。为控制洞底和洞顶的开挖高程及满足衬砌放样要求，在两个水准点之间要布设 2～3 个临时水准点。水准点也可埋设在顶板、底板或洞壁上，但都应力求稳固和便于观测。水准路线一般与洞内导线测量路线相同，在隧道贯通之前，洞内水准路线均属支线，需往返观测。所有水准点均应经常检测，以检查是否受爆破震动而发生变化。

洞内水准测量的方法与地面水准测量相同。由于隧道内通视条件差，应把仪器到水准尺的距离控制在 50m 以内。水准尺可直接立于导线点上，以便测出导线点高程。两次仪器高所测得的高差之差应不超过 ±3mm。当水准点设在顶板上时，要倒立水准尺，如图 11-3-4 所示，以尺底零端顶住测点，此时高差的计算与地面相同，但倒立尺的读数应作为负值。

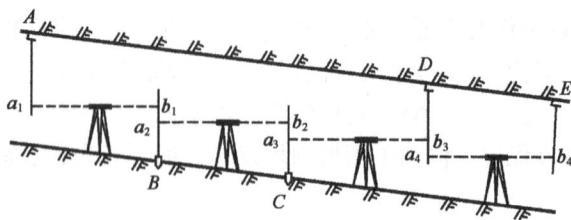

图 11-3-4　洞内水准测量

高差计算公式：

$$h = \pm a_i - (\pm b_i)$$

式中,a_i、b_i 为后、前视读数,其符号为:水准尺在点下为负,在点上为正。

由图 11-3-4 可得 AE 两点间的高差公式:

$$h_{AE} = -a_1 - b_1 + a_2 - b_2 + a_3 + b_3 - a_4 + b_4$$

洞内水准点的洞内水准测量要进行往返观测,并满足三、四等水准测量的精度要求。洞内水准点要经常复测检核,以便及时消除施工造成的影响。

3. 隧道的中线测设

洞外平面和高程控制测量完成以后,即可根据控制测量所得的洞口控制点的坐标和它与其他控制点连线的方向,推算隧道开挖方向的进洞数据。如图 11-3-5 所示,P_1、P_2 为导线点,A 为设计的中线点。已知其设计坐标和中线的坐标方位角,根据 P_1、P_2 点的坐标,可反算得到 β_2、D 和 β_A。在 P_2 点上安置仪器,测设 β_A 角和丈量 D,便得 A 点的实际位置。在 A 点(底板或顶板)上埋设标志并安置仪器,后视 P_2 点,拨 β_A 角,则得中线方向。随着开挖面向前推进,如果已放出的中线点 A 离掘进工作面较远,则可在接近工作面的附近建立新的中线点 B,A 与 B 之间距离应小于 100m。

在工作面附近,为了指导开挖的掘进方向,可用正倒镜分中延长直线法在顶板上设立临时中线点 C、D、E,各点之间的距离应大于 5m,如图 11-3-6 所示。在三点上悬挂垂球线,一人在后就可用肉眼向前定出掘进的方向,并用红漆标定在工作面上。当开挖面继续向前掘进时,导线点也应随之向前延伸布设,同时用导线测设中线点,随时检查和修正掘进方向。

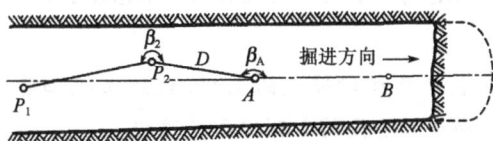

图 11-3-5　隧道中线测设　　　　图 11-3-6　正倒镜分中延长直线法定中线

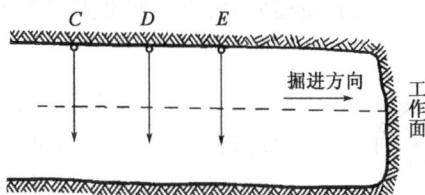

4. 腰线的测设

在隧道开挖过程中,为了控制施工的高程和隧道横断面的放样,通常要在隧道两侧的岩壁上每隔 5~10m 测设出比洞底设计地坪高出 1m 的高程线,称为腰线。腰线的高程由引测入洞内的施工水准点进行测设。由于隧道的纵断面有一定的设计坡度,因此,腰线的高程按设计坡度随中线的里程而变化,它与隧道底设计地坪高程线是平行的。

五、隧道贯通误差的测定

在隧道施工中,往往采用两个或两个以上相向或同向的掘进工作面分段掘进隧道,使其按设计的要求在预定的地点彼此接通,称为隧道贯通。隧道贯通后,应及时地进行贯通测量,测定实际的横向、纵向和竖向贯通误差。若贯通误差在容许范围之内,即可认为测量工作已达到预期目的,此时应采用适当的方法将贯通误差加以调整,从而获得一个对行车没有不良影响的隧道中线,并作为扩大断面、修筑衬砌以及铺设道路的依据。

如果是采用中线法贯通的隧道,当隧道贯通之后,应从相向测量的两个方向各自向贯通面延伸中线，并各钉一临时桩 *A* 和 *B*，如图 11-3-7a) 所示。量测出两临时桩 *A*、*B* 之间的距离，即得隧道的实际横向贯通误差；*A*、*B* 两临时桩的里程之差，即为隧道的实际纵向贯通误差。

以上方法对于直线隧道与曲线隧道均适用，只是曲线隧道贯通面方向是指贯通面所在曲线处的法线方向。

如果隧道用导线作洞内平面控制，可在实际贯通点附近设一临时桩点，如图 11-3-7b) 所示，分别由贯通面两侧的导线测出其坐标。进口一侧测得的坐标与由出口一侧测得的坐标的差值，即为实际贯通误差。

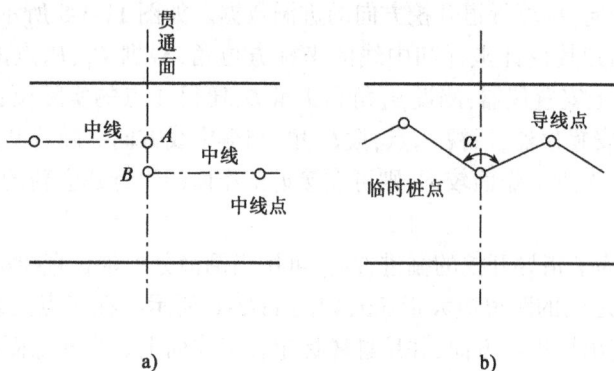

图 11-3-7　中线法贯通误差测量

贯通后的高程偏差，可按水准测量的方法，测定同一临时点的高程，由高差闭合差求得。

本章小结

(1)管线工程测量是指对长宽比相对较大的工程(线路工程和管道工程)进行设计阶段的勘测设计和施工阶段的复测定型的过程。

(2)管线工程测量主要为各类管线工程设计及施工服务，主要包括勘测设计阶段的测量工作和施工放样的测量工作。

(3)管道中线测量就是将已确定的主点位置测设到地面上去，并用木桩标定。主要完成主点测设数据的准备、主点测设、管线转向角测量、中桩测设、里程桩手簿的绘制。

(4)纵断面图测量的任务是通过水准点高程测量中线上各桩的地面高程，根据各桩号及其地面高程绘制纵断面图，作为设计管道埋深、坡度以及土方量计算的依据。

(5)横断面测量的任务即根据中桩高程测量横断面方向上地面坡度变化点的高程及其到中桩的水平距离；根据高程和水平距离绘制横断面图。

(6)桥涵施工测量的主要任务是完成桥梁轴线、墩、台中心定位(钻孔桩的孔位、扩大基础底面中心位置)放样，墩身、墩帽放样，桥台锥坡放样以及高程放样等。

(7)隧道施工测量的主要任务是完成洞内和洞外的控制测量，隧道轴线、腰线的标定，以及洞内水准测量等。

（1）管线工程测量的概念是什么？其具有什么特点？

（2）管线工程测量的任务是什么？

（3）地下管线测量的常用技术有哪些？各自有何特点？

（4）管线中线测量、横纵断面测量分别是什么？如何实施？

（5）直线桥墩、台定位有哪些方法？

（6）用极坐标法进行桥墩中心定位时，应注意哪些问题？

（7）通常情况下，小桥涵外业测量包含哪几部分内容？

（8）涵洞施工测量有哪些内容？如何放样？

（9）隧道地面平面控制测量、高程控制测量有哪些内容？

（10）隧洞施工中的有关测量工作有哪些？

（11）何谓隧道贯通误差的测定？

（12）根据规范要求，隧道竣工文件中需提交的量测资料包含哪几部分？

（13）对于隧道施工测量，一般有何规定？

（14）隧道竣工后，应在直线地段每_____、曲线地段每_____及需要加测断面处，测绘以路线中线为准的隧道实际净空，标出拱顶高程、起拱线宽度、路面水平宽度。

（15）隧道施工测量时，洞外水准点、中线点应根据_____等定期进行复核。

（16）隧道测量在布设地面控制网之前，需要收集哪些材料？

第十二章
CHAPTER TWELVE

无人机摄影测量
及其在公路工程中的应用

📖 学习目标

(1) 能正确叙述无人机公路测量的主要工作内容；

(2) 掌握无人机技术概念、无人机摄影测量原理、无人机摄影测量作业流程；

(3) 了解无人机外业操作流程，知道无人机操控注意事项；

(4) 会进行无人机影像内业数据处理，掌握软件原理及操作流程；

(5) 了解无人机在公路测量及养护、巡查等方面的应用。

　　高山密林地区地形地貌复杂多变，测绘人员无法准确到达指定位置，导致大面积测绘成果出现空白，降低了测量成果的完整性。同时，采用传统测绘技术，在植被茂盛区域遮挡现象严重情况下，严重影响经纬仪、全站仪等仪器采集测量数据，极大地影响了测绘精度和测绘效率。

　　无人机测绘是借助通信技术、摄影测量技术和无人机技术多项技术融合，通过高分辨率的数码相机来获取测量点实际状况。其中，无人机倾斜摄影技术以航拍影像数据为基础，通过获取高分辨率的影像数据，经过一系列数据处理过程，从而有效剔除植被等影响，获得更高精度的测绘成果图，对测绘区域的环境条件限制较小，此技术适用于较为复杂的测绘环境。

　　公路地形测量工作对于测量的系统性具有较高要求，无人机航测技术可确保公路测量数据的完整性、真实性、精准性，在公路地形测量中的应用已十分普遍，具有显著的优势，可促进我国公路工程建设高质量发展，更好地服务于国家经济建设发展。

第一节　无人机与倾斜摄影测量技术

一、无人机简介

无人驾驶飞机,简称无人机。无人机是由机载计算机系统和地面系统组合而成的可以自行完成飞行任务的无驾驶员的飞行器。飞机通过机载的计算机系统自动对飞行的平衡进行有效的控制,通过预先设定或飞机自动生成的复杂航线进行飞行,并在飞行过程中自动执行相关任务和对异常情况进行处理。其组成包括飞机机架、动力系统、自平衡系统、导航系统、航线规划系统、感知系统、任务执行系统、与地面站间的通信系统等。无人机外观如图 12-1-1 所示。

图 12-1-1　无人机

无人机根据不同分类方法,可分为以下几种。

按飞行平台构型分类:无人机可分为固定翼无人机、旋翼无人机、无人飞艇、伞翼无人机、扑翼无人机等。

按用途分类:无人机可分为军用无人机和民用无人机。其中民用无人机又可分为巡查或监视无人机、农用无人机、气象无人机、勘探无人机以及测绘无人机等。

按尺寸分类:无人机可分为微型无人机、轻型无人机、小型无人机以及大型无人机。

按任务高度分类:无人机可以分为超低空无人机、低空无人机、中空无人机、高空无人机和超高空无人机。

在早期,固定翼飞机与直升机占主导地位,近年来多旋翼的理论日趋成熟,组装简单,操控灵活,因此被广泛应用。无人机具有体积小、造价低、使用方便等优点,广泛应用于航拍摄影、视频直播、无人机电力巡检、基站、水利巡检、物流配送、应急通信及救援、农业精确灌溉、测绘等行业。

二、无人机倾斜摄影测量技术

无人机倾斜摄影测量技术,即无人机技术和倾斜摄影测量技术的合称。其中无人机是倾斜摄影测量设备的搭载平台,由倾斜摄影测量设备负责进行摄影测量任务。

摄影测量,即运用摄影机和胶片组合测量目标物的形状、大小和空间位置的技术,可从不同角度对摄影测量学进行分类。其中,按距离远近可分为航天摄影测量、航空摄影测量、低空摄影测量、近景或地面摄影测量,如图 12-1-2 所示。倾斜摄影测量可实现左视、右视、前视、后视以及垂直方向五个方向场景的影像收集,通过三维建模实现对测区场景的三维模拟,呈现出测区场景的大小、形状、平面位置、立面、侧面、横断面、纵断面以及地形起伏等。

无人机相较于载人飞行器，其限制相对较小，且由于其飞行高度有限，不会受到严格的航空管制。同时，无人机的成本也比较低，不需要机组人员，在地面就可以实现对无人机的控制。因此，无人机在多种摄影测量场景中都可以应用。

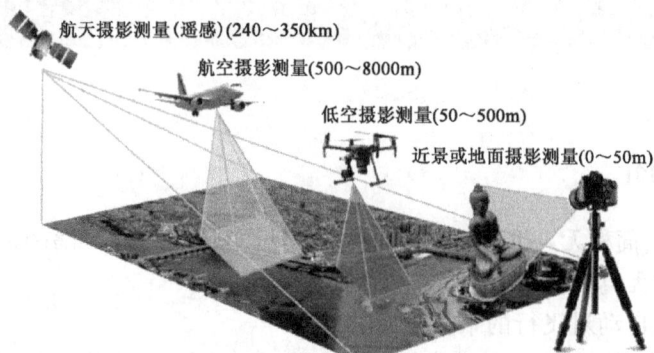

图 12-1-2　无人机倾斜摄影测量

第二节　无人机倾斜摄影测量基本流程

无人机倾斜摄影测量的基本流程可以分为准备阶段、作业阶段以及数据处理阶段。

一、准备阶段

准备阶段主要包括无人机的选择、倾斜摄影相机选择及检校、航线设计等。无人机的选择主要取决于测区场景，建筑区域一般选择多旋翼无人机，一般区域主要采用固定翼无人机。目前比较常见的倾斜摄影相机是固定式五镜头摄影相机。一般区域的摄影测量，其测量区域设计为矩形，航线沿着矩形短边和长边敷设，呈网格状，无人机实际飞行的范围要超出测量区域的设计范围。

二、作业阶段

作业阶段包括航摄飞行、几何校正等。其中，无人机执行飞行任务之前需要完成的工作包括：飞前准备工作、无人机外业航测软件设置、像控点布设等。

1. 飞前准备工作（以无人机为例）

（1）手机安装专业软件。

（2）检查无人机电量：短按一次可检查电量，先短按一次再长按 2s 可开启（关闭）智能飞行电池或遥控器，电量检查示意如图 12-2-1 所示。

（3）充电：当智能飞行电池指示灯、遥控器状态指示灯熄灭，则表示电量已充满，充电说明如图 12-2-2 所示。

（4）准备遥控器：移动设备和遥控器链接时会提示链接操作软件，遥控器的准备如图 12-2-3

所示。

(5)准备飞行:安装无人机的螺旋桨、移除保护锁扣,具体操作如图 12-2-4 和图 12-2-5
所示。

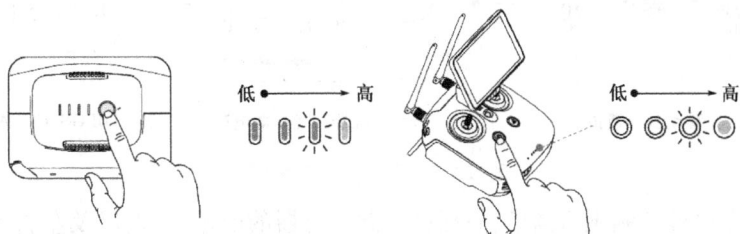

图 12-2-1　检查电量

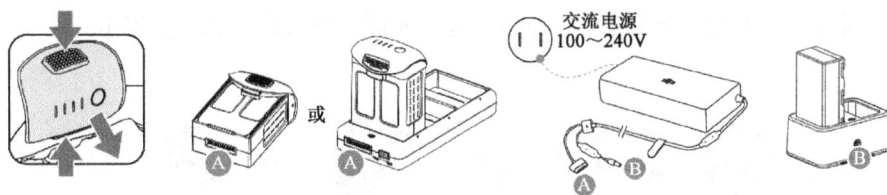

图 12-2-2　充电说明

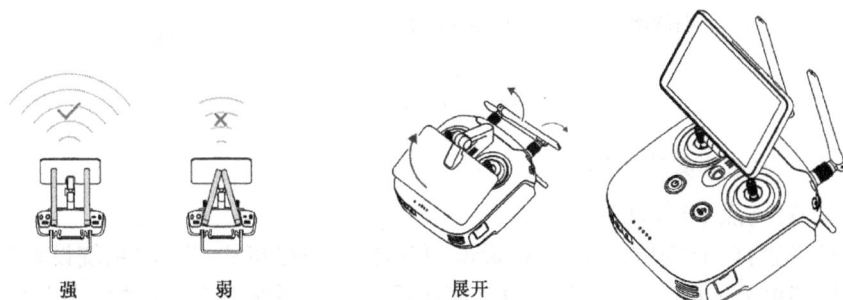

强　　　　弱　　　　展开

图 12-2-3　遥控器的准备

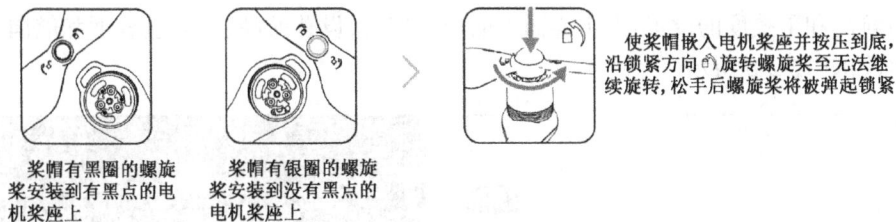

桨帽有黑圈的螺旋
桨安装到有黑点的电
机桨座上

桨帽有银圈的螺旋
桨安装到没有黑点的
电机桨座上

使桨帽嵌入电机桨座并按压到底,
沿锁紧方向旋转螺旋桨至无法继
续旋转,松手后螺旋桨将被弹起锁紧

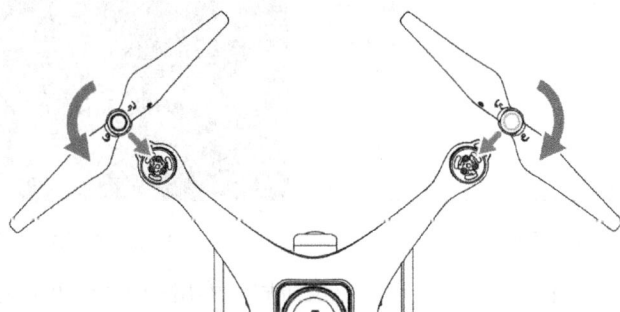

图 12-2-4　螺旋桨的安装

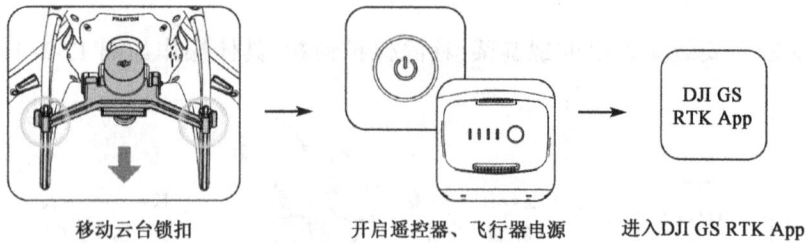

| 移动云台锁扣 | 开启遥控器、飞行器电源 | 进入DJI GS RTK App |

图12-2-5　移除锁扣,准备飞行

(6)飞行:左摇杆控制飞行高度,右摇杆控制飞行器的前进、后退以及左右飞行方向,云台俯视控制拨轮可控制相机的俯视拍摄角度,操控方式说明如图12-2-6所示。飞行前检查相机界面中的飞行状态,确定飞行状态栏显示为"起飞准备完毕",以保障飞行安全。

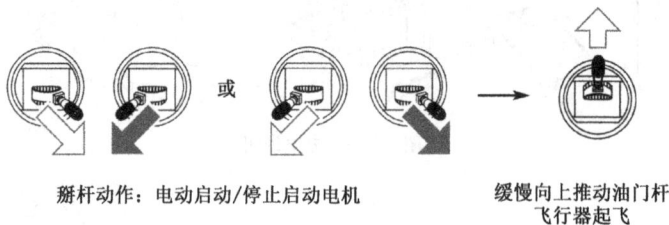

掰杆动作:电动启动/停止启动电机　　　缓慢向上推动油门杆飞行器起飞

图12-2-6　操控方式

2. 无人机外业航测软件设置

(1)安装软件,点击进入设备。

(2)系统设置:点击"智能飞行-正射影像"左边的菜单栏按钮,进入"系统设置",在"模式选择"的下拉菜单中选择需要的模式,设置完成后,点击"系统设置"左侧的菜单栏按钮进入"智能飞行"界面,系统设置界面如图12-2-7所示。

(3)航高和重叠度的设置:点击界面上面的⚙按钮,设置航高、旁向重叠度和航向重叠度,设置界面如图12-2-8所示。

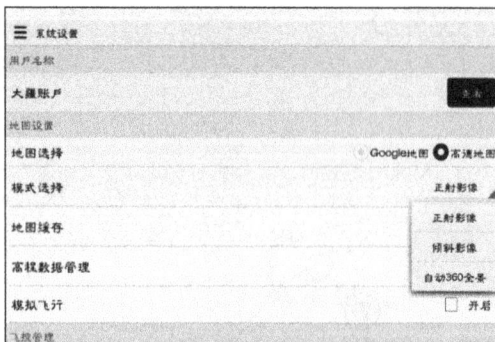

图12-2-7　系统设置界面

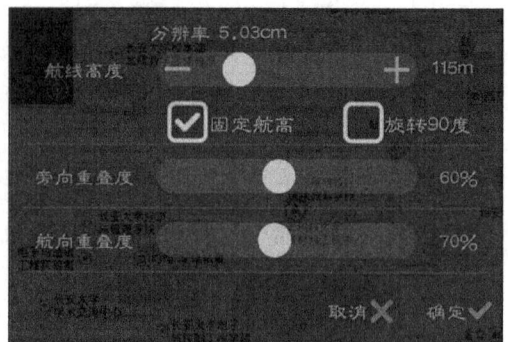

图12-2-8　航高及重叠度设置

(4)飞行区域的选择:点击界面左边的⦀按钮后会弹出一个框,可以通过手指按住框的中间来选择合适的测区位置,两边的箭头可以对所选测区进行旋转,通过点击四周的点可以缩放测区大小,最终确定的框内区域即为飞行区域,确定好测区范围之后软件会自动设置航线,飞行区域的选择界面如图 12-2-9 所示。

(5)执行任务:检查无误后,点击右下角的"执行任务"按钮,此时会进行安全检查,如果有问题会提示,无问题则点击"自动起飞",无人机会按照航线影像拍摄;完成拍摄后,无人机则会自动返回到起飞位置;飞行安全检查项及是否安全显示界面如图 12-2-10 所示。

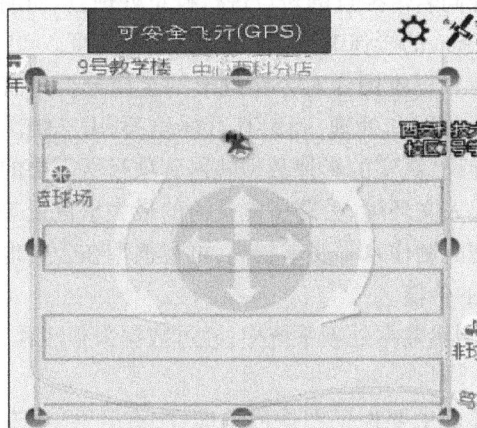

图 12-2-9 飞行区域的选择   图 12-2-10 飞行安全检查

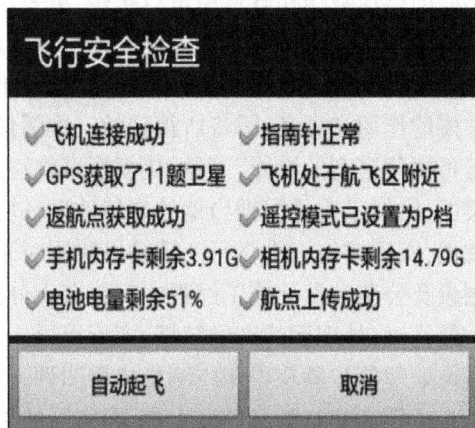

3.像控点布设

(1)确定坐标系统:确定测区的坐标系统、投影方式和高程基准。

(2)像控点布点方式:为保障数据结果精度,对控制点的要求相对较高,建议 1km² 内保证布设 30 个控制点,特殊地区还要相应增加。一般是采用航线两端及中间均隔一或两条航线布设像控点。

(3)选点:像控点应选择在航摄相片上清晰且目标明显的像点。实地选点时,应考虑侧视相机是否被遮挡,对于弧形地物、阴影、狭窄沟头、水系、高程急剧变化的斜坡、圆山顶、与地面存在明显高差的房角、围墙角等以及航摄后有可能变迁的地方,均不应当作选择目标。

(4)拍照:完成像控点坐标测量后,对观测处进行多次不同角度拍照,以便空中三角形内业人员刺点及像控点的拍摄。

在无人机航测像控点布设完成后,对整个测区进行航空摄影测量。首先对无人机的内部系统进行定位,保证内部系统定位的准确性;其次设置精确、固定的像控点,无人机到达像控点之前需对无人机进行多次调试,确保无人机所拍摄的公路影像完全清晰且有效。

无人机的像控点布设对于无人机所拍摄的公路地形质量有直接影响。如像控点布设出现错误,无人机拍摄照片则失去分析意义。像控点布设的合理性要综合考虑均匀程度、密集程度、精度要求、经济高效等因素,可利用我国先进、科学的北斗卫星定位技术提高像控点布设准确度。

三、数据处理阶段

在完成外业影像数据获取的基础上,经过影像数据预处理、空中三角加密、真正射影像纠正、三维建模等步骤，对影像数据进行内业数据处理。

第一步，航测结束完成测绘数据自动上传，形成正射影像图。技术人员将正射影像图输入专业软件中进行图像处理，与无人机航拍数据做对比分析，获得大量三维控制点，工作人员利用控制点实现电子数据统计和处理，得到精准的正射影像图。

第二步，进行空中三角加密，并将加密处理后的影像数据信息展开为平面坐标进行计算，将不同的影像数据在软件中进行拼接，进一步展开同名像控点的转点进行校正处理，从而消除航拍过程中因无人机飞机颠簸等导致摄像机震动造成的影像畸变，有效提高测量精度。

第三步，利用获取的正射影像图制作三维图像。三维图像对公路地形的全面分析具有十分重要的作用和意义，需将所得到的三维图像进行分析和处理，确保其可视化，利用三维图像进行可视化模型的制作。可视化模型可将正式、准确、真实的影像数据映射到项目所需要的透视表面，由技术人员根据当地的自然地理环境以及人文环境、公路所能负荷的最大承重量等多种数据，实现虚拟三维飞行。现阶段我国对于模型的制作水平要求较高，可视模型在公路地形的测量及公路的设计施工过程中都具有十分重要的价值。

最终，将处理后的影像数据、模型等导入相应测量数据处理系统中，经过数据采集流程、图件整饰处理等步骤获得相应测量成果图件。

为了保证公路测量的高水准，在实际的施工环节中要保证图像的精准性、有效性，更专业地解决工程建设存在的问题，提升工程质量。

第三节　无人机摄影测量在公路工程中的应用

一、无人机在公路勘察、地形图制作、选线中的设计应用

公路修建与施工区域水文地质条件、地形地貌具有密切的关系。作为公路修建选线和选址设计的基础条件，通过传统的测量方法获取地质数据资料存在工作量大、工期长、成本高等缺点，目前，充分应用现代测绘技术的信息获取和处理功能可有效为公路工程建设提供帮助。

例如，某公司承建某公路的长度为100km，其中平原段长度为40km，山区路段长度35km，山区路段与平原路之间的高差为610m，如采取传统的公路勘测方法，难以按照设定时间及精度要求完成相关测量工作。

在实际工程中，技术人员可根据公路设计意图，实地进行像控点的确定与测量。采取CORS系统，对测量参数坐标进行转变，将像控点进行刺点处理，确保数据的准确性及安全性，避免数据丢失。在航测过程中，严格遵照《低空数字航空摄影规范》（CH/T 3005—2021）的相关要求，结合实际的勘测需要，对地面的分辨率、航高、航向重叠度、飞行路线等参数进行设计。

根据要求及实地情况确定该公路项目航测航高为650m，航向重叠度为71%，影像分辨率为10cm，共拍摄6000余张照片，顺利完成航拍工作。获取影像资料后，根据工作流程进行内

业加密处理,对公路勘测区域内拍摄的影像资料进行畸变差改正,采取无控自由网平差的方式,进行三角测量平差。在实际处理过程中,提前进行航线的预处理,预留三处空白航线,在自动挑出差点后,再确定各个同名点,进行相应的检测评估,一旦发现漏点的情况,可采取相应的技术手段,进行漏点连接处理,避免出现空白的情况。这在一定程度上,可提升后续三维模型构建的准确性。

使用加密软件对无人机航测区域进行网络平差处理,确保数据的准确性。完成内业加密处理后,使用DEM(数字高程模型)获取正射影像,生成一定数量的三维点,完成对地形要素的集中展示。基于此技术,进行各类地理要素的叠加,形成可视化模型,完成公路勘测工作,同时为后续辅助选线提供数据参考。

在山区公路选线测量中,传统方法是先定路线再评价路线,导致选定路线后路线可能发生变化和调整,因此需将地质评价放在首位。无人机摄影测量技术可采集不同的、准确的地质数据,设计者可以对备选规划区的地质灾害隐患进行分析并提出防治措施,探讨防治措施的可行性和难易度,最终确定山区公路选线方案。

二、在公路动态监测和维护中的实际应用分析

公路工程施工期间容易受到环境、当地自然条件以及人为活动等多种外在因素的影响,应用测绘技术可对公路工程进行实时性宏观监测。公路工程所在地理位置、地理条件极有可能随时出现变化,严重变化的外在条件有可能会直接对公路工程造成大面积的破坏,因此需应用无人机测绘技术中的动态监测功能对公路工程进行实时的监测,在发现破坏公路的因素时尽快采取相应的保护措施。

以公路勘察、选线及修建期间的几何信息作为基础信息,将公路和测区等各方面的信息数据录入地理信息系统的数据采集模型,在此基础上建立公路工程的管理系统,对于整个工程的建设情况进行综合管理。系统具有一定的空间分析能力,可对测区地理空间进行详细的分析,实现动态管理的规范化和自动化,从而体现动态监测在公路修建中的重要作用。

三、无人机智能巡检应用

在道路运输和公路管理方面,无人机同样可在多场景下应用,如桥梁、公路的安全巡视和监测,尤其是一些山区高速公路、跨海跨江大桥、高架桥等公路设施的巡逻、监测。无人机巡检依托无人机、物联网传感器等科技手段,进行数据采集、自动分析、事件分拨、风险监测、信息共享和应急调度,可更实时地了解路况及人员车辆情况,更专业地配合提高检修质量,更快速地获得应急事件"第一手资料",更深入地辅助高危或恶劣环境运营,做到从"延迟响应"到"前置响应"。

目前,公路巡查是公路管理的一项主要业务,包含路政巡查与养护巡查,分别由路政和养护两个部门负责。交通线路分布点多、面广,所处地形复杂,传统人工巡查方法工作量大,而且条件艰苦,特别对于大范围路网的交通线路的巡查,以及在冰灾、水灾、地震、滑坡期间的公路巡查,花费时间长、人力成本高、距离远、困难大,缺乏实时性和准确率。智能巡检无人机主要利用遥感操控指定位置,通过搭载的高清摄像头按秩序对结构物进行360°高清录像、拍照。拍摄时每张照片都带有经纬度、海拔高度、拍摄角度等信息,管理者可在现场或办公区用电脑

查看数据存储 SD 卡照片文件夹，详细确认构件劣化的位置及状态。无人机巡检系统的应用，为路段增设了高速公路病害的"智慧眼"，提高了效率，减少了巡检盲区，且更加安全。开机后，工作人员只需观察等待，无人机升空完成任务后就会自动返回。巡查时如果发现病害，信息则会直接传送到后台系统，经养护部门确认，便可立即启动病害处治程序。"智慧眼"无人机升空后即可按照系统设定的路线和程序，自行飞行巡查，通过北斗卫星高精度定位技术，可实现多机协同"不撞机"，还能组成"蜂群"编队。系统构建的 3D 建筑模型，为工作人员提供了电脑端可视化管理，巡查数据还可以通过人工智能识别技术，建立异常数据库，实行时序管理，解决数据缺乏统一管理、可追溯性差、数据分析依赖人工等问题。

　　无人机的应用不仅仅是代替人眼飞到空中"看"交通，其未来是要发展成为一个智能终端，能感知、抓拍、识别分析数据，可实现三维建模、公路资产电子化建档，补充交警智能非现场执法的原始数据。无人机巡检技术将进一步推进数字化、智慧化运营工作。

本章小结

　　(1) 无人机是由机载计算机系统和地面系统组合而成的可以自行完成飞行任务的无驾驶员的飞行器。

　　(2) 无人机倾斜摄影测量是以无人机为倾斜摄影测量设备的搭载平台，利用倾斜摄影测量设备进行摄影测量任务的过程。基本流程可以分为准备阶段、作业阶段以及数据处理阶段。

　　(3) 无人机倾斜摄影测量作业环节包括航摄飞行、多视影像、几何校正等，数据处理阶段主要包括空中三角形加密、真正射影像纠正、三维建模以及生成等。

　　(4) 无人机倾斜摄影测量可提供数据详细分析结果并提取有关的地质信息，结合实地考察对现有的资料进行更为深入和全面的分析，确定地区对于公路工程的选线和选址的影响因素，从而提供相关数据资料，加快公路工程的建设效率和质量。

　　(5) 无人机应用技术可对公路工程所在地理位置及地理条件的严重变化进行实时宏观监测，从而在发现破坏公路的因素出现时采取相应的保护措施。

　　(6) 无人机技术可应用于桥梁、公路的安全巡视和监测，尤其是一些山区高速、跨海跨江大桥、高架桥等公路设施的巡逻、监测。该技术将进一步推进交通数字化、智慧化运营工作。

课后习题

　　(1) 简述无人机倾斜摄影测量的原理及其组成部分。

　　(2) 简述无人机倾斜摄影测量作业流程及注意事项。

　　(3) 无人机执行飞行任务的准备工作有哪些？无人机倾斜摄影测量作业中，如何布设像控点？有何注意事项？

　　(4) 无人机倾斜摄影测量技术对公路测量的积极影响有哪些。

　　(5) 无人机应用技术可运用于公路其他哪些方面？

　　(6) 简述无人机公路选线一般应考虑的原则。

参 考 文 献

[1] 中华人民共和国住房和城乡建设部. 工程测量标准:GB 50026—2020[S]. 北京:中国计划出版社,2008.

[2] 中华人民共和国交通运输部. 公路勘测规范:JTG C10—2007[S]. 北京:人民交通出版社,2007.

[3] 中华人民共和国国家质量监督检验检疫总局. 全球定位系统(GPS)测量规范:GB/T 18314—2009[S]. 北京:中国标准出版社,2009.

[4] 中华人民共和国交通运输部. 公路工程技术标准:JTG B01—2014[S]. 北京:人民交通出版社股份有限公司,2014.

[5] 中华人民共和国国家市场监督管理总局. 数字航天摄影测量 控制测量规范:GB/T 40766—2021[S]. 北京:中国标准出版社,2021.

[6] 中华人民共和国国家测绘局. 全球定位系统实时动态测量(RTK)技术规范:CH/T 2009—2010[S]. 北京:测绘出版社,2010

[7] 中华人民共和国自然资源部. 低空数字航空摄影测量外业规范:CH/T 3004—2021[S]. 测绘出版社, 2022.

[8] 陈立春. 工程测量[M].5 版. 北京:人民交通出版社股份有限公司,2021.